“十二五”职业教育国家规划教材
经全国职业教育教材审定委员会审定

中职中专电子技术应用专业系列教材

PLC应用技术项目教程

（第二版）

邢贵宁　赵进学　主编
葛志凯　韩维民　陈文林　副主编

科学出版社
北京

内 容 简 介

本书是经全国职业教育教材审定委员会审定的"十二五"职业教育国家规划教材，是中等职业教育电工电子、机电技术应用专业的教学用书，以就业为导向，以项目教学法作为本书建构的思想。

本书将三菱系列PLC的结构及工作原理、三菱PLC内部软元件及其基本指令和功能指令的使用、三菱PLC典型控制系统的设计等内容分为几大项目，通过任务驱动方式，系统介绍了三菱PLC的使用和程序设计方法。本书在各个知识点的介绍过程中，以仿真软件为工具，采用由浅入深、从简单控制系统程序设计到复杂程序设计、由教师和学生共同讨论项目任务、学生自己去实施的方法，激发学生的学习兴趣，切实提高学习者的操作技能及处理问题的能力。

本书以仿真教学为基础，既可作为各类中职学校、技校等相关专业的教材，也可供相关培训班、电工电子及自动控制技术爱好者使用。

图书在版编目(CIP)数据

PLC应用技术项目教程/邢贵宁，赵进学主编. —2版. —北京：科学出版社，2014

("十二五"职业教育国家规划教材·中职中专电子技术应用专业系列教材)

ISBN 978-7-03-041619-3

Ⅰ.①P… Ⅱ.①邢…②赵… Ⅲ.①plc技术－中等专业学校－教材 Ⅳ.①TM571.6

中国版本图书馆CIP数据核字（2014）第186081号

责任编辑：陈砺川/责任校对：柏连海

责任印制：吕春珉/封面设计：胡文航

科学出版社 出版

北京东黄城根北街16号

邮政编码:100717

http://www.sciencep.com

三河市骏杰印刷有限公司印刷

科学出版社发行 各地新华书店经销

*

2009年9月第 一 版 开本：787×1092 1/16

2014年8月第 二 版 印张：16

2019年12月第十三次印刷 字数：350 000

定价：46.00元

（如有印装质量问题，我社负责调换〈骏杰〉）

销售部电话 010-62134988 编辑部电话 010-62135397-2001

序

教材是影响教学效果最重要的因素之一。职业教育的教材对教学的影响更为巨大。职业教育以就业为导向，理论与实践紧密联系，理论围着实践转，学生在实践过程中了解理论、掌握理论，同时通过理论对实践的指导来不断巩固理论，最终把理论融入到实践中，内化成自己的理论知识。这是职业教育与普通教育最大的不同之处，是我们开发、编写新时代职教教材有必要遵循的原则，也是创新创优职教教材的活水源泉。

项目任务式教学教材就很好地体现了职业教育理论与实践融为一体这一显著特点。它把一门学科所包含的知识有目的地分解分配给一个个项目或者任务，理论完全为实践服务，学生要达到并完成实践操作的目的就必须先掌握与该实践有关的理论知识。而实践又是一个个有着能引起学生兴趣的可操作的项目，这好比一项有趣的登山运动，登山是目标，为了登上山峰，则必须了解登山的方法、技巧、线路及安全措施。这是一种在目标激励下的了解和学习，是一种完全在自己的主观能动性驱动下的学习，可以肯定这种学习是一种主动、有效的学习。

编写教材是一项创造性的工作，一本好教材凝聚着编写人员的大量心血。今天职业教育的巨大发展和光明前景，离不开这些致力于好教材开发的职教工作者们。现在奉献给大家的这套中职中专电子应用技术系列教材，是在新形势下根据职业教育教与学的特点，在经历了多年的教学改革实践探索后，编写出的比较好的教材。该系列教材体现了作者对项目任务教学的理解，体现了对学科知识的系统把握，体现了对以工作过程为导向的教学改革的深刻领会。其主要特点有三。

第一，专业课程的选择以市场需求为导向，以培养具备从事制造企业电子类产品和电气与控制设备的安装、调试、维修的专业技能，并具有一定的电子产品开发与制作能力和初步的生产作业管理能力的高素质技能型人才为目标。毕业生可从事制造类企业电类产品生产一线的操作，低压电气设备的保养和维修，电子整机产品的装配、调试、维修等工作；也可从事电类产品生产一线的相关检验、管理等工作；经过企业的再培养，还可从事电类产品的工艺设计及营销、售后服务等工作。

第二，以任务引领、项目驱动为课程开发策略。把曾经系统、繁琐、难以理解的电子技术学科理论知识通过一个个实践项目分解开来，使学生易于了解与掌握。教材的每个任务单元包含着完整的完成任务的操作过程，使学生可以一步步完成任务。每次任务完成，均给学生适当评分结果。通过完成为培养岗位技能而设计的典型产品或服务，使学生获得某工作任务所需要的综合职业能力；通过完成工作任务所获得的成果，以激发学生的成就感。

第三，打破传统的完整的知识体系结构，向工作过程系统化方向发展。采用让学生学会完成完整的工作过程的课程模式，紧紧围绕工作任务完成的需要来选择课程内容，不强调知识的系统性，而注重内容的实用性和针对性，知识够用即可，介绍的知识是该

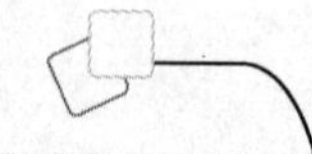

任务需要的知识。

相信这套教材一定能为电子技术应用专业及相关电类专业的学生学习理论知识与实践技能提供一个良好的平台，一定能为职业教育的相关教学改革做出积极贡献。

杨乐文

第一版前言

《国务院关于大力推进职业教育改革与发展的决定》明确指出，职业教育应“坚持以就业为导向，深化职业教育教学改革”。与此相适应，对从职业岗位要求出发，以职业能力和技能培养为核心，涵盖新工艺、新方法、新技术的专业教材的需求日趋迫切。

随着自动控制技术、计算机技术的快速发展，电气设备逐渐向智能化、自动化方向发展，我国工业生产也正由半自动化向自动化快速发展，但能够综合掌握电气智能控制技术的人才却十分短缺，为适应21世纪对电气智能技术应用型人才的需要，特别是中等职业学校为企业培养大批自动控制技术人才的需求，我们编写了这本教材。

可编程逻辑控制器（又称PLC），是基于计算机技术的通用工业控制设备。PLC集三电（电控、电仪、电传）为一体，性价比高、可靠性高，已成为自动化工程的核心设备，目前已被广泛应用到机械制造、冶金、电子、化工、交通、纺织、印刷、食品、建筑等诸多领域。目前市场上应用的可编程控制器有三菱、西门子、欧姆龙、松下等几大品牌，其中三菱系列PLC的体积小、编程简单，尤其在中小规模控制领域内使用比较多。正因如此，本书针对三菱PLC的使用及编程进行了详细的介绍。

关于三菱PLC的书籍和技术资料很多，本书的特点是利用仿真软件进行PLC编程和仿真练习。目前许多学习者虽然编制了不少控制程序，但因没有PLC硬件及外围设备，不能将所编程序和硬件进行结合，从而无法检查自己所编程序的正确与否，大大影响了学习的效率。通过本书介绍的仿真软件，可以仅借助于个人计算机，就能编写PLC控制程序，并通过仿真机械的运行情况，检查所编程序存在的问题，及时修改、完善程序，这样既能快速掌握PLC的编程方法和编程技巧，又能大大提高编程的学习效率。利用仿真软件学习PLC知识，由于不需硬件设备，以及电气电路的配接，可让学生有更多的操作机会，既节省时间、提高效率，又减少投资、保障安全。

本书采用项目-任务驱动教学模式，在每个项目里布置了几个任务，通过对任务的实施，可以很快掌握PLC指令、元件的使用方法及编程方法、编程技巧。本书共有8个项目，分别是PLC基础知识及仿真软件、输入/输出继电器及基本指令使用训练、定时器和辅助继电器应用训练、计数器和边沿触点应用训练、无分支步进控制编程训练、选择性分支步进控制编程训练、功能指令的应用训练及PLC控制系统的设计。建议总学时数为146学时。

本书由河北衡水铁路电气化学校赵进学和河北衡水高级技工学校邢贵宁主编，邢台职教中心葛志凯、海南省三亚高级技工学校韩维民、重庆市立信职业教育中心陈文林任副主编。此外，钱素娟、彭俊、张艳华、申宝吉和徐锦铭也参与了本书部分内容的编写，王栋玉对本书的编写提供了宝贵的建议和指导。

由于编者水平有限，加之时间仓促，书中错误和不妥之处在所难免，恳请广大读者批评指正。

编　者

2009.05

第一节 前言

第二版前言

《PLC应用技术项目教程》于2009年9月出版几年来，在全国部分中职学校被选用教材，并受到了广大师生的高度好评。同时，采用第一版作为教材的学校在充分肯定的基础上也反馈了一些建设性意见。鉴于此，作者再次审读了第一版，认为有必要进行修订，以满足教学发展及读者的实际需求。

修订后的《PLC应用技术项目教程》（第二版）在保留第一版基本框架的内容前提下，对一些内容进行了补充和提高，并经全国职业教育教材审定委员会审定，评为“十二五”职业教育国家规划教材。

1）修正第一版中的一些错误。

2）采纳老师们的建议，在“项目七功能指令的应用训练”中添加介绍MOV、BCD、TWR、TRD、ALT等多条功能指令，并配以十余个应用训练。添加介绍功能指令的目的在于：让学生能够真正掌握更多功能指令的作用、应用和编程方法，更加深刻地认识PLC在电气控制中的强大功能，为将来在实际工作中充分利用PLC解决实际问题打下坚实的基础。

本书除了在第一版的基础上提高了内容的实用性外，还提供了音像课件，有需要的读者可直接到科学出版社网站（www.abook.cn）免费下载，以实现读者自学、教师教学效果的最佳化。

本书由河北衡水高级技工学校邢贵宁和河北衡水铁路电气化学校赵进学担任主编，邢台职教中心葛志凯、海南省三亚高级技工学校韩维民、重庆市立信职业教育中心陈文林担任副主编。此外，张艳华、申保吉也参与了本书部分内容的编写，王栋玉对本书的编写提供了宝贵的建议和指导。

感谢各学校、各位老师与读者选用本书作为教材，恳请读者及时指正书中错误和不足，以便及时改正。

编者

2014年6月

第二版前言

目　录

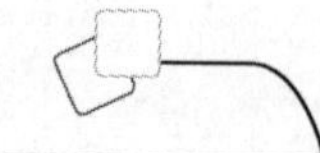

项目一

PLC 基础知识与仿真软件介绍

可编程序控制器，简称 PLC，是近几十年研制出的用于工业控制的新型控制设备。1968 年，美国通用汽车公司首先提出新型控制器的研制要求。第二年，美国数字设备公司根据通用公司的要求，研制成功世界上第一台可编程序控制器。随后的几十年里，人们把微机技术应用到 PLC 中，增强了它的控制功能，使之真正成为一种电子计算机工业控制设备。我国研制与应用 PLC 起步较晚，目前，市场上应用的 PLC 多是国外的品牌。近几年我国研制尤其是应用 PLC 技术日益成熟，相关专业技术人员也备受青睐。

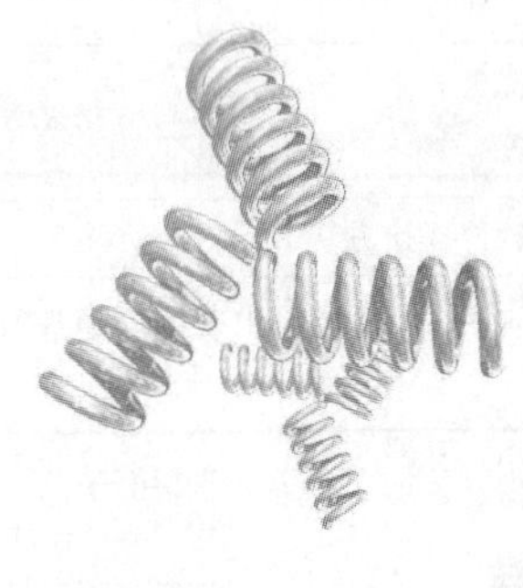

- 了解可编程控制器的结构和原理。
- 熟悉“FX-TRN-BEG-C”教学仿真软件的使用方法。

- 认识三菱系列 PLC 的硬件系统。
- 熟悉 PLC 输入、输出端子的接线方法。
- 掌握“FX-TRN-BEG-C”教学仿真软件的使用。

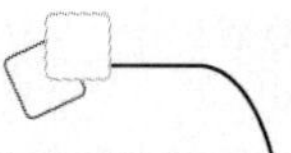

任务一　了解三菱FX系列PLC硬件和软件系统

任务目标

1）掌握三菱FX系列PLC的硬件组成部分及工作原理。
2）掌握三菱FX系列PLC的软件系统。
3）学会使用三菱FX系列PLC的软件系统编程。
4）编写调试程序。

任务教学方式

教学步骤	时间安排	教学手段及方式
阅读教材	课余	学生自学、查资料、相互讨论 1. 介绍PLC的基本组成 2. 了解PLC的应用领域、可编程控制器的特点
知识点讲授	学时1	1. 熟悉三菱FX系列PLC硬件系统 2. 了解三菱FX系列PLC软件系统
任务操作	学时1	现场观察PLC的硬件系统，PLC软件操作方法
评估检测	与课堂同时进行	教师与学生共同完成任务的检测与评估，并能对出现的问题进行分析与处理

读一读

知识1　PLC的基本组成

PLC（Programmable Logical Controller）的中文含义是“可编程逻辑控制器”，早期产品只能输入逻辑信号，进行逻辑控制。随着科学的发展、技术的进步，这种产品的功能越来越强大，已不仅限于逻辑控制，所以将其改称为“可编程控制器”。但是，为了避免与个人计算机的简称PC相混淆，可编程控制器仍沿用PLC的英文缩写。

可编程控制器是一种数字运算操作的电子系统，专为在工业环境下的应用而设计。它采用了可编程的存储器，用来在其内部存储执行逻辑运算、顺序控制、定时、计数和算术运算等操作的指令，并通过数字的、模拟的输入和输出，控制各种类型的机械或生产过程。

三菱系列PLC外形如图1-1所示。

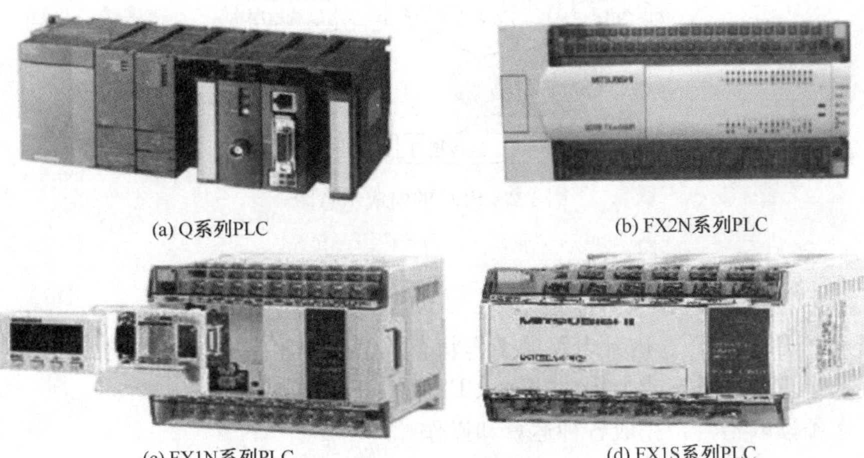

(a) Q系列PLC (b) FX2N系列PLC

(c) FX1N系列PLC (d) FX1S系列PLC

图 1-1 三菱系列 PLC 外形

知识 2 PLC 的应用领域

PLC 可在以下领域中得到应用。

1）开关量的逻辑控制。

2）模拟量的闭环控制。

3）数字量的智能控制。

4）数据采集与监控。

5）通信、联网及集散控制。

知识 3 可编程控制器的基本特点

PLC 的基本特点如下：

1）灵活、通用。

2）可靠性高、抗干扰能力强。

3）编程简单、使用方便。

4）接线简单。

5）功能强。

6）体积小、重量轻、易于实现机电一体化。

知识 4 了解三菱 FX 系列 PLC 硬件系统

可编程控制器由哪几部分组成呢？图 1-2 为 PLC 构成示意图，从该示意图可见，PLC 由硬件和软件两部分组成。硬件部分包括电源、CPU、存储器、I/O 接口和通信接口；软件部分包括厂家固化的系统程序和用户编写的用户程序。

下面对 PLC 硬件各部分的主要作用做一下介绍。

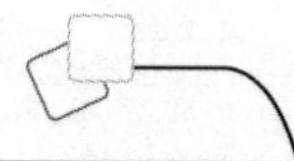

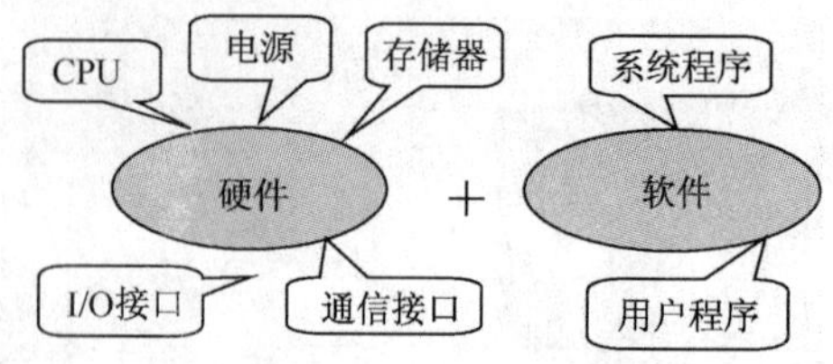

图 1-2　PLC 的组成示意图

1. 中央处理单元（CPU）

1）诊断 PLC 电源、内部电路的工作状态及编制程序中的语法错误。
2）采集现场的状态或数据，并送入 PLC 的寄存器中。
3）逐条读取指令，完成各种运算和操作。
4）将处理结果送至输出端。
5）响应各种外部设备的工作请求。

2. 存储器（ROM/RAM）

1）系统程序存储器（ROM）。用以存放系统管理程序、监控程序及系统内部数据，PLC 出厂前已将其固化在只读存储器 ROM 或 PROM 中，用户不能更改。

2）用户存储器（RAM）。包括用户程序存储区和工作数据存储区。这类存储器一般由低功耗的 CMOS－RAM 构成，其中的存储内容可读出并更改。断电会丢失存储的内容，一般用锂电池来保持。

3. 可编程控制器输入接口电路

开关量输入接口电路：采用光电耦合电路，将限位开关、手动开关、编码器等现场输入设备的控制信号转换成 CPU 所能接受和处理的数字信号。可编程控制器的输入接口电路的结构示意图如图 1-3 所示。

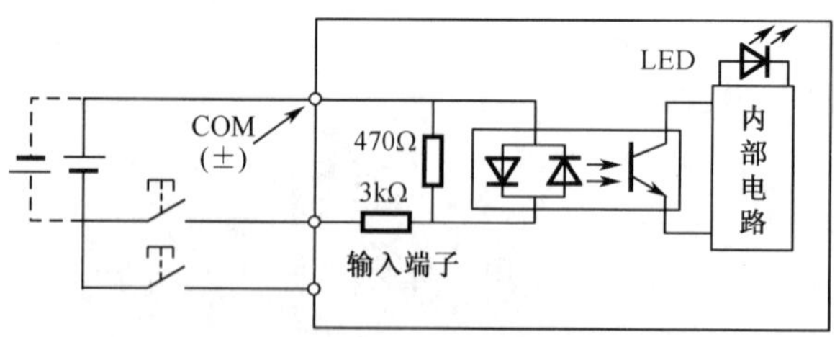

图 1-3　输入接口电路结构示意图

4. 可编程控制器输出接口电路

可编程控制器输出接口电路有以下三种类型。

1）继电器输出型。为有触点输出方式，用于接通或断开开关频率较低的直流负载或交流负载回路，其结构示意图如图 1-4 所示。

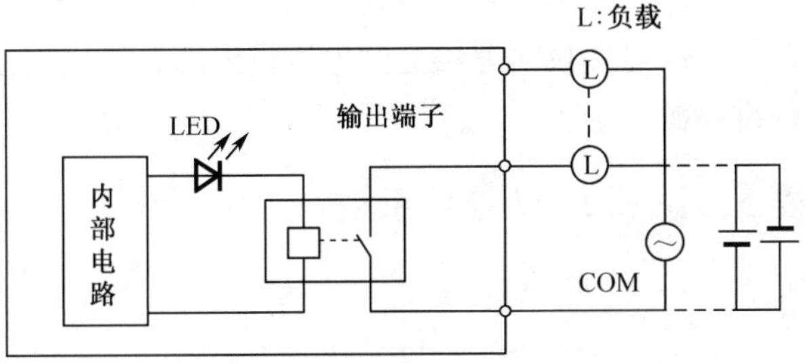

图 1-4 继电器输出型结构示意图

2）晶闸管输出型。为无触点输出方式，用于接通或断开开关频率较高的交流电源负载，其结构示意图如图 1-5 所示 。

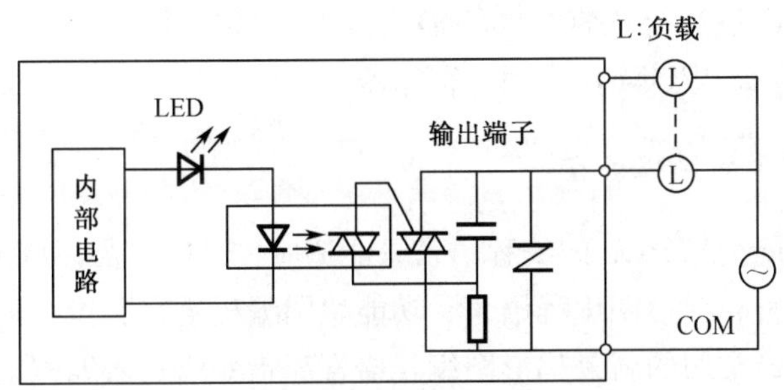

图 1-5 晶闸管输出型结构示意图

3）晶体管输出型。为无触点输出方式，用于接通或断开开关频率较高的直流电源负载，其结构示意图如图 1-6 所示。

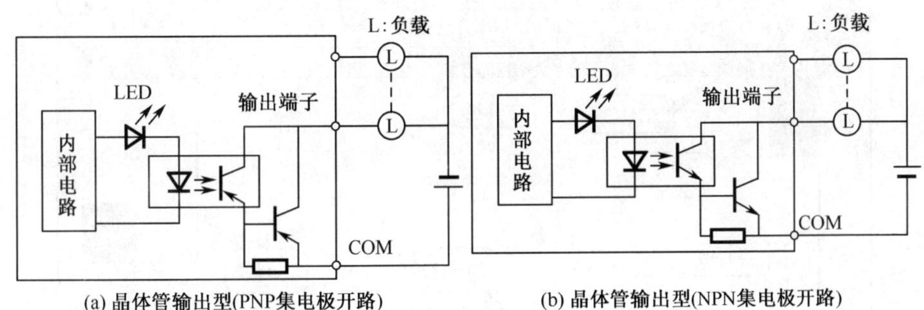

图 1-6 晶体管输出型结构示意图

5. 通信接口

通信接口用于连接编程器、计算机等设备，写入、读出用户程序，监控 PLC 运行状态，实现联网等功能。

6. 电源

PLC 的电源是指将外部输入的交流电处理后转换成满足 PLC 的 CPU、存储器、输

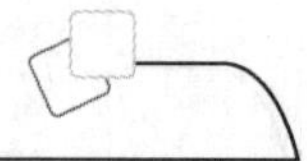

入输出接口等内部电路工作需要的直流电源电路或电源模块。许多 PLC 的直流电源采用直流开关稳压电源，不仅可提供多路独立的电压供内部电路使用，而且还可为输入设备（传感器）提供标准电源。

知识 5　了解三菱 FX 系列 PLC 软件系统

1. 用户程序

用户程序是用户根据控制对象的生产工艺及控制的要求而编制的应用程序。它是由 PLC 控制对象的要求而定的。

为了便于用户进行读出、检查和修改，用户程序一般存于 CMOS 静态 RAM 中，用锂电池作为后备电源，以保证断电时不会丢失信息。为了防止干扰对 RAM 中程序的破坏，当用户程序经过运行正常后，不需要改变，可将其固化在 EPROM 中。现在有许多 PLC 直接采用 E^2PROM 作为用户存储器。

2. 可编程控制器的编程语言

不同厂家，不同型号 PLC 的编程语言只能适应自己的产品。PLC 有 5 种编程语言：顺序功能图编程语言、梯形图编程语言、功能块图编程语言、指令语句表编程语言、结构文本编程语言。最常用的就是梯形图编程语言和指令语句表编程语言。

3. 三菱 FX 系列编程软件工作界面

三菱 FX 系列 PLC 中文编程软件“SWOPLC-FXGP/WIN-C”编程界面如图 1-7 所示。

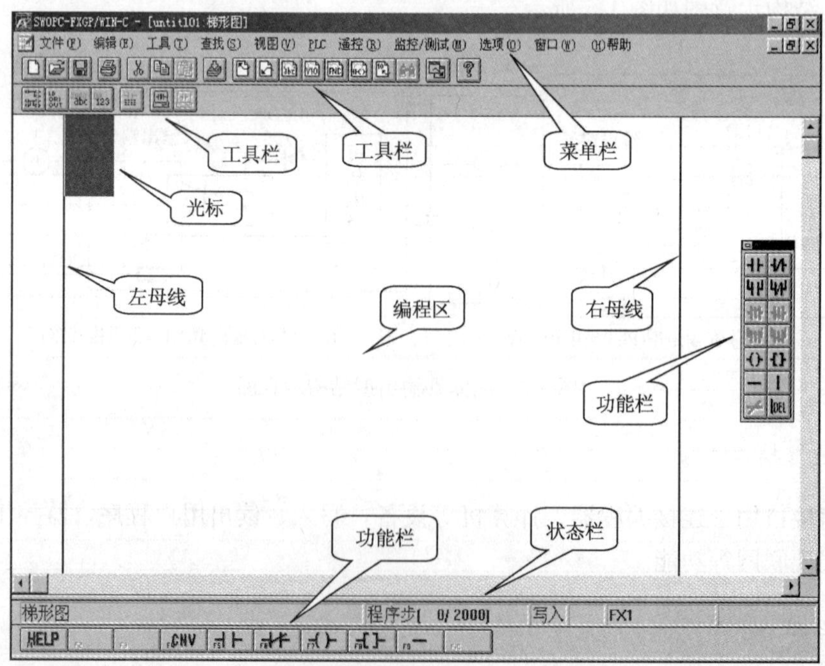

图 1-7　PLC 中文编程“SWOPLC-FXGP/WIN-C”界面

三菱 FX 系列 PLC 编程设计思路和继电控制电路设计思路接近，熟悉电路设计的读者很容易接受其编程方法，现在很多国产 PLC 编程软件兼容三菱编程软件。

学习三菱 FX 系列 PLC 编程，可采用中文仿真软件“FX-TRN-BEG-C”，其编程方法与编程软件大同小异，熟练掌握了仿真软件编程，将来在工作中使用编程软件时，就会得心应手。本书重点学习使用仿真软件编程。

可编程序控制器和继电器控制线路有什么区别?

任务二 FX-TRN-BEG-C 仿真软件使用训练

1）了解仿真软件界面。
2）了解仿真软件一些特定的工艺条件。
3）掌握梯形图仿真编程和运行调试方法。

任务教学方式

教学步骤	时间安排	教学手段及方式
阅读教材	课余	学生自学、查资料、相互讨论
知识点讲授	学时 1	1. 介绍 PLC 教学演示仿真软件界面 2. 了解仿真软件一些特定的工艺条件，了解软件编程界面元件意义 3. 掌握程序输入方法和运行调试方法
任务操作	学时 1	用仿真软件仿真正反转联锁运行的控制功能。
评估检测	与课堂同时进行	教师与学生共同完成任务的检测与评估，并能对出现的问题进行分析与处理

读一读

FX 系列 PLC 可用“FX-TRN-BEG-C”教学演示仿真软件（以下简称仿真软件），利用计算机进行仿真编程和仿真运行。该软件既能够编制梯形图程序，也能够在后台将梯形图程序转换成指令语句表程序，并写入到模拟 PLC 主机，并模拟仿真 PLC 控制现场机械设备运行。

使用“FX-TRN-BEG-C”仿真软件，须将计算机的显示器像素设置为 1024×768，

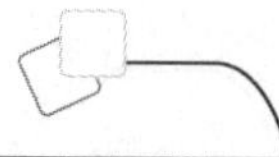

如果显示器像素较低，则无法运行该软件。

使用仿真软件的优点是，不需要很多元器件以及硬件连线就能完成编制程序、模拟运行、调试修改等学习步骤，既节省时间，又安全方便。PLC 教学演示仿真软件不失为学习 PLC 编程知识的得力工具。

知识 1 “FX-TRN-BEG-C”软件介绍

图 1-8 仿真软件启动图标

在安装有“FX-TRN-BEG-C”仿真软件的计算机上，双击图 1-8 所示图标，启动“FX-TRN-BEG-C”仿真软件，进入仿真软件程序首页，可显示 A、B、C、D、E、F 六个章节的练习项目，如图 1-9所示。单击 A. B. C. 等选项，可进入不同的练习章节。

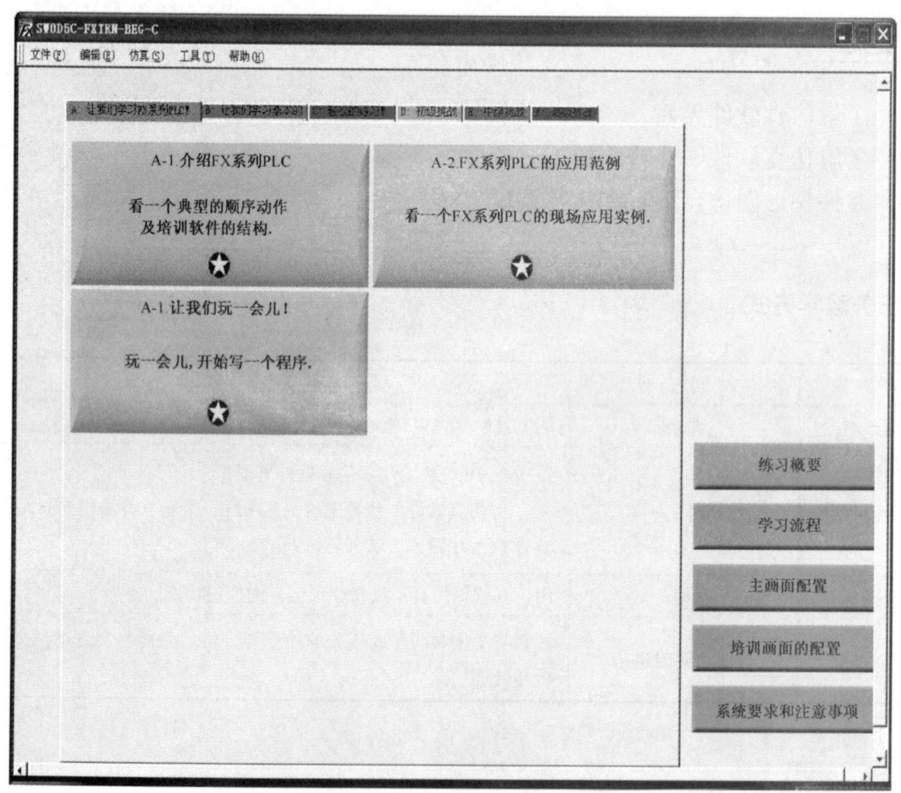

图 1-9 仿真软件首页

仿真软件的 A-1、A-2 两个练习章节中介绍了 PLC 的基础知识，此处从略，请读者自行学习。

仿真软件从 A-3 的练习章节开始，以后的章节可以进行编程和仿真培训练习，编程仿真界面如图 1-10 所示。

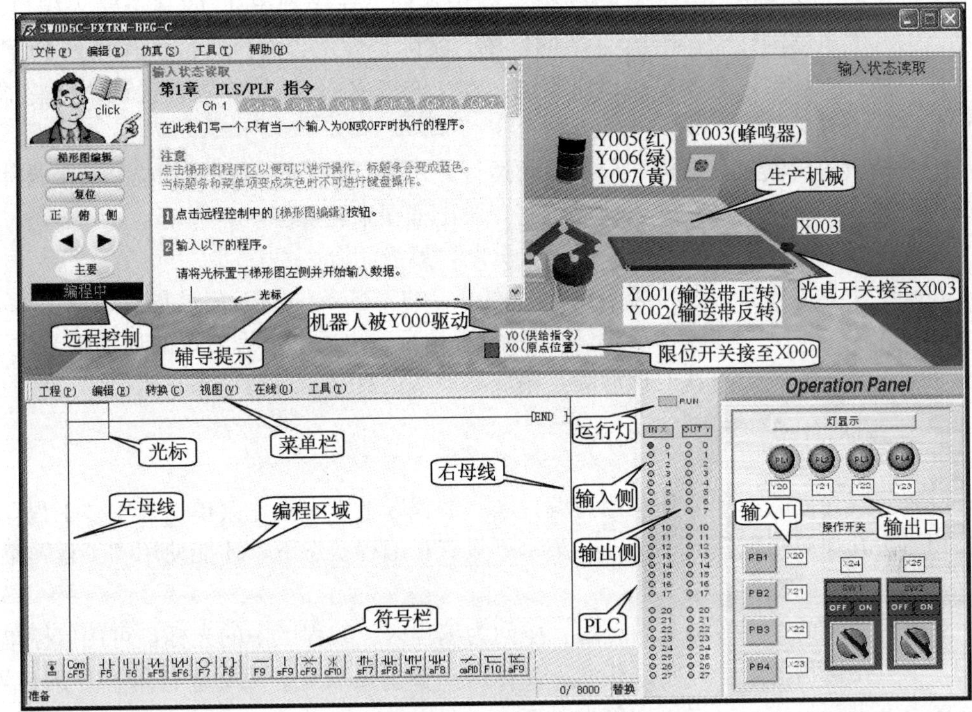

图 1-10　仿真编程界面

编程仿真界面上半部分为现场仿真区，下半部分分为编程区、模拟 PLC 和控制显示台。

1. 现场仿真区

现场仿真区在编程仿真界面的上半部分，左起依次为远程控制区、辅导提示和生产机械。单击远程控制画面的教师图像，可关闭或打开辅导提示。

仿真区“编辑”菜单下的“I/O 清单”选项显示该练习项目的现场工艺条件与 PLC 配接的输入/输出（I/O）接口配置说明，需仔细阅读，正确运用。

仿真区“工具”菜单下的“选项”，可选择仿真背景为“简易画面”，以节省计算机系统资源；还可调整仿真设备运行速度。

远程控制画面的功能按钮，自上而下依次如下。

“梯形图编辑”——将仿真运行状态转为编程状态，可以开始编程。

“PLC 写入”——将转换完成的用户程序写入 PLC 主机。PLC 写入程序后，“RUN”灯点亮，进入仿真运行方式，此时不可编制编程。

“复位”——将仿真运行的程序和仿真界面复位到初始状态。

“正俯侧”——选择现场生产机械的视图方向。

“◀ ▶”——选择基础知识的上一画面和下一画面。

“主要”——返回程序首页。

“编程/运行”显示窗——显示编程界面当前状态。

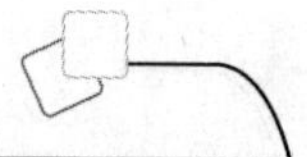

生产机械上给出的 X，实际是该位置的传感器，连接到 PLC 的某个输入接口 X，驱动该输入继电器的线圈；给出的 Y 的位置，实际是该位置的执行部件连接到 PLC 的某个输出接口 Y，被这个输出接口所驱动。本文亦以 X 或 Y 的位置替代说明传感器或执行部件的位置。

生产机械的机器人、推杆和分拣器的运行方式为点动工作、自动复位。某个具体机械的运行方式可通过针对它的驱动，编制一段小程序来验证。

生产机械上的光电传感器触点，通光分断，遮光闭合。

在某个仿真练习界面下，可根据该界面给定的工艺条件和工艺过程，编制 PLC 梯形图，写入模拟 PLC 主机，仿真驱动现场设备运行；也可不考虑给定的现场工艺过程，仅利用其工艺条件，编制其他梯形图，用现场设备仿真显示运行结果。

2. 编程区

编程仿真界面的下半部分左侧为编程区，编程区上方有操作菜单，其中“工程”菜单，相当于其他应用软件的“文件”菜单。只有在编程状态下，才能使用“工程”菜单进行打开、保存等操作。

编程区两侧的垂直线是左右母线，中间为编程区。编程区中的光标，可用鼠标单击移动，也可用键盘的 4 个方向键移动。光标所在位置是放置、删除元件等操作的位置。编程区下方是符号栏，可用鼠标单击等方法，取用各元件符号。

仿真运行时，梯形图上的触点和线圈的蓝色显示表示该器件接通。

3. 模拟 PLC

编程区右侧为一台 48 个 I/O 点的模拟 PLC，其左侧一列发光二极管显示各个输入接口状态；右侧一列发光二极管显示各个输出接口状态。

4. 模拟控制显示台

编程仿真界面最右侧是模拟控制显示台，上方是信号灯显示屏，下方是操作台。各指示灯已按照标识 Y 连接到 PLC 的输出接口；各开关也按照标识 X 连接到 PLC 的输入接口。

操作台的 PB 为自复位式常开按钮，SW 为转换开关，其面板的“OFF　ON”系指其常开触点分断或接通。受软件反应灵敏度所限，为保证可靠动作，仿真运行操作时各开关的闭合时间应不小于 0.5s。

知识 2　了解编程方式与常用符号的意义

单击远程控制的“梯形图编辑”按钮，进入编程状态，“编程中”点亮。单击界面左下角“转换程序”按钮或 F4 热键，后台将会把梯形图转换成语句表，以便写入模拟 PLC 主机。该软件只能利用梯形图编程，不能用语句表编程，也不能显示语句表。

在编程区的左右母线之间编制梯形图，可用鼠标单击或者热键调用编程区下方显示的元件符号栏内的符号，如图 1-11 所示。

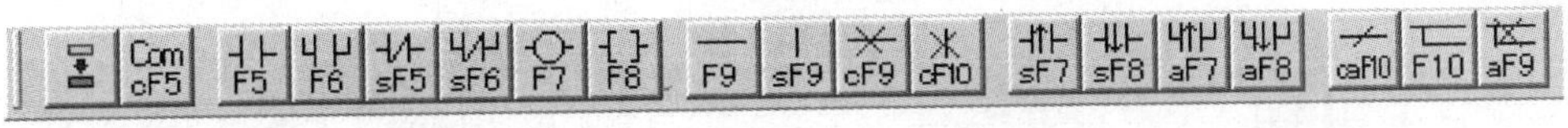

图 1-11　元件符号栏及编程热键

常用元件符号及热键的意义说明如下。

：将梯形图转换成语句表（F4 为其热键）；

F5：放置常开触点（又称动合触点）(LD AND)；

F6：并联常开触点（OR）；

sF5：放置常闭触点（又称动断触点）(LDI ANI)；

sF6：并联常闭触点（ORI）；

F7：放置线圈（OUT）；

F8：放置指令；

F9：放置水平线段；

sF9：放置垂直线段于光标的左下角；

cF9：删除水平线段；

cF10：删除光标左下角的垂直线段；

sF7：放置上升沿触点（LDP ANDP）；

sF8：放置下降沿触点（LDF ANDF）；

aF7：并联上升沿触点（ORP）；

aF8：并联下降沿触点（ORF）；

caF10：触点运算结果取反（INV）。

元件符号下方的 F5～F9 等字母数字，分别对应键盘上方的编程热键，其中大写字母前的小写 s 表示 Shift＋；c 表示 Ctrl＋；a 表示 Alt＋。

做一做

实训 1　元件放置和梯形图编辑方法

启动仿真软件，熟悉软件界面。在仿真软件 B4 界面，试按下述方法输入、编辑图 1-17梯形图。

1. 元件和指令的放置

梯形图编程采用鼠标法、热键法和指令法均可调用、放置元件。

(1) 鼠标法

移动光标到预定位置，单击编程界面下方的某个触点、线圈或指令等符号，弹出元件对话框，如图 1-12 所示。输入元件标号、参数或指令，单击“OK”按钮，即可在光标所在位置放置元件或指令。

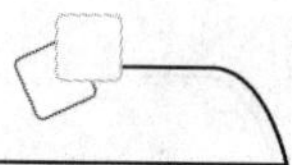

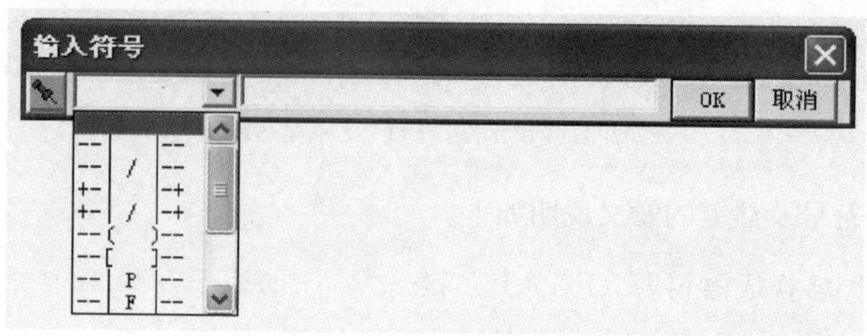

图 1-12　元件对话框

（2）热键法

按某个编程热键，也会弹出元件对话框，其他操作同鼠标法。

（3）指令法

如果对编程指令及其含义比较熟悉，利用键盘直接输入指令和参数，可快速放置元件和指令。编程常用指令，见表 2-1。例如：输入“LD　X001”，将在左母线加载一个 X001 常开触点；输入“ANDF　X002”，将串联一个下降沿触点 X002；输入“OUT　T1　K100”，将一个 10s 定时器的线圈连接到右母线。

线段只能使用鼠标法或者热键法放置，而且竖线段将放置在光标的左下角。

步进接点只能使用 STL 指令放置。

撤消(U)	Ctrl+Z
剪切(T)	Ctrl+X
复制(C)	Ctrl+C
粘贴(P)	Ctrl+V
行插入(N)	Shift+Ins
行删除(E)	Shift+Del
自由连线输入(L)	F10
自由连线删除(R)	Alt+F9
转换(N)	F4

图 1-13　右键菜单

2. 梯形图编辑

1）删除元件。按“Delete”键，删除光标处元件；按“Back Space”键，删除光标前面的元件。线段只能使用鼠标法或者热键法删除，而且应使要删除的竖线在光标左下角。

2）修改元件。选中元件，按“Enter”键，或者双击要修改的元件，弹出如图 1-12 所示元件对话框。选择元件、输入元件标号，可对该元件进行修改编辑。

3）右键菜单。右击元件，弹出右键菜单，如图 1-13 所示，可对光标处进行撤销、剪切、复制、粘贴、行插入、行删除等操作。

实训 2　程序转换、保存与写入练习

（1）程序转换

单击“转换程序”按钮，或用“F4”热键进行程序转换。此时如果编程区某部分显示为黄色，表示这部分编程有误，查找原因予以解决。

（2）保存程序

单击“工程/保存”菜单命令，选择存盘路径和文件名，通过计算机保存程序文件。

（3）程序调用

单击“工程/打开工程”菜单命令，选择路径和文件名，从计算机调入 PLC 程序

文件。

（4）程序写入

单击“在线/PLC 写入”菜单命令，将程序写入模拟 PLC 主机，“RUN”灯点亮，即可进行仿真试运行，并根据运行结果调试修改程序。

想一想

可以用几种方法输入梯形图程序？请试着将图 1-14 的梯形图输入到仿真软件 D2 中，并仿真查看运行效果。

图 1-14　梯形图

评一评

任务检测与分析

检 测 项 目	评分标准	分　值	学生自评	教师评分
软件启动	正确启动仿真软件	10		
熟悉界面	正确认识仿真软件界面各部分名称和作用	20		
程序输入	能用各种方法输入梯形图程序	30		
程序编辑	会编辑、修改梯形图程序	20		
文件操作	掌握程序的转换、存盘、写入操作	20		
合　计		100		

以上介绍了 FX 系列 PLC“FX-TRN-BEG-C”教学演示仿真软件的应用，它可以帮助我们快速掌握 PLC 的基本知识和编程方法。

实际应用的 FX 系列 PLC 编程软件有“SWOPLC-FXGP/WIN-C”，其编程界面和编程方法与仿真软件“FX-TRN-BEG-C”大同小异，只是多出指令语句表编程方式，

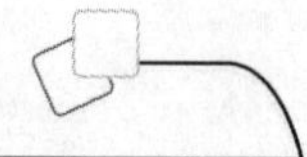

而且梯形图和语句表可以相互转换。“SWOPLC-FXGP/WIN-C”是中文编程软件，在熟悉“FX-TRN-BEG-C”的基础上，相信读者能够很快掌握它的应用。

任务三　熟悉 PLC 与外围部件的接线

1）复习巩固电气控制过程。
2）了解 PLC 控制系统的构成。
3）初步了解 PLC 控制的接线图、梯形图和语句表。
4）通过电气控制和 PLC 控制的比较，了解二者的联系和不同之处。

任务教学方式

教学步骤	时间安排	教学手段及方式
阅读教材	课余	学生自学、查资料、相互讨论
知识点讲授	学时 2	1. 复习巩固电气控制过程 2. 了解 PLC 控制系统的构成 3. 初步了解 PLC 控制的接线图、梯形图和语句表 4. 通过电气控制和 PLC 控制的比较，了解二者的联系和不同之处
任务操作	学时 2	用仿真软件仿真正反转联锁运行的控制功能
评估检测	与课堂同时进行	教师与学生共同完成任务的检测与评估，并能对出现的问题进行分析与处理

实训　编程示例：三相异步电动机正反转控制

1. 继电控制方式

三相异步电动机正反转控制的继电控制电路如图 1-15 所示，该电路前面课程已经做过详细分析。

2. PLC 控制方式

三相异步电动机正反转 PLC 控制系统的接线如图 1-16 所示。

三相异步电动机正反转 PLC 控制的接线图、程序梯形图和程序指令语句表如图 1-17所示。

图 1-15～图 1-17 中，SB 为停机按钮，SB1 为正转启动按钮，SB2 为反转启动按

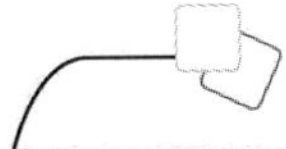

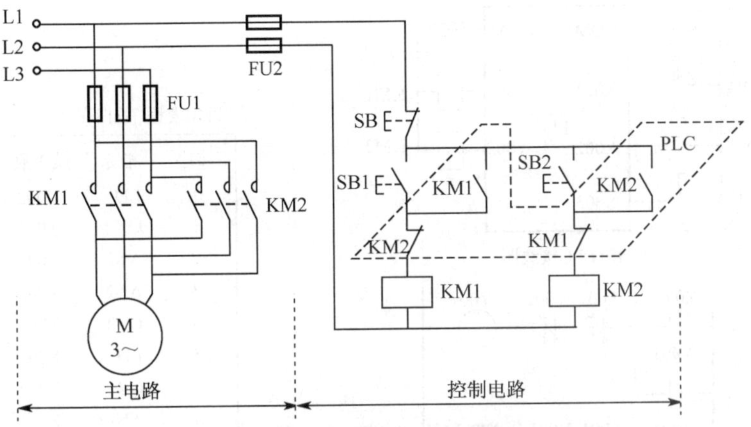

图 1-15　三相异步电动机正反转继电控制电路

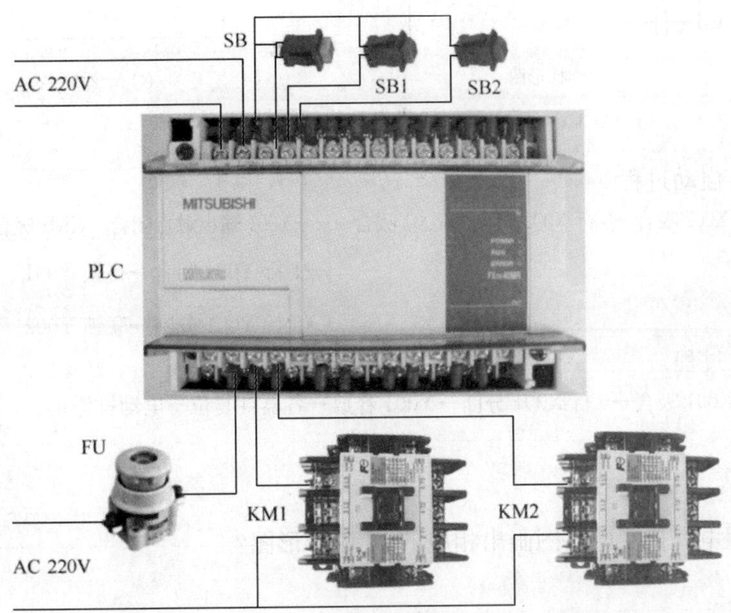

图 1-16　三相异步电动机正反转 PLC 控制系统接线

钮，KM1 为正转控制接触器，KM2 为反转控制接触器。继电控制电路的工作分析不再赘述，PLC 控制的工作过程参照其 PLC 接线图和梯形图，分析如下。

说　明

PLC 梯形图左侧一列数字，是对相邻元件操作的步序数，为分析动作过程叙述方便，在此用这个数字代替梯形图的行数。工作过程分析黑体字表达 PLC 内部用户程序的动作。

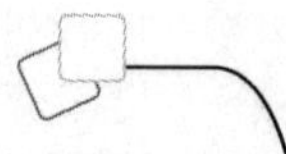

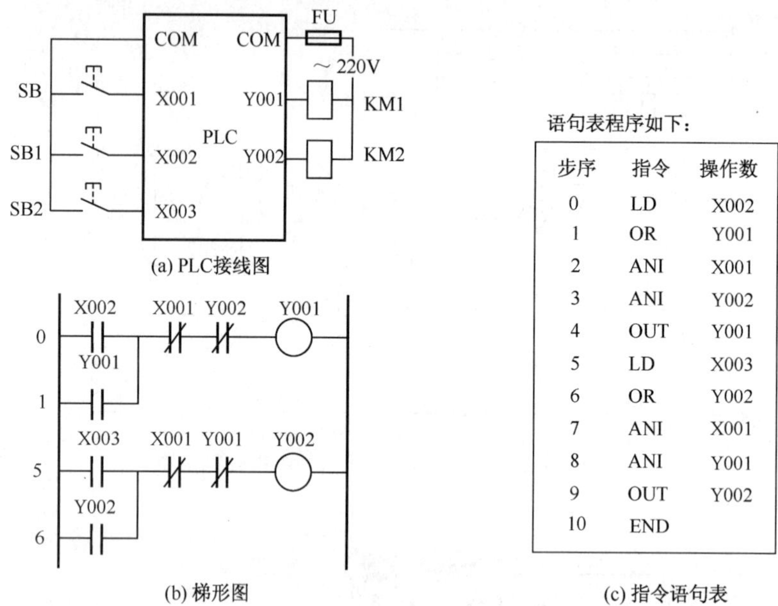

步序	指令	操作数
0	LD	X002
1	OR	Y001
2	ANI	X001
3	ANI	Y002
4	OUT	Y001
5	LD	X003
6	OR	Y002
7	ANI	X001
8	ANI	Y001
9	OUT	Y002
10	END	

(c) 指令语句表

图 1-17　三相异步电动机正反转 PLC 控制

（1）正转启动过程

点动 SB1→X002 吸合→0 行 X002 闭合→Y001 吸合→Y001 输出触点闭合→KM1 吸合→电动机正转

→1 行 Y001 闭合→自锁 Y001

→5 行 Y001 分断→联锁 Y002

（2）停机过程

点动 SB→X001 吸合→0 行 X001 分断→Y001 释放→各器件复位→电动机停止

想一想

能否按照电气控制电路图画出相应的 PLC 梯形图？

议一议

分析讨论 PLC 控制反转启动过程。

项目小结

1）可编程控制器的硬件主要包括：中央处理器（CPU）、存储器、输入接口、输出接口、电源等几大部分。

2）可编程控制器的程序系统主要有系统程序和用户程序两部分。

3）可编程控制器内部的软继电器主要有输入继电器、输出继电器、辅助继电器、状态继电器定时器、计数器、数据寄存器、变址寄存器、指针、常数。

4）可编程控制器的编程软元件与继电接触器元件相同点：二者都具有线圈和常开、

常闭触点，触点的状态随着线圈的状态而变化。即当线圈被选中（通电）时，常开触点闭合，常闭触点断开；当线圈失去选中条件时，常闭接通，常开断开。不同点：编程元件被选中，只是代表这个元件的存储单元置 1，失去选中条件只是这个元件的存储单元置 0；编程元件可以无限次地访问，可编程控制器的编程元件可以有无数多个常开、常闭触点。

电磁继电器和 PLC 软元件图形符号对照见表 1-1。

表 1-1　电磁继电器和 PLC 软元件图形符号对照

分类	线圈	常开触点	常闭触点
电磁继电器			
PLC 软元件			

5）FX 系列 PLC 可用“FX-TRN-BEG-C”仿真软件利用计算机进行仿真编程和仿真运行。该软件既能够编制梯形图程序，也能够在后台将梯形图程序转换成指令语句表程序，并写入到模拟 PLC 主机，以模拟仿真 PLC 控制现场机械设备运行。使用仿真软件不需要很多元器件以及硬件连线，就能完成编制程序、模拟运行、调试修改等操作步骤，既节省时间，又安全方便。

思考与练习

1. 热继电器的常闭触点是接到 PLC 的输入端还是输出端？各有什么特点？
2. 简述梯形图和继电器控制图的区别？
3. 简述 FX 系列 PLC 采用“FX-TRN-BEG-C”仿真软件进行仿真的步骤？
4. 梯形图编程中有几种方法可以调用放置元件？
5. 请在仿真软件 B1 中，仿真点动控制。

项目二

输入/输出继电器及基本指令使用训练

PLC有多种程序设计语言，最常用的是梯形图和指令语句表。梯形图中各类等效继电器的线圈和触点的图形符号、动作原理与接触器、继电器控制中的动作原理完全一致，设计人员使用起来十分方便，所以具备继电控制基础的专业人员，对于PLC的学习和运用十分简单。

输入、输出继电器是PLC的最基本单元。输入继电器与PLC的输入端相连，是PLC接收外部开关信号的元件，因为是电子继电器，其常开、常用触点的使用次数不受限制，这是与通用继电器触点的最大区别。FX系列PLC输入继电器采用8进制地址编号，X000～X267，输入继电器必须用外部信号驱动，不能用程序驱动。输出继电器与PLC的输出端相连，是PLC用来驱动输出负载的元件，其常开、常闭触点的使用次数下限，其地址编号也是采用8进制，Y000～Y267。

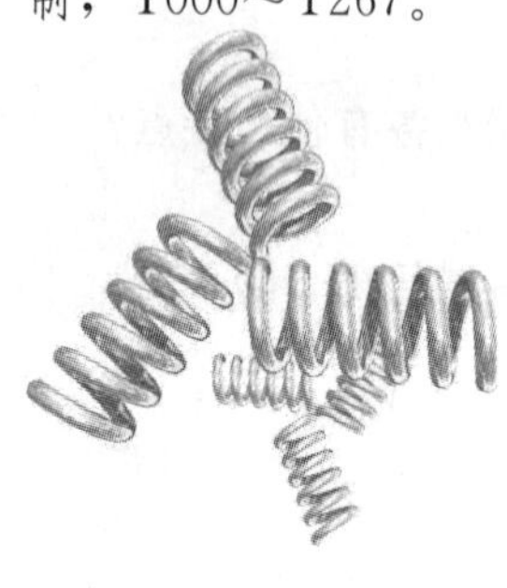

- 认识三菱FX系列PLC输入/输出接口电路及输入/输出继电器。
- 掌握基本指令和常用软元件的性能及其应用。

- 掌握梯形图编程方法。
- 初步掌握语句表编程方法。

任务一　电动机点动控制训练

1）复习巩固电动机点动控制电路工作原理。
2）通过比较，了解PLC控制与继电控制区别。
3）认识PLC输入、输出接口电路。
4）掌握梯形图编程方法。
5）掌握LD和OUT指令使用方法。

任务教学方式

教学步骤	时间安排	教学手段及方式
阅读教材	课余·	学生自学、查资料、相互讨论
知识点讲授	学时1	1. 通过任务分析来认识何为点动控制 2. 熟悉实现点动控制所使用的元件及编程指令 3. 掌握进行点动控制编程的步骤及方法
任务操作	学时1	用仿真软件仿真循环运行的控制功能
评估检测	与课堂同时进行	教师与学生共同完成任务的检测与评估，并能对出现的问题进行分析与处理

知识1　认识PLC的输入/输出接口电路和输入/输出继电器

PLC的输入、输出接口电路示意图如图2-1所示。

输入继电器X：PLC软元件中，能够接受外部开关控制的，是输入继电器X的线圈，由X触点的转换将外部信号引入到PLC内部。在控制程序中，只显示输入继电器的触点，不显示其线圈。

输出继电器Y：PLC软元件中，能够将PLC控制程序运行的结果送出PLC的，是输出继电器Y的一个常开触点，该触点连接外部执行部件。在控制程序中，只显示输出继电器的线圈，不显示其输出触点。

输入继电器X和输出继电器Y的标号都是八进制，FX2N系列PLC的输入、输出继电器各有128个。

包括输入、输出继电器在内的PLC软元件的触点数目不受限制，这点和硬件继电器有所不同。

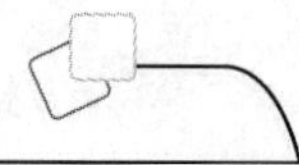

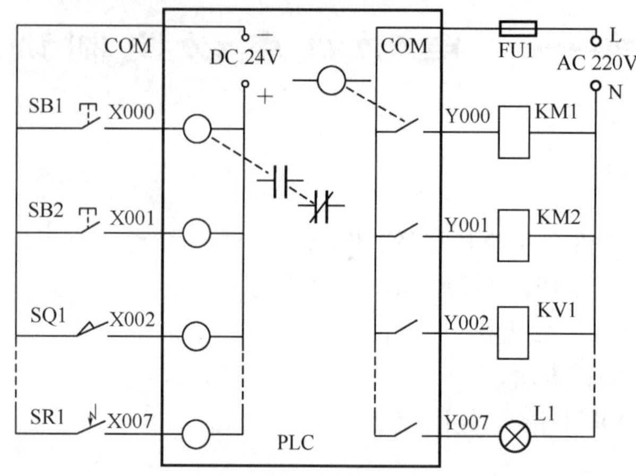

图 2-1　PLC 输入/输出接口电路示意图

知识 2　了解电动机点动控制电路工作原理

三相异步电动机点动运行电器控制系统如图 2-2 所示。

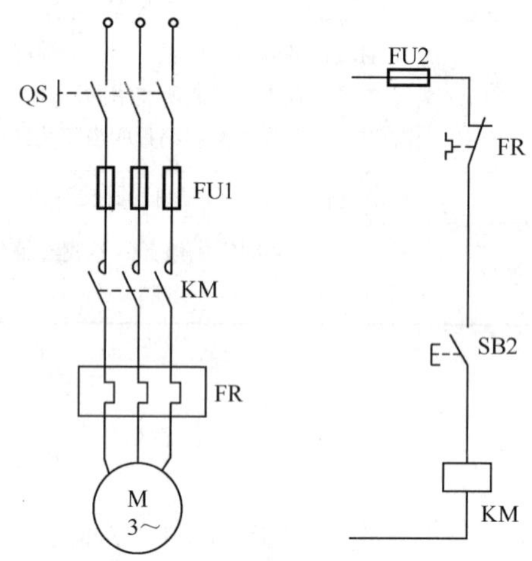

图 2-2　点动控制系统

三相异步电动机点动运行控制应用较多，常用在机床对刀、工作台调整及设备调试等场合。其工作过程为：首先合上开关 QS，按下启动按钮 SB2，使接触器 KM 的线圈得电，KM 的主触点闭合，电动机得电运行；松开 SB2 后，接触器 KM 的线圈失电，KM 的主触点断开，电动机停止。

知识 3　了解 PLC 控制与继电器控制区别

三相异步电动机点动运行 PLC 控制系统如图 2-3 所示。

将 SB2 接到 PLC 的输入端 X000 上，FR 常闭触点接到 X002 上，然后另一端都接到 COM 端上。利用输出端 Y000 控制接触器 KM 的线圈。按下 SB2 按钮，X000 接通，因 FR 接的常闭触点，X002 为接通状态，故 Y000 有输出，使 KM 线圈得电工作。松开 SB2，X000 断开，Y000 线圈断电，停止输出，KM 线圈断电，电动机停止工作。

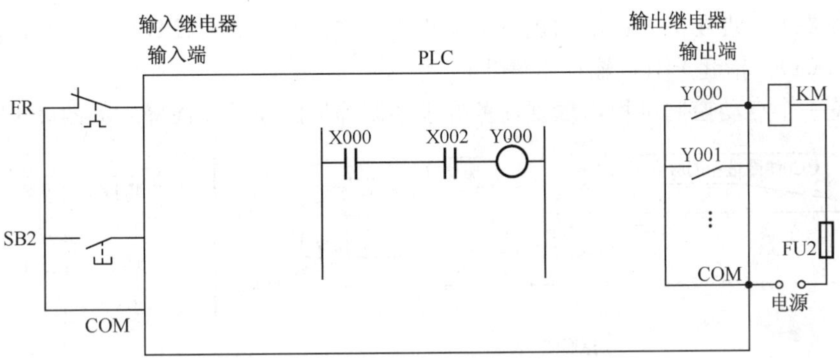

图 2-3　PLC 点动控制系统

实训　编写电动机点动控制梯形图程序并运行调试

任务现场条件和 PLC 接线如图 2-4 所示。

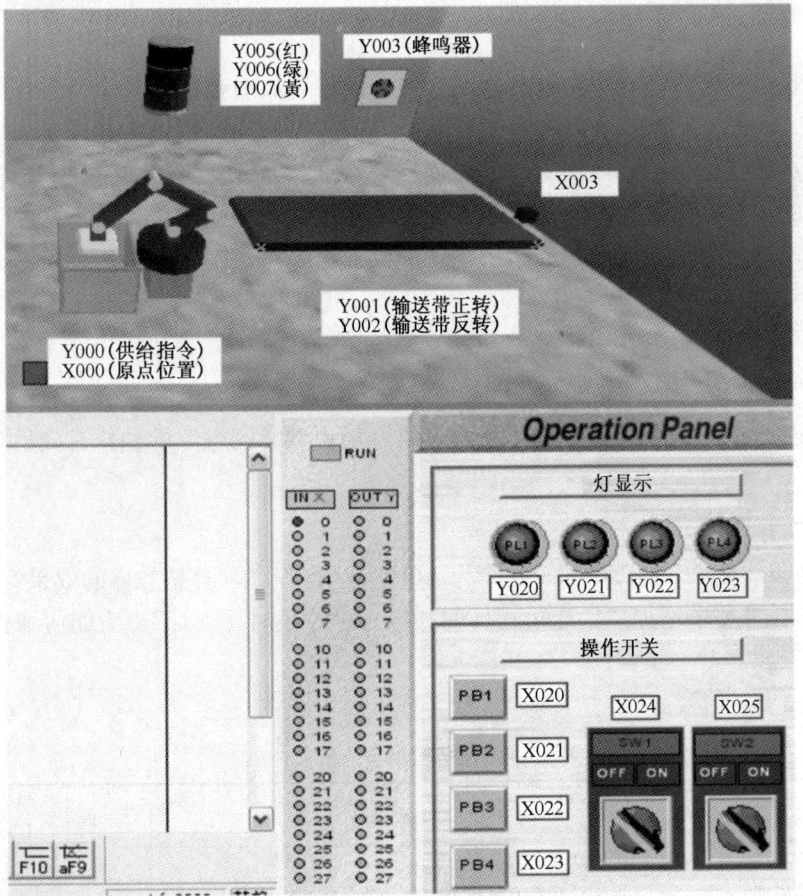

图 2-4　B4 仿真界面

任务要求：现场由一台电动机带动输送带，要求按下按钮 PB1（X020），使输送带正转（Y001）；抬起 PB1，输送带停止。

这是一个点动控制过程，根据任务要求编制梯形图及简要注释，如图 2-5 所示。

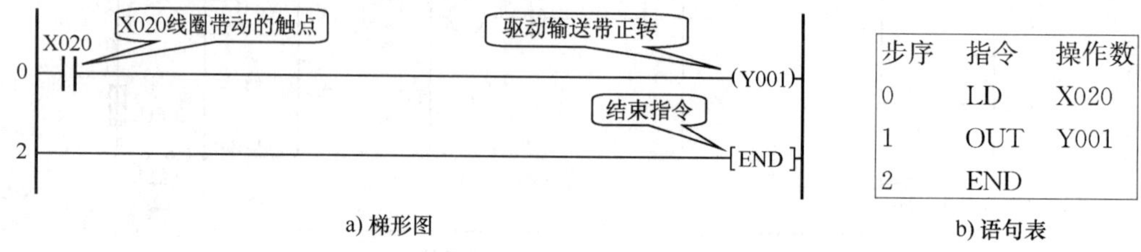

步序	指令	操作数
0	LD	X020
1	OUT	Y001
2	END	

b) 语句表

图 2-5　电动机点动控制梯形图及语句表

在仿真软件 B4 界面下，按照项目一介绍的方法，输入梯形图，转换、写入程序，运行调试。

该控制过程的工作要点分析（黑色字体表示 PLC 内部程序动作）如下。

按下 PB1→X020 吸合→X020 常开触点闭合→Y001 吸合→输出触点闭合→接触器吸合→电动机运转；

抬起 PB1→X020 释放→X020 常开触点分断→Y001 释放→输出触点分断→接触器释放→电动机停止。

常开触点连接指令有 3 个，分别是触点向左母线的加载指令 LD（load）、触点串联指令 AND（and）和触点并联指令 OR（or）。对常开触点取反则为常闭触点，因此在 3 个常开触点连接指令后面换加 I（Inverse 取反），即为常闭触点连接指令。

触点的运算结果输出、驱动线圈，放置线圈指令是 OUT。

用一系列指令描述梯形图的结构，就构成程序语句表，二者相互对应，也可以相互转换。

PLC 梯形图中的继电器的线圈得电其常开触点和常闭触点的动作有先后顺序吗？

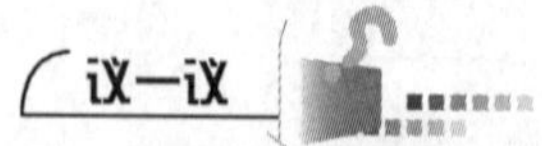

1）如果将图 2-5 的 Y001 线圈换为 Y002，运行程序，会是怎样的效果？

2）如任务要求增加“输送带正转时亮绿灯，停止时亮红灯”，应如何编程？

任务检测与分析

检测项目	评分标准	分值	学生自评	教师评分
软件启动	正确启动仿真软件	10		
熟悉界面	正确认识仿真软件界面各部分名称和作用	10		

续表

检测项目	评分标准	分　值	学生自评	教师评分
程序输入	能用各种方法输入梯形图程序	20		
程序编辑	会编辑、修改梯形图程序	20		
文件操作	掌握程序的转换、存盘、写入操作	10		
启动运行	会使设备启动运行	10		
运行调试	如果设备运行错误，会调试、修改程序	20		
合　计		100		

认识输入继电器和输出继电器

1. 输入继电器 X

输入继电器可编程控制器输入接口的一个接线点对应一个输入继电器。输入继电器的线圈只能由机外信号驱动，它可提供无数个常开接点、常闭接点供编程时使用。在程序中绝对不可能出现输入继电器的线圈，只能出现输入继电器的触点。FX2N 系列的输入继电器采用八进制地址编号，X000～X267 最多可达 184 点。图 2-6 是输入继电器的示意图。

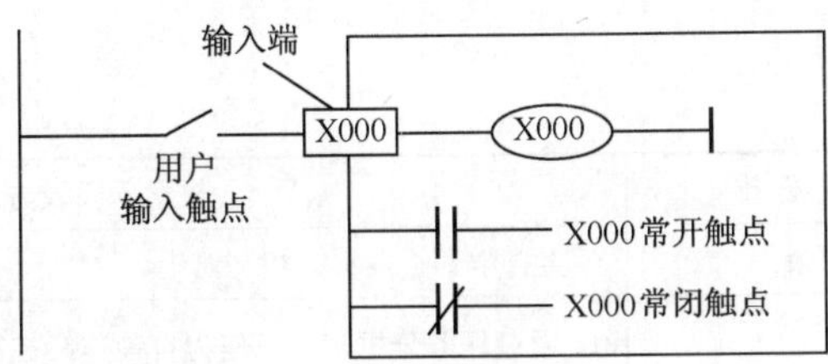

图 2-6　输入继电器的示意图

2. 输出继电器 Y

PLC 输出接口的一个接线点对应一个输出继电器。输出继电器的线圈只能由程序驱动，每个输出继电器除了为内部控制电路提供编程用的常开、常闭触点外，还为输出电路提供一个常开触点与输出接线端连接。驱动外部负载的电源由用户提供。输出继电器的地址编号也是八进制，Y000～Y267，最多可达 184 点。图 2-7 所示是输出继电器的示意图。

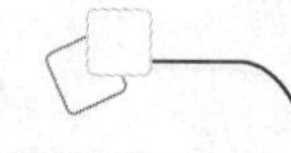

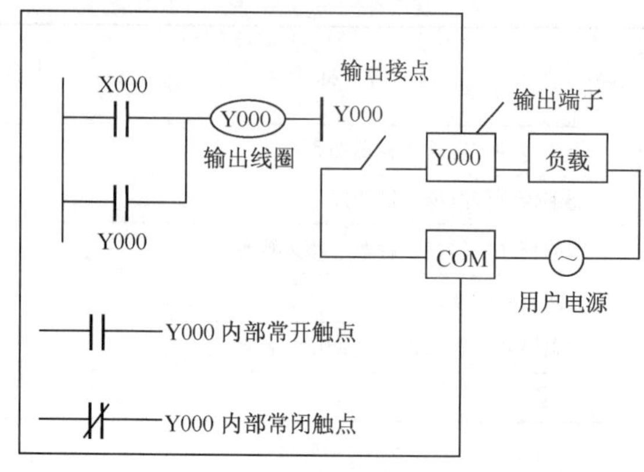

图 2-7 输出继电器的示意图

任务二 电动机连续运转控制训练

1）复习巩固电动机连续运转电器控制电路工作原理。
2）加深对自锁控制的认识。
3）掌握电动机连续运转 PLC 控制程序。
4）掌握 OR 和 ANI 指令使用方法。

任务教学方式

教学步骤	时间安排	教学手段及方式
阅读教材	课余	学生自学、查资料、相互讨论
知识点讲授	学时 1	1. 通过任务分析来认识何为自锁连续控制 2. 熟悉实现自锁连续控制所使用的元件及编程指令 3. 掌握进行自锁连续控制编程的步骤及方法
任务操作	学时 1	用仿真软件仿真自锁连续运行的控制功能
评估检测	与课堂同时进行	教师与学生共同完成任务的检测与评估，并能对出现的问题进行分析与处理

知识 了解电动机连续运转控制电路工作原理

三相异步电动机单向运行电路控制系统如图 2-8 所示。

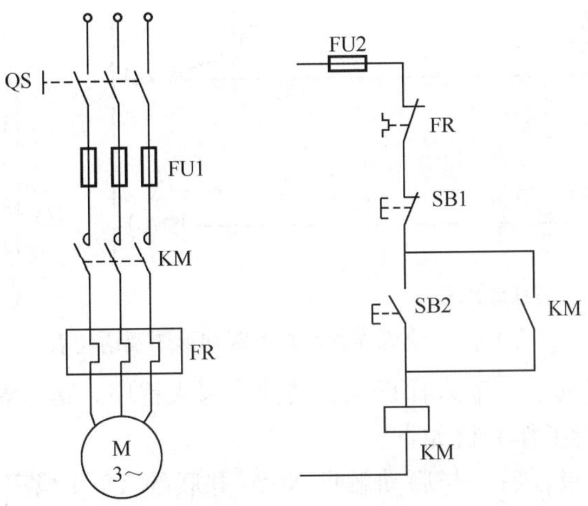

图 2-8　单向运行

三相异步电动机连续运行电路控制应用较多，其工作过程：首先合上开关 QS，点动启动按钮 SB2，使接触器 KM 的线圈得电，KM 的主触点闭合，电动机得电运行，KM 的辅助触点闭合自锁，从而松开 SB2 后，电动机能连续运行；点动停止按钮 SB1，电动机停止。

三相异步电动机单向运行 PLC 控制系统如图 2-9 所示。

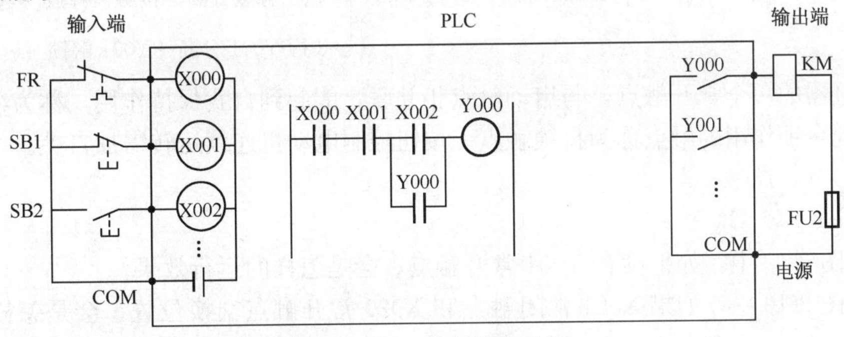

图 2-9　PLC 控制单向运行

实训　编写电动机连续运转控制梯形图程序并运行调试

任务现场条件和 PLC 接线与任务一相同，如图 2-4 所示，详见仿真软件 B4 界面。

任务要求：由一台电动机带动输送带，点动 PB2（X021），输送带连续正转（Y001）；点动 PB1（X020），输送带停止。

本实训是一个自锁连续控制过程，根据任务要求，编制梯形图及简要注释如图2-10所示。

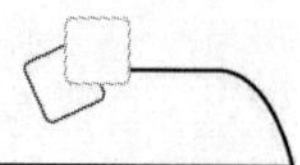

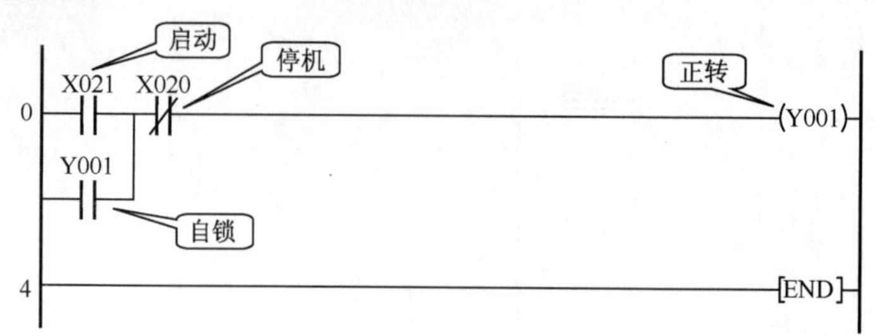

步序	指令	操作数
0	LD	X021
1	OR	Y001
2	ANI	X020
3	OUT	Y001
4	END	

a) 梯形图　　b) 语句表

图 2-10　电动机连续运转控制梯形图及语句表

在仿真软件 B4 界面下，输入梯形图，转换、写入程序，运行调试。

下面对本实训进行工作分析如下。

梯形图中，Y001 吸合后，与启动触点 X020 并联的 Y001 常开触点闭合，给 Y001 线圈提供电源，使 Y001 保持吸合状态，这种工作方式称为继电器自锁控制。

启动过程（“行”数系借用梯形图左侧的步序数）：

点动 PB2→X021 吸合→0 行 X020 闭合→Y001 吸合─┬→输出触点闭合→接触器吸合→电动机运转
　　└→3 行 Y001 闭合→Y001 自锁

停机过程：

点动 PB1→X020 吸合→0 行 X021 分断→Y001 释放─┬→输出触点分断→接触器释放→电动机停止
　　└→3 行 Y001 分断→Y001 解锁

继电器的一个常开触点，与启动触点相并联，能起到自我保持作用，称为继电器自锁，起到自锁作用的触点称为自锁触点。按钮控制电动机连续运转需加自锁。

议一议

1）图 2-10 中，如果没有 Y001 常开触点，会是怎样的运行效果？

2）图 2-10 中，如果 X021 常闭触点和 X020 常开触点交换位置，会是怎样的运行效果？

3）如果任务要求增加“输送带正转时亮绿灯，停止时亮红灯”，请问应如何编程？

想一想

在一些控制任务中经常会使用到自锁，请问在梯形图编程中应怎样实现自锁？

评一评

任务检测与分析

检测项目	评分标准	分值	学生自评	教师评分
程序编制	编程正确	30		
程序输入	输入程序熟练、迅速	20		

续表

检测项目	评分标准	分　值	学生自评	教师评分
程序编辑	会编辑、修改梯形图程序	20		
运行调试	如果设备运行错误，会调试、修改程序	30		
合　计		100		

任务三　电动机正反转控制训练

任务目标

1）复习巩固电动机正反转电器控制电路工作原理。

2）加深对联锁控制的认识。

3）掌握电动机正反转 PLC 控制程序。

任务教学方式

教学步骤	时间安排	教学手段及方式
阅读教材	课余	学生自学、查资料、相互讨论
知识点讲授	学时 1	1. 通过任务分析来认识何为正反转联锁控制 2. 熟悉实现正反转联锁控制所使用的元件及编程指令 3. 掌握进行正反转联锁控制编程的步骤及方法
任务操作	学时 1	用仿真软件仿真正反转联锁运行的控制功能
评估检测	与课堂同时进行	教师与学生共同完成任务的检测与评估，并能对出现的问题进行分析与处理

读一读

知识　了解电动机正反转电器控制电路工作原理

三相异步电动机正反转电器控制电路如图 2-11 所示。

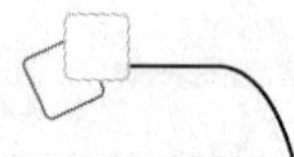

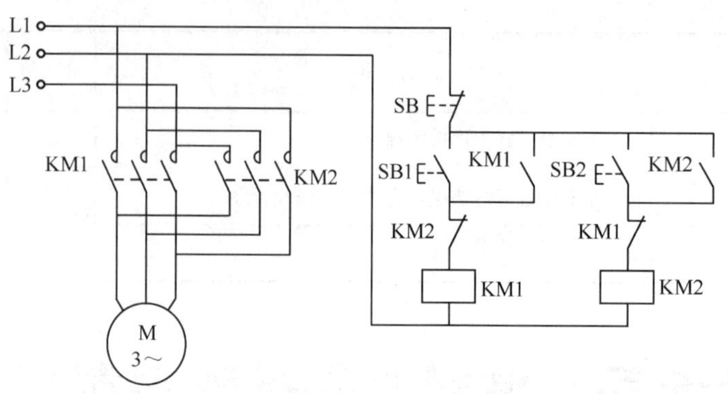

图 2-11　三相异步电动机正反转继电控制电路

实训　编写电动机正反转控制梯形图程序并运行调试

任务现场条件和 PLC 接线与任务一相同，如图 2-4 所示，详见仿真软件 B4 界面。

任务要求：由一台电动机带动输送带，点动 PB2（X021），输送带连续正转（Y001）；点动 PB1（X020），输送带停止；点动 PB3（X022），输送带连续反转（Y002）。在输送带转动情况下，无法启动相反转向。

这是一个自锁加联锁的控制过程，根据任务要求，编制其梯形图及简要注释，如图 2-12所示。

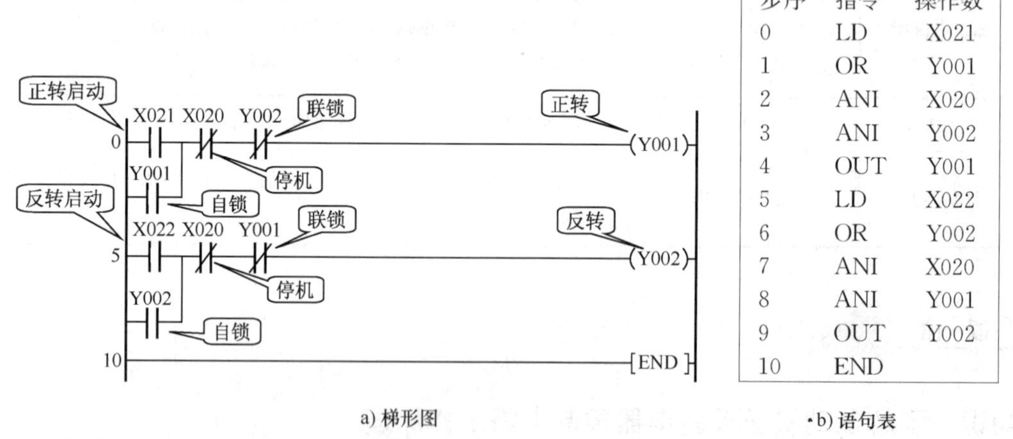

步序	指令	操作数
0	LD	X021
1	OR	Y001
2	ANI	X020
3	ANI	Y002
4	OUT	Y001
5	LD	X022
6	OR	Y002
7	ANI	X020
8	ANI	Y001
9	OUT	Y002
10	END	

a) 梯形图　　　　b) 语句表

图 2-12　三相异步电动机正反转控制梯形图及语句表

在仿真软件 B4 界面下，输入梯形图，转换、写入程序，调试运行。

其工作过程分析如下。

1）正转启动过程。

点动 PB2→X021 吸合→0 区 X021 闭合→Y001 吸合→Y001 输出触点闭合→KM1 吸合→电动机正转。
→1 区 Y001 闭合→自锁 Y001
→5 区 Y001 分断→联锁 Y002

2）正转停机过程。

点动 PB1→X020 吸合→0 区 X020 分断→Y001 释放→各器件复位→电动机停止。

反转启动与停机过程，请读者自行分析。

梯形图程序要点分析如下。

梯形图中，当 Y001 吸合以后，与 Y002 线圈串联的 Y001 常闭触点会分断，此时 Y002 不可能吸合；当 Y002 吸合以后，与 Y001 线圈串联的 Y002 常闭触点会分断，此时 Y001 不可能吸合。

注　意

继电器的一个常闭触点与对方继电器的线圈相串联，能起到禁止对方继电器吸合的作用，称为继电器联锁，起到联锁作用的触点称为联锁触点。电动机正反转运行控制等电路需加联锁，可避免主电路电源短路。联锁控制又称互锁控制。

在实际工作中，为保证三相异步电动机正反转控制系统更加可靠，除去 PLC 程序设置联锁控制以外，还必须将外接的正反转接触器设置联锁。

议一议

1）图 2-12 中，如果两个输出继电器的常闭触点交换位置，会是怎样的运行效果？

2）如果任务要求增加“输送带正转时亮绿灯，反转式亮黄灯，停止时亮红灯”，请问该如何编程？

想一想

在此任务中，如果要求开关 SW1 置 ON，电动机工作；开关 SW1 置 OFF，电动机停止工作。请问该如何编程实现？

任务检测与分析

检测项目	评分标准	分值	学生自评	教师评分
程序编制	编程正确	30		
程序输入	输入程序熟练、迅速	20		
程序编辑	会编辑、修改梯形图程序	20		

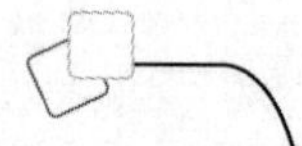

续表

检测项目	评分标准	分值	学生自评	教师评分
运行调试	如果设备运行错误，会调试、修改	30		
合计		100		

认识PLC编程基本指令

FX系列PLC共有27条基本指令，供设计者编制语句表使用，它与梯形图有着严格的对应关系。基本指令中最常用的有下面几条触点连接指令和线圈驱动指令。

1. 触点加载指令LD（Load）、LDI（Load Inverse）及线圈驱动指令OUT（Out）（见图2-13）

LD：常开触点加载指令。表示一个与左母线相连的常开触点指令。

LDI：常闭触点加载指令。表示一个与左母线相连的常闭触点指令 。

OUT：线圈驱动指令。

形如M100和T0线圈直接并联的输出形式，成为并行输出或并行驱动。

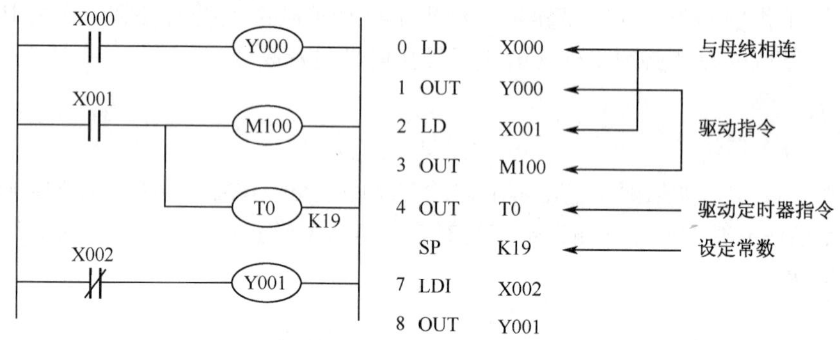

图2-13　触点加载与线圈驱动

2. 触点串联指令AND（And）、ANI（And Inverse）（见图2-14）

AND：常开触点串联指令。用于单个常开触点的串联（触点串联是“与”关系）。

ANI：常闭触点串联指令。用于单个常闭触点的串联。

OUT指令后，通过触点对其他线圈使用OUT指令称为纵接输出或纵接驱动。

3. 触点并联指令OR（Or）、ORI（Or Inverse）（见图2-15）

OR：常开触点并联指令。用于单个常开触点的并联（触点并联是“或”关系）。

ORI：常闭触点并联指令。用于单个常闭触点的并联。

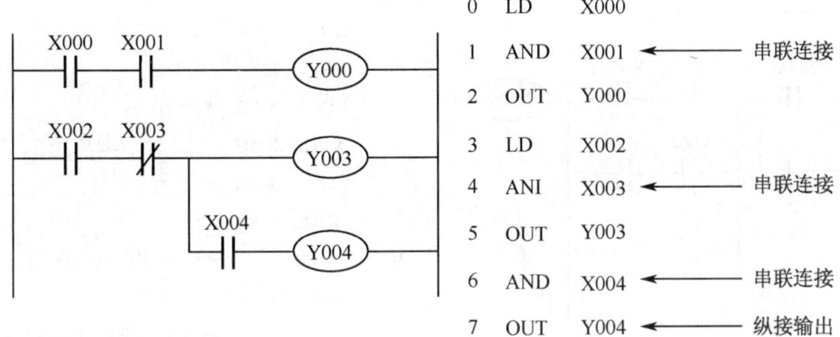

图 2-14 触点串联与线圈纵接驱动

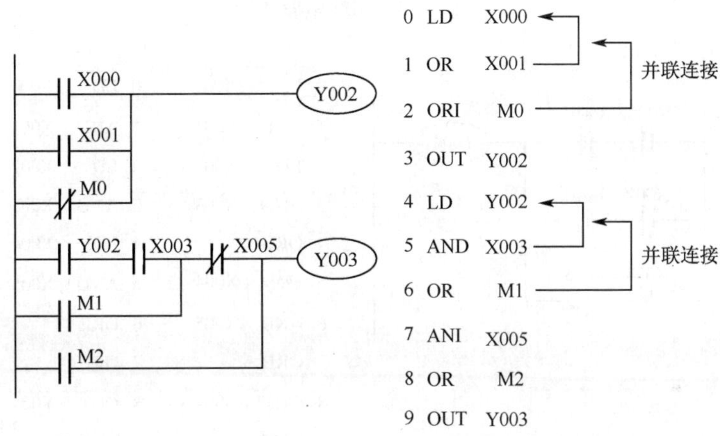

图 2-15 触点并联

4. 串联电路块的并联连接指令 ORB（Or Block）（见图 2-16）

两个或两个以上的触点串联连接的电路称为串联电路块。

串联电路块并联连接时，分支开始用 LD、LDI 指令，分支结束用 ORB 指令。

5. 并联电路块的串联连接指令 ANB（And Block）（见图 2-17）

两个或两个以上触点并联的电路称为并联电路块。

分支电路并联电路块与前面电路串联连接时，分支的起点用 LD、LDI 指令，分支结束使用 ANB 指令。

梯形图编程时，触点只能从左母线开始放置，线圈则必须放置在右母线。FX 系列 PLC 常用的基本编程指令，见表 2-1。

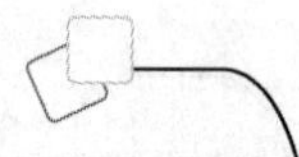

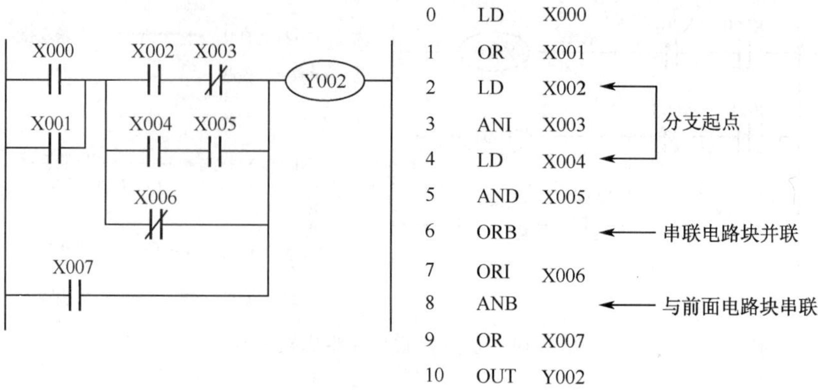

图 2-16 串联电路块

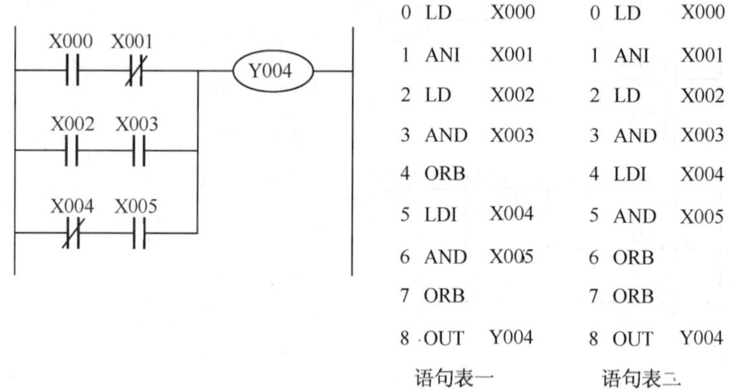

图 2-17 并联电路块

表 2-1 FX 系列 PLC 基本编程指令

分 类	指 令	英 文	指 令 用 途	梯 形 图
常开触点连接指令	LD	Load	在左母线或副母线上加载常开触点	
	AND	And	在电路右方串联常开触点	
	OR	Or	向上方电路并联常开触点	
派生触点连接指令	LDI	Inverse ·	连接常闭触点	
	LDP	Pulse	连接上升沿瞬间通断的边沿触点	
	LDF	Fall	连接下降沿瞬间通断的边沿触点	

续表

分　类	指　令	英　文	指令用途	梯形图
触点块连接指令	ANB	And blocK	在电路右方串联触点块	
	ORB	Or blocK	向上方电路并联触点块	
线圈驱动指令	OUT	Output	由触点的逻辑运算结果驱动线圈	—(　)┤
置位与复位指令	SET	Set	使继电器置位吸合并保持	—[　]┤
	RST	Reset	使置位吸合的继电器释放复位	
区间复位	ZRST	Zone Reset	使指定区间内的多个继电释放复位	

任务四　顺序启动同时停止控制训练

掌握电动机顺序启动、同时停止 PLC 控制程序。

任务教学方式

教学步骤	时间安排	教学手段及方式
阅读教材	课余	学生自学、查资料、相互讨论
知识点讲授	学时 1	1. 通过任务分析来认识何为顺序启动同时停止控制 2. 熟悉实现顺序启动同时停止控制所使用的元件及编程指令 3. 掌握进行顺序启动同时停止控制编程的步骤及方法
任务操作	学时 1	用仿真软件仿真顺序启动同时停止运行的控制功能
评估检测	与课堂同时进行	教师与学生共同完成任务的检测与评估，并能对出现的问题进行分析与处理

实训　编写顺序启动同时停止控制的梯形图程序并运行调试

图 2-18 所示为仿真软件 D6 界面，反映了任务现场条件和 PLC 接线。

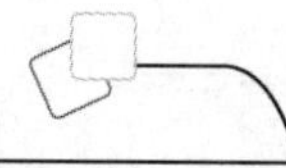

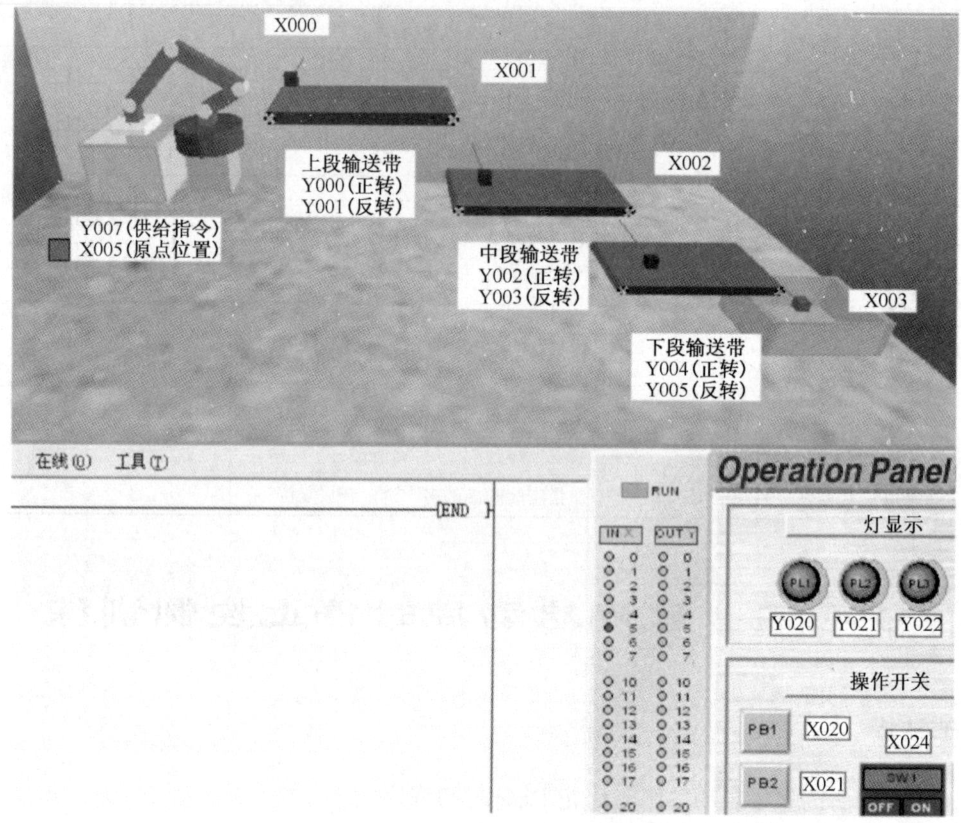

图 2-18　D6 仿真界面

现场设备有 3 台电动机带动的上、中、下 3 段输送带。

任务要求：点动 PB1（X020）上段输送带（Y000）正向启动后，才能点动 PB2（X021）启动中段输送带（Y002）正转，然后才能点动 PB3（X022）启动下段输送带（Y004）正转。3 段输送带运行中，点动 PB4（X023）全部停止。

这是一个顺序启动、同时停止控制的控制过程，需设置启动级间联锁。根据任务要求，编制梯形图及简要注释如图 2-19 所示。

在仿真软件 D6 界面下，输入梯形图，转换、写入程序，调试运行。

梯形图程序要点分析如下。

说　明

1）顺序启动：点动 PB1，X020 闭合，Y000 吸合并自锁，上段输送带连续正转，Y000 常开触点闭合，为 Y002 吸合准备条件。点动 PB2，X021 闭合，Y002 吸合，中段输送带连续正转，Y002 常开触点闭合，为 Y004 吸合准备条件。点动 PB3，X022 闭合，Y004 吸合并自锁，下段输送带连续正转。

2）同时停机：点动PB4，X023常闭触点分断，Y001解锁释放，连带后面Y002、Y004解锁释放，设备停止运行。

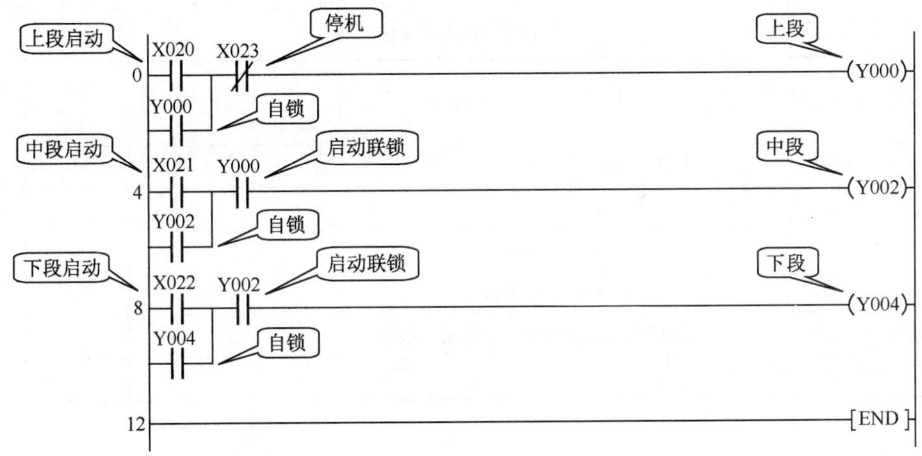

a) 梯形图

步序	指令	操作数	步序	指令	操作数
0	LD	X020	7	OUT	Y002
1	OR	Y000	8	LD	X022
2	ANI	X023	9	OR	Y004
3	OUT	Y000	10	AND	Y002
4	LD	X021	11	OUT	Y004
5	OR	Y002	12	END	
6	AND	Y000			

b) 语句表

图2-19　三相异步电动机顺序启动同时停止控制梯形图及语句表

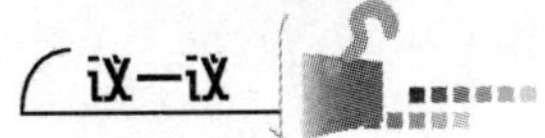

上级继电器常开触点与下级继电器线圈串联，起到顺序启动控制作用。

议一议

如果图2-19中的Y000和Y002常开触点都换成常闭触点，运行程序会是怎样的效果？

在此任务中，如果还要求逆序停止，问如何编程实现？

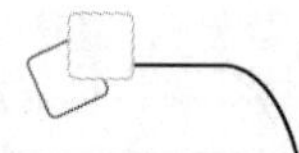

任务检测与分析

检测项目	评分标准	分值	学生自评	教师评分
程序编制	编程正确	10		
程序创新	程序独特、新颖	30		
程序输入	输入程序熟练、迅速	10		
程序编辑	会编辑、修改梯形图程序	20		
运行调试	如果设备运行错误，会调试、修改	30		
合计		100		

任务五　同时启动逆序停止控制训练

掌握电动机同时启动、逆序停止 PLC 控制程序。

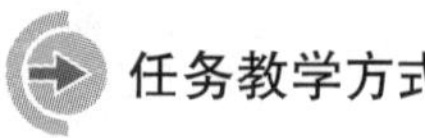

任务教学方式

教学步骤	时间安排	教学手段及方式
阅读教材	课余	学生自学、查资料、相互讨论
知识点讲授	学时 1	1. 通过任务分析来认识何为同时启动逆序停止控制 2. 熟悉实现同时启动逆序停止控制所使用的元件及编程指令 3. 掌握进行同时启动逆序停止编程的步骤及方法
任务操作	学时 1	用仿真软件仿真同时启动逆序停止运行的控制功能
评估检测	与课堂同时进行	教师与学生共同完成任务的检测与评估，并能对出现的问题进行分析与处理

实训　编写同时启动逆序停止控制梯形图的程序并运行调试

任务现场条件和 PLC 接线与任务四相同，如图 2-18 所示，详见仿真软件 D6 界面。

任务要求：点动 PB4，3 段输送带同时正向启动（Y000 Y002 Y004），点动 PB3（X022）停止下段输送带后才能点动 PB2（X021）停止中段输送带，然后才能点动 PB1（X020）

停止上段输送带。

这是一个同时启动、逆序停止的控制过程，需设置停止级间联锁。根据任务要求，编制梯形图及简要注释如图 2-20 所示。

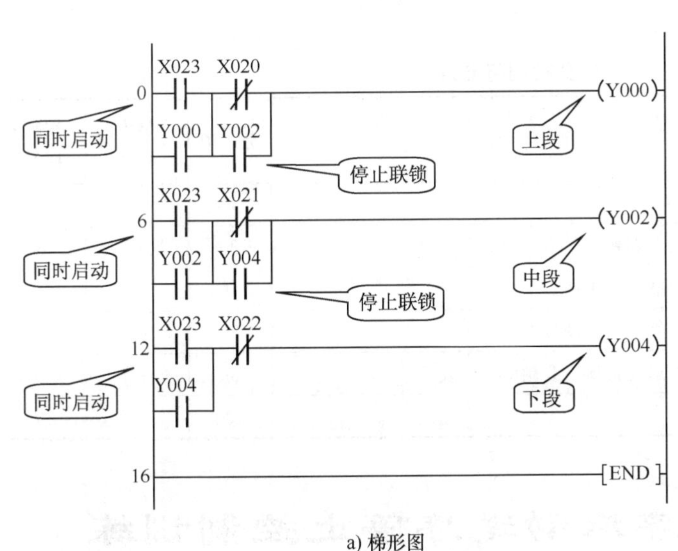

a) 梯形图

步序	指令	操作数
0	LD	X023
1	OR	Y000
2	LDI	X020
3	OR	Y002
4	ANB	
5	OUT	Y000
6	LD	X023
7	OR	Y002
8	LDI	X021
9	OR	Y004
10	ANB	
11	OUT	Y002
12	LD	X023
13	OR	Y004
14	LDI	X022
15	OUT	Y004
16	END	

b) 语句表

图 2-20　同时启动逆序停止控制梯形图及语句表

在仿真软件 B6 界面下，输入梯形图，转换、写入程序，调试运行。

梯形图程序要点分析如下。

1）同时启动及停机联锁：点动 PB4，X023 闭合，各继电器同时吸合并自锁，3 段输送带同时正转，此时 Y002 和 Y004 常开触点闭合，可分使 Y000 和 Y002 线圈得电，先行点动 PB1 或 PB2，即使 X020 或 X021 常闭触点分断，Y000 和 Y002 也不会释放。

2）逆序停机：停机时只有先点动 PB3，X022 常闭触点分断，Y004 解锁释放，使下段输送带停止。由于 Y004 常开触点分断，再点动 PB2，X021 常闭触点分断，Y002 解锁释放，中段输送带才能停止。由于 Y002 常开触点分断，最后点动 PB1，X020 常闭触点分断，Y000 解锁释放，上段输送带才能停止。

注　意

下级继电器常开触点与上级停机触点并联，起到逆序停止作用。

图 2-20 中，X020 常闭触点和 Y002 常开触点并联后，再与前面触点串联，这种触点连接形式称做“串联电路块”。

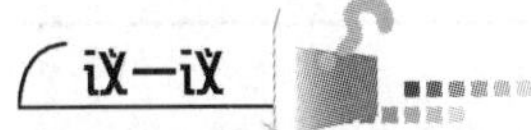

议一议

如果图 2-20 中，Y000 和 Y002 常开触点都换成常闭触点，运行程序会是怎样的效果？

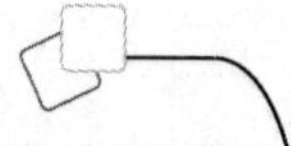

要想实现逆序停止还有没有其他的编程方法？

任务检测与分析

检测项目	评分标准	分值	学生自评	教师评分
程序编制	编程正确	10		
程序创新	程序独特、新颖	30		
程序输入	输入程序熟练、迅速	10		
程序编辑	会编辑、修改梯形图程序	20		
运行调试	如果设备运行错误，会调试、修改	30		
合计		100		

任务六　顺序启动逆序停止控制训练

掌握电动机顺序启动、逆序停止 PLC 控制程序。

任务教学方式

教学步骤	时间安排	教学手段及方式
阅读教材	课余	学生自学、查资料、相互讨论
知识点讲授	学时 1	1. 通过任务分析来认识何为顺序启动逆序停止控制 2. 熟悉顺序启动逆序停止控制所使用的元件及编程指令 3. 掌握进行顺序启动逆序停止控制编程的步骤及方法
任务操作	学时 1	用仿真软件仿真顺序启动逆序停止的控制功能
评估检测	与课堂同时进行	教师与学生共同完成任务的检测与评估，并能对出现的问题进行分析与处理

实训 编写顺序启动逆序停止控制梯形图程序并运行调试

任务现场条件和 PLC 接线与任务四相同，如图 2-18 所示，详见仿真软件 D6 界面。

控制要求：点动 PB1 上段输送带正向启动后，点动 PB3 中段输送带才可以正向启动；两段输送带运行中，点动 PB4 中段输送带停机后，点动 PB2 上段输送带才可以停止。

任务分析：将任务四“顺序启动”和任务五“逆序停止”两程序有关部分结合运用，可完成此项任务。

这是一个顺序启动、逆序停止控制控制过程，综合任务四和任务五的任务分析，根据任务要求，编制梯形图及简要注释如图 2-21 所示。

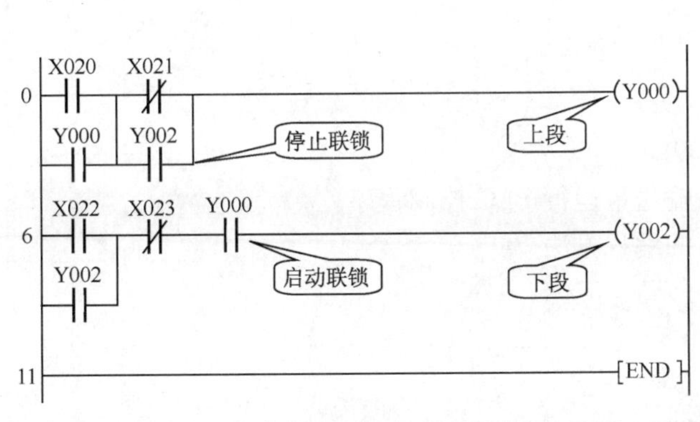

a) 梯形图

步序	指令	操作数
0	LD	X020
1	OR	Y000
2	LDI	X021
3	OR	Y002
4	ANB	
5	OUT	Y000
6	LD	X022
7	OR	Y002
8	ANI	X023
9	AND	Y000
10	OUT	Y002
11	END	

b) 语句表

图 2-21 顺序启动逆序停止控制梯形图及语句表

在仿真软件 D6 界面下，输入梯形图，转换、写入程序，调试运行。

梯形图程序简要分析：

图 2-21 中，与常闭触点 X023 串联的常开触点 Y000 起到顺序启动的控制作用；与常闭触点 X021 并联的常开触点 Y002 起到逆序停止的控制作用。

如果是 3 台以上电动机，需要“顺序启动，逆序停止”控制，请问如何编制程序?

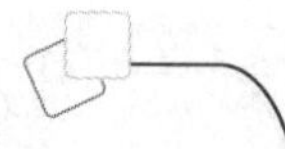

任务检测与分析

检测项目	评分标准	分值	学生自评	教师评分
程序编制	编程正确	10		
程序创新	程序独特、新颖	30		
程序输入	输入程序熟练、迅速	10		
程序编辑	会编辑、修改梯形图程序	20		
运行调试	如果设备运行错误，会调试、修改	30		
合计		100		

任务七　光电控制多段输送带运行训练

1）掌握光电传感器的应用方法。
2）掌握光电传感器控制多段输送带运行 PLC 控制程序。
3）掌握自动重复，循环运行的编程方法。

任务教学方式

教学步骤	时间安排	教学手段及方式
阅读教材	课余	学生自学、查资料、相互讨论
知识点讲授	学时 1	1. 通过任务分析来认识何光电传感器控制多段输送带运行方式 2. 熟悉实现光电传感器控制多段输送带运行所使用的元件及编程指令 3. 掌握进行光电传感器控制多段输送带运行编程的步骤及方法
任务操作	学时 1	用仿真软件仿真光电传感器控制多段输送带运行的控制功能
评估检测	与课堂同时进行	教师与学生共同完成任务的检测与评估，并能对出现的问题进行分析与处理

实训　编写光电控制多段输送带运行程序并运行调试

任务现场条件和 PLC 接线与任务四相同，如图 2-18 所示，详见仿真软件 D6 界面。

控制要求：现场每段输送带两端设有光电传感器，由它们控制各段输送带的启动和停止。要求点动 PB1，机器人供料，工件到达 X000 处，上段输送带正向运转送料。工件到达 X001 处，上段输送带停止，中段输送带正向运转。工件到达 X002 处，中段输送带停止，下段输送带正向运转。工件到达 X003 处，下段输送带停止，机器人再次供料。如此自动重复，循环运行。点动 PB2 可使 3 段输送带同时停止。

任务分析：

1）机器人供料：机器人是点动运行，自动复位工作方式，不需也不能设置自锁。

2）上段输送带运行：工件到达 X000 处，X000 常开触点会闭合，由其驱动 Y000 并设自锁，上段输送带正向启动运转。在 Y000 线圈前设 X001 常闭触点，工件到达 X001 处时，该触点分断，Y000 释放解锁，上段输送带停止。

3）中段、下段输送带的运行与上段输送带运行相仿，由光电传感器驱动的输入继电器触点，分断本级，启动下级。

4）机器人重复工作：工件到达 X003 处，由 X003 的常闭触点分断本级，其常开触点与启动触点 X020 并联，重新启动机器人，实现自动重复，循环运行的目的。

5）停机控制：在 Y000、Y002、Y004 线圈前均设停机常闭触点 X021，进行停机控制。

根据任务要求和任务分析，编制梯形图及简要注释如图 2-22 所示。

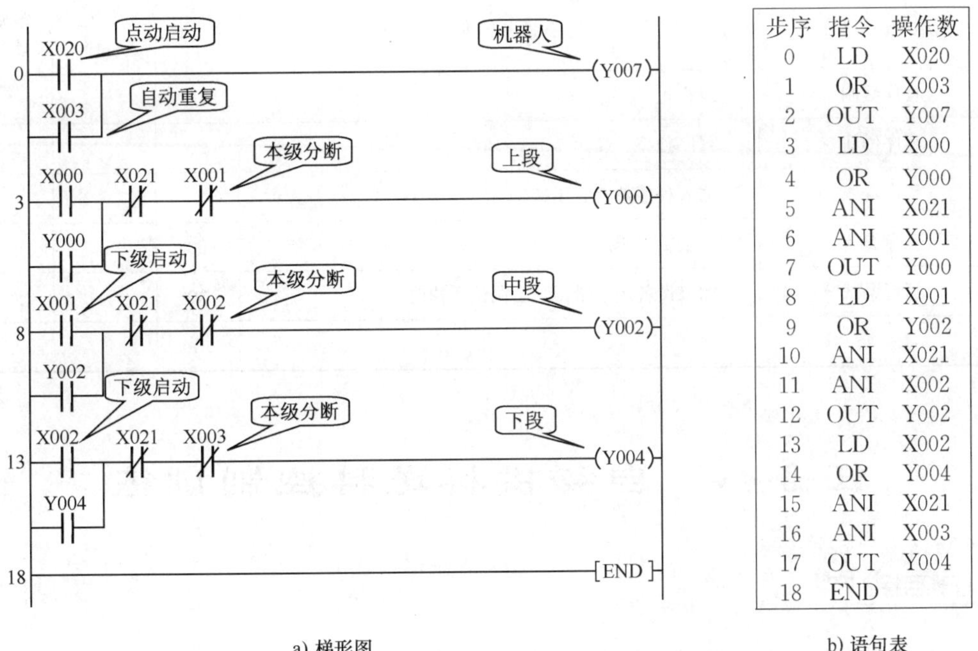

步序	指令	操作数
0	LD	X020
1	OR	X003
2	OUT	Y007
3	LD	X000
4	OR	Y000
5	ANI	X021
6	ANI	X001
7	OUT	Y000
8	LD	X001
9	OR	Y002
10	ANI	X021
11	ANI	X002
12	OUT	Y002
13	LD	X002
14	OR	Y004
15	ANI	X021
16	ANI	X003
17	OUT	Y004
18	END	

a) 梯形图　　b) 语句表

图 2-22　多段输送带运行控制梯形图及语句表

在仿真软件 D6 界面下，输入梯形图，转换、写入程序，调试运行。

梯形图程序简要分析。

1）机器人启动：点动 PB1，X020 闭合，驱动 Y007，机器人供料，并自动复位。

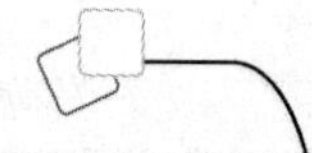

2）上段输送带启动：工件到达光电传感器X000处，阻断光线，输入继电器X000吸合，其常开触点闭合，驱动Y000并自锁，上段输送带连续正转。

3）上段输送带停止和中段输送带启动：工件到达光电传感器X001处，阻断光线，输入继电器X001吸合，X001常闭触点分断，Y000释放解锁，上段输送带停止；X001常开触点闭合，驱动Y002并自锁，中段输送带连续正转。

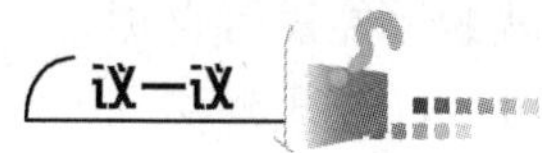

如果不加本级分断触点会出现什么现象？

如果没有光电传感器，要求使用点动控制，即每段输送带的启动停止都由手动完成，请问如何编程实现？

任务检测与分析

检 测 项 目	评分标准	分 值	学生自评	教师评分
程序编制	编程正确	10		
程序创新	程序独特、新颖	30		
程序输入	输入程序熟练、迅速	10		
程序编辑	会编辑、修改梯形图程序	20		
运行调试	如果设备运行错误，会调试、修改	30		
合 计		100		

任务八　自动供料送料控制训练

1）掌握设备点动和连续运行方式的编程方法。

2）了解梯形图纵接驱动形式。

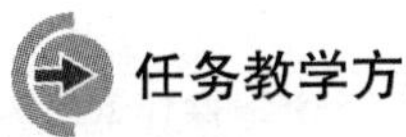

任务教学方式

教学步骤	时间安排	教学手段及方式
阅读教材	课余	学生自学、查资料、相互讨论
知识点讲授	学时 1	1. 掌握多种控制程序有机结合，完成较复杂控制任务 2. 了解怎样根据任务现场条件实现设备的自动重复运行 3. 掌握了解何为“纵接驱动”和“并行驱动”
任务操作	学时 1	用仿真软件仿真自动供料的控制功能
评估检测	与课堂同时进行	教师与学生共同完成任务的检测与评估，并能对出现的问题进行分析与处理

实训　编写自动供料送料控制梯形图程序并运行调试

任务现场条件和 PLC 接线与任务一相同，如图 2-4 所示，详见仿真软件 B4 界面。

任务要求：点动 PB2（X021），设备开始运行，绿灯亮，机器人供料，输送带向右送料；工件经过右端光电传感器时，黄灯亮，蜂鸣器响，自动重复供料送料。点动 PB1（X020）停机，红灯亮（Y005）。

任务分析：

1）为使输送带连续正转，设置 Y001 自锁。

2）机器人（Y000）是点动驱动、自动复位工作方式，可用 X000 常开触点为 Y000 断电。

3）绿灯（Y006）和输送带（Y001）同步，可设并行驱动。

4）由受右端光电传感器控制的 X003 常开触点驱动黄灯（Y007）和蜂鸣器（Y003）。

5）停机时亮红灯（Y005），由 Y001 常闭触点驱动 Y005 线圈。

根据任务分析，编制梯形图及简要注释如图 2-23 所示。

在仿真软件 B4 界面下，输入梯形图，转换、写入程序，调试运行。

梯形图程序要点分析：

1）启动输送带：点动 PB2，X021 闭合，Y001 吸合并自锁，输送带连续正转，Y006 吸合，绿灯亮。

2）机器人工作：机器人在原点位置，X000 闭合，Y000 吸合；机器人工作离开原点，X000 分断，Y000 释放，形成点动工作方式。

3）黄灯和蜂鸣器：工件经过右端光电传感器，X003 闭合，Y007 和 Y003 吸合，黄灯亮、蜂鸣器响。

4）机器人自动重复工作：机器人复位到原点，X000 再次闭合，机器人重复自动供料。

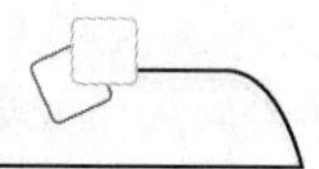

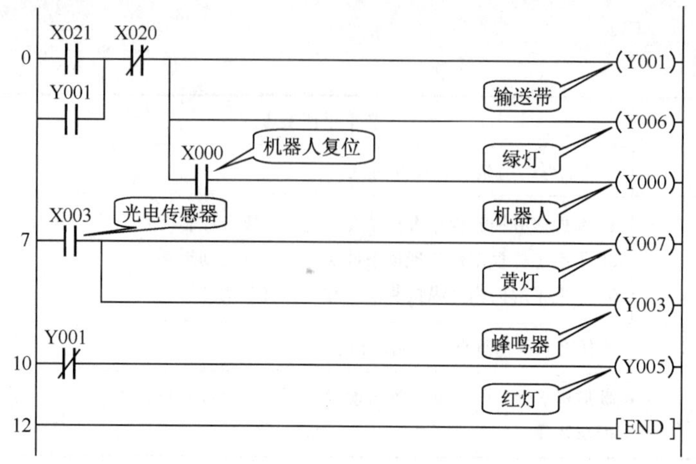

a）梯形图

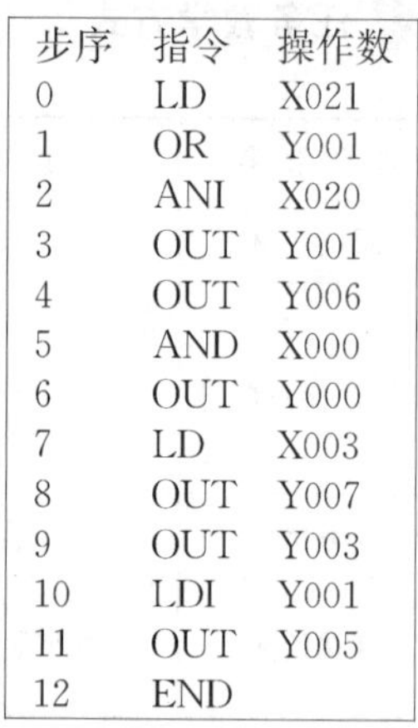

步序	指令	操作数
0	LD	X021
1	OR	Y001
2	ANI	X020
3	OUT	Y001
4	OUT	Y006
5	AND	X000
6	OUT	Y000
7	LD	X003
8	OUT	Y007
9	OUT	Y003
10	LDI	Y001
11	OUT	Y005
12	END	

b）语句表

图 2-23　自动供料送料控制梯形图及语句表

5）设备停机：点动 PB1，X020 常闭触点分断，Y001 解锁释放，Y006、Y000 释放，设备停止运行，Y000 常闭触点闭合，Y005 吸合，红灯亮。

图 2-23 中，X000 常开触点和 Y000 线圈与 X020 常闭触点和 Y001 线圈的连接形式，称为“纵接驱动”，相关语句见语句表的 4、5、6 步序。

图 2-23 中，Y001 和 Y006 两线圈直接并联，称为“并行驱动”，相关语句见语句表的 3、4 步序。

1）如果将 Y001 的常闭触点改为常开触点，运行程序会是怎样的效果？

2）Y006 和 Y000 两个输出继电器，是何种运行方式？

此任务中，如果要求工件通过输送带右侧光电传感器后，机器人能够自动供给工件，请问如何编程实现？

任务检测与分析

检 测 项 目	评分标准	分 值	学生自评	教师评分
程序编制	编程正确	10		
程序创新	程序独特、新颖	30		
程序输入	输入程序熟练、迅速	10		

续表

检测项目	评分标准	分　值	学生自评	教师评分
程序编辑	会编辑、修改梯形图程序	20		
运行调试	如果设备运行错误，会调试、修改	30		
合　计		100		

任务九　四路抢答器控制训练

掌握多继电器联锁 PLC 控制程序。

任务教学方式

教学步骤	时间安排	教学手段及方式
阅读教材	课余	学生自学、查资料、相互讨论
知识点讲授	学时 1	1. 通过任务分析来认识何为多继电器联锁控制 2. 熟悉实现多继电器联锁控制所使用的元件及编程指令 3. 掌握进行多继电器联锁编程的步骤及方法
任务操作	学时 1	用仿真软件仿真多继电器联锁的控制功能。
评估检测	与课堂同时进行	教师与学生共同完成任务的检测与评估，并能对出现的问题进行分析与处理

实训　编写四路抢答器控制梯形图程序并运行调试

任务现场条件和 PLC 接线与任务一相同，如图 2-4 所示，详见仿真软件 B4 界面。

4 组抢答器，PB1（X020）和 PL1（Y020）、PB2（X021）和 PL2（Y021）、PB3（X022）和 PL3（Y022）、PB4（X023）和 PL4（Y023），分别是各组的抢答按钮和指示灯，SW1 为主持人控制开关，绿灯是抢答开始信号，红灯和蜂鸣器是抢答成功信号。注意，SW1 是转换开关，不会自动复位。

任务要求：主持人接通 SW1（X024），绿灯亮（Y006），各组才可以抢答。某组最先按下按钮，代表这一组的信号灯亮，总信号红灯（Y005）和蜂鸣器（Y003）显

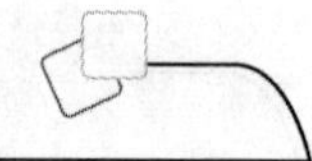

示抢答成功。此后其他组按下按钮，应该无效。主持人分断 SW1，各信号灯熄灭，蜂鸣器停响。

任务分析：

1）这是多继电器联锁控制，即每个相关继电器的线圈要串联其他所有相关继电器的常闭触点。

2）每个相关继电器线圈都要串联 X024 的常开触点，使主持人控制有效。

3）绿灯（Y006）由 X024 常开触点驱动。

4）红灯（Y005）和蜂鸣器（T003）由 Y020～Y023 常开触点并联所驱动。

根据任务分析，编制梯形图及简要注释，如图 2-24 所示。

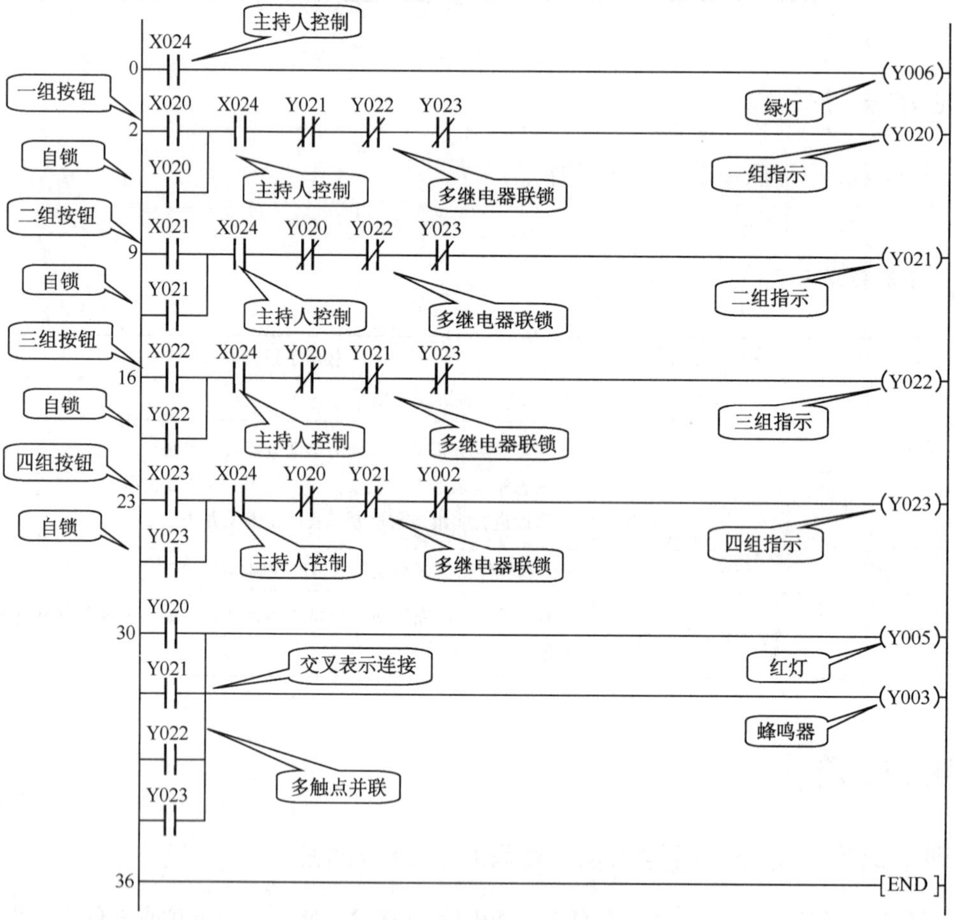

a) 梯形图

图 2-24　四路抢答器控制梯形图及语句表

步序	指令	操作数	步序	指令	操作数	步序	指令	操作数
0	LD	X024	13	ANI	Y022	26	ANI	Y020
1	OUT	Y006	14	ANI	Y023	27	ANI	Y021
2	LD	X020	15	OUT	Y021	28	ANI	Y022
3	OR	Y020	16	LD	X022	29	OUT	Y023
4	AND	X024	17	OR	Y022	30	LD	Y020
5	ANI	Y021	18	AND	X024	31	OR	Y021
6	ANI	Y022	19	ANI	Y020	32	OR	Y022
7	ANI	Y023	20	ANI	Y021	33	OR	Y023
8	OUT	Y020	21	ANI	Y023	34	OUT	Y005
9	LD	X021	22	OUT	Y022	35	OUT	Y003
10	OR	Y021	23	LD	X023	36	END	
11	AND	X024	24	OR	Y023			
12	ANI	Y020	25	AND	X024			

b) 语句表

图 2-24　四路抢答器控制梯形图及语句表（续）

在仿真软件 B4 界面下，输入梯形图，转换、写入程序，调试运行。参照任务分析、梯形图注释和程序运行效果，进行程序动作分析。

1）需要多继电器联锁的控制程序，可参照图 2-22 编制。

2）图 2-24 中，30～35 步序，多触点并联驱动相同线圈是正确编程方法。通常不允许多个触点分别驱动相同线圈，被称“双线圈驱动”。

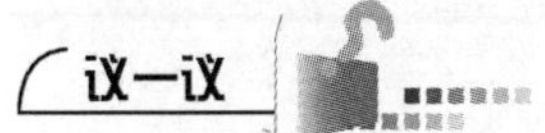

经运行观察，最后的垂直线段交叉点，表示连接还是不连接？

想一想

在抢答过程中，如果第一个抢答者没有回答上来或者回答错误，在进行第二次抢答时，要求禁止此抢答者抢答，请想一想该如何编程实现？

任务检测与分析

检测项目	评分标准	分　值	学生自评	教师评分
程序编制	编程正确	10		
程序创新	程序独特、新颖	30		
程序输入	输入程序熟练、迅速	10		
程序编辑	会编辑、修改梯形图程序	20		
运行调试	如果设备运行错误，会调试、修改	30		
合　计		100		

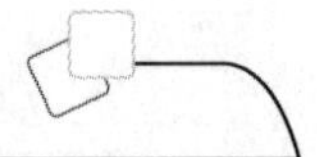

任务十　电动门控制训练

掌握 PLC 控制程序的综合运用。

任务教学方式

教学步骤	时间安排	教学手段及方式
阅读教材	课余	学生自学、查资料、相互讨论
知识点讲授	学时 1	1. 通过任务分析来认识多继电器综合控制 2. 熟悉实现多继电器综合控制所使用的元件及编程指令 3. 掌握进行多继电器综合控制编程的步骤及方法 4. 了解限位传感器，并能正确运用限位传感器编程
任务操作	学时 1	用仿真软件仿真电动门控制功能
评估检测	与课堂同时进行	教师与学生共同完成任务的检测与评估，并能对出现的问题进行分析与处理

实训　编写电动门控制梯形图程序并运行调试

任务现场条件和 PLC 接线，如图 2-25 所示，详见仿真软件 C1 界面。

任务要求：大门关闭时红灯亮。点动 PB1，大门升起，红灯灭黄灯亮；大门升至上限（X001）自动停止，黄灯灭绿灯亮。点动 PB2，大门下降，绿灯灭红灯亮；大门降至下限（X000）自动停止，红灯亮。大门升降过程中，点动 PB3，紧急停止大门动作。

任务分析：

1）大门升起及黄灯控制：由 X020 常开触点驱动 Y000 并设自锁，串联 X022 常闭触点，用于手动紧急停止；串联 X001 常闭触点，用于上限自动停止。Y007 线圈与 Y000 线圈并联，二者同步控制黄灯。

2）绿灯控制：由 X001 常开触点驱动 Y006，控制绿灯。

3）大门下降：由 X021 常开触点驱动 Y001 并设自锁，串联 X022 常闭触点，用于手动紧急停止，串联 X000 常闭触点，用于下限自动停止。

4）红灯控制：大门下降和关闭后，都需亮红灯，所以由 Y001 和 X000 常开触点并联，去驱动 Y005，控制红灯。

根据任务分析，编制梯形图及简要注释如图 2-26 所示。

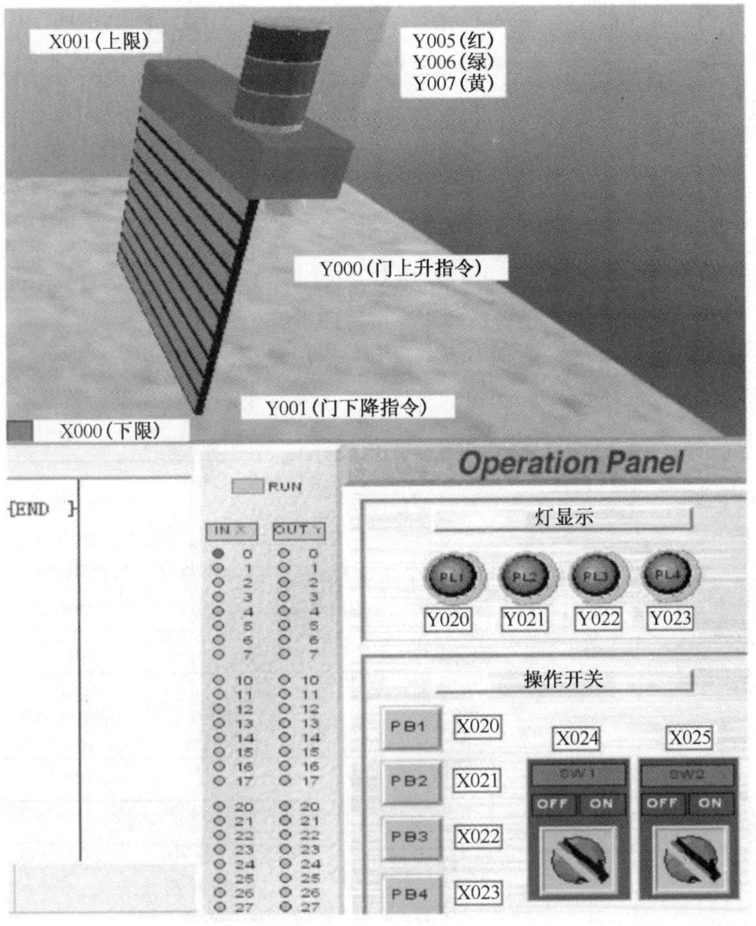

图 2-25　C1 仿真界面

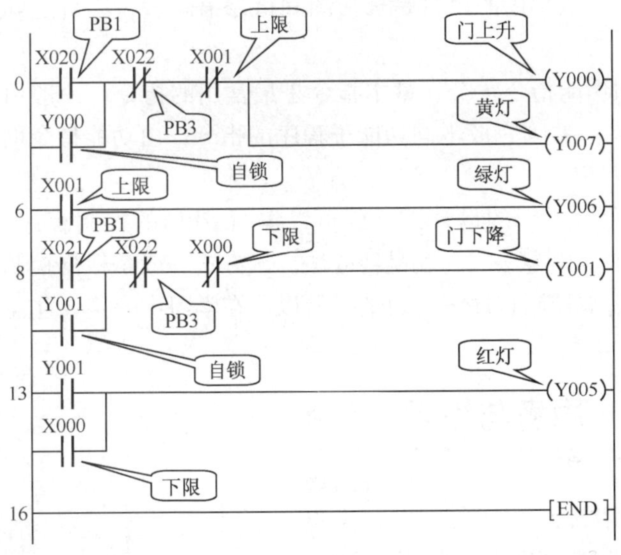

a) 梯形图

步序	指令	操作数
0	LD	X020
1	OR	Y000
2	ANI	X022
3	ANI	X001
4	OUT	Y000
5	OUT	Y007
6	LD	X001
7	OUT	Y006
8	LD	X021
9	OR	Y001
10	ANI	X022
11	ANI	X000
12	OUT	Y001
13	LD	Y001
14	OR	X000
15	OUT	Y005
16	END	

b) 语句表

图 2-26　电动门控制梯形图及语句表

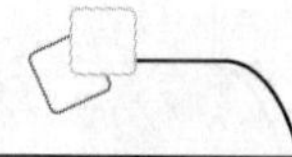

在仿真软件C1界面下，输入梯形图，转换、写入程序，调试运行。

考虑到外接正反转接触器必须设置联锁，程序中两个输出继电器未设置联锁，对程序进行了简化。

参照任务分析、梯形图及注释、程序运行效果，进行程序动作分析。

图2-26中，如果不设X001和X000这两个常闭触点，会产生什么后果？

任务检测与分析

检测项目	评分标准	分值	学生自评	教师评分
程序编制	编程正确	10		
程序创新	程序独特、新颖	30		
程序输入	输入程序熟练、迅速	10		
程序编辑	会编辑、修改梯形图程序	20		
运行调试	如果设备运行错误，会调试、修改	30		
合计		100		

项目小结

1）PLC有多种程序设计语言，最常用的语言是梯形图和指令语句表。二者之间存在着互相对应的关系。

2）PLC的指令有基本指令和功能指令之分。基本指令是最常用的指令，一般由助记符和操作元件组成；功能指令是一系列完成不同功能子程序的指令，由功能指令助记符和操作元件组成。

3）学习了PLC的基本指令和梯形图的设计以后就可以编写PLC的控制程序了。设计梯形图的方法有很多种，其中常用方法之一就是经验法。该方法一般是根据控制要求，凭借经验，利用一些典型的基本控制程序来完成的。所以，在学习中一定要注意对典型的基本控制程序的积累。

思考与练习

1. PLC最常用的是什么编程语言？
2. PLC的输出形式有几种？分别有什么特点？
3. 简述AND指令与ANB指令之间的区别。

4. 写出如题图 2-1 所示梯形图的指令表。

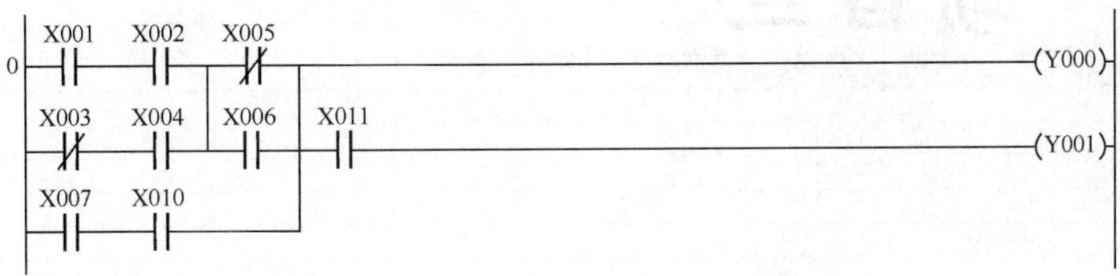

题图 2-1

5. 画出下列指令语句表对应的梯形图。

0	LD	X000	9	ORB	
1	AND	X001	10	ANB	
2	LD	X002	11	LD	M0
3	ANI	X003	12	AND	M1
4	LD	X004	13	ORB	
5	AND	X005	14	AND	M2
6	LD	X006	15	OUT	Y004
7	ANI	X007	16	END	
8	ORB				

6. 在仿真软件 B2 界面下完成以下控制。

① 按下 PB1 时，Y000 亮，松开 PB1，Y000 依然亮；

② SW1 为 OFF 时，Y000 熄灭；

③ SW1 为 ON 时，PB1 无效。

7. 在仿真软件 B2 界面下完成以下控制。

① 按下 PB1 时，只有 Y000 亮，松开 PB1，Y000 依然亮；

② 按下 PB2 时，只有 Y001 亮，松开 PB2，Y001 依然亮；

③ 按下 PB3 时，只有 Y002 亮，松开 PB3，Y002 依然亮；

④ SW1 为 ON 时，所有输出全部复位。

8. 在仿真软件 B3 界面下完成以下控制。

① 按下 PB1 时，只有 Y000 亮，松开 PB1，Y000 依然亮，其他按钮无效；

② 按下 PB2 时，只有 Y001 亮，松开 PB2，Y001 依然亮，其他按钮无效；

③ 按下 PB3 复位。

项目三

定时器和辅助继电器应用训练

在生产实践中，会经常遇到需要延时的自动控制，比如交通信号灯控制、设备延时启动或者延时停止等。凡是需要时间控制的程序，都要用到定时器。

FX 系列 PLC 的定时器用 T 表示，分为通用型和积算型两类。通用型定时器按照定时精度，又分为 0.1s、0.01s 和 0.001s 等多种。

定时器统计其线圈通电的时间，线圈通电时间到达所设定的定时值，定时器吸合。定时器的定时值等于定时精度与常数 K 的乘积。

FX2N 系列 PLC 的 T0～T199 是定时精度 0.1s 通用型定时器，共 200 个，最长计时时间 3276.7s。放置计时器线圈时，要同时注明元件标号和常数 K 值，如“T5 K50”表示定时 5s 的定时器。

通用定时器动作要点：通电计时，断电丢失，复电重计，到时吸合，失电释放。

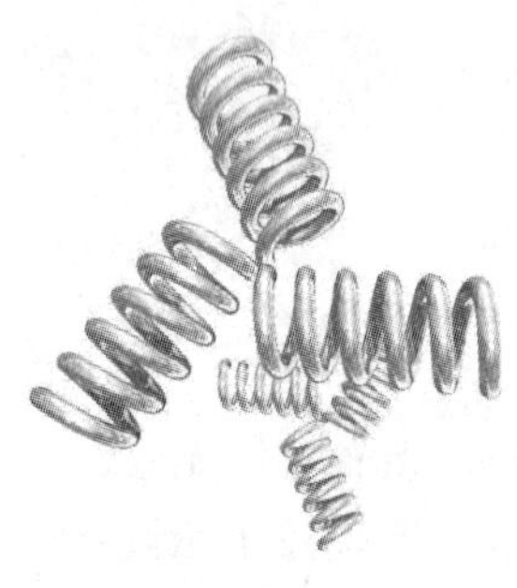

- 了解定时器的有关知识和使用。
- 了解通用辅助继电器的有关知识和应用。

- 掌握时间控制程序的编程方法。
- 掌握应用通用辅助继电器的编程方法。

任务一　延时分断控制程序训练

掌握延时分断控制的编程方法。

任务教学方式

教学步骤	时间安排	教学手段及方式
阅读教材	课余	学生自学、查资料、相互讨论
知识点讲授	学时 1	1. 通过任务分析来认识定时器的分类及编号 2. 熟悉实现定时器控制所使用的元件及编程指令 3. 掌握进行定时器编程的步骤及方法
任务操作	学时 1	用仿真软件仿真定时器的控制功能
评估检测	与课堂同时进行	教师与学生共同完成任务的检测与评估，并能对出现的问题进行分析与处理

实训　编写电动门控制梯形图程序并运行调试

图 3-1 所示为仿真软件 B4 界面，反映了任务现场条件和 PLC 接线。

任务要求：点动 PB2，输送带连续正转，经过 5s 后自动停机，点动 PB1 紧急停机。

任务分析：

1）输送带连续正转：即为项目二所做连续运转自锁控制。

2）延时分断停机：上述基础上，在停机触点后面串联一个定时器 T0 的常闭触点，定时器 T0 的线圈与输出继电器 Y001 的线圈并联。Y001 吸合输送带正转的同时，T0 开始计时。定时时间到，T0 吸合，T0 常闭触点分断，Y001 释放解锁，输送带停止。

根据任务分析，编制梯形图及简要注释如图 3-2 所示。

在仿真软件 B4 界面下，输入梯形图，转换、写入程序，调试运行。

梯形图程序简要分析如下。

1）立即运转：X021 闭合，Y001 吸合并自锁，输送带连续正转。

2）延时：T0 线圈与 Y001 线圈并联，同步得电开始计时，计时到 5s 时吸合。

3）延时停止：T0 吸合，其常闭触点分断，Y001 释放解锁，输送带停止。

4）定时器释放清零：T0 与 Y001 同步释放清零。

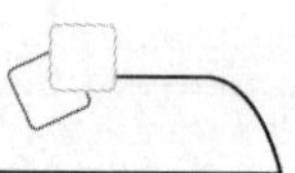

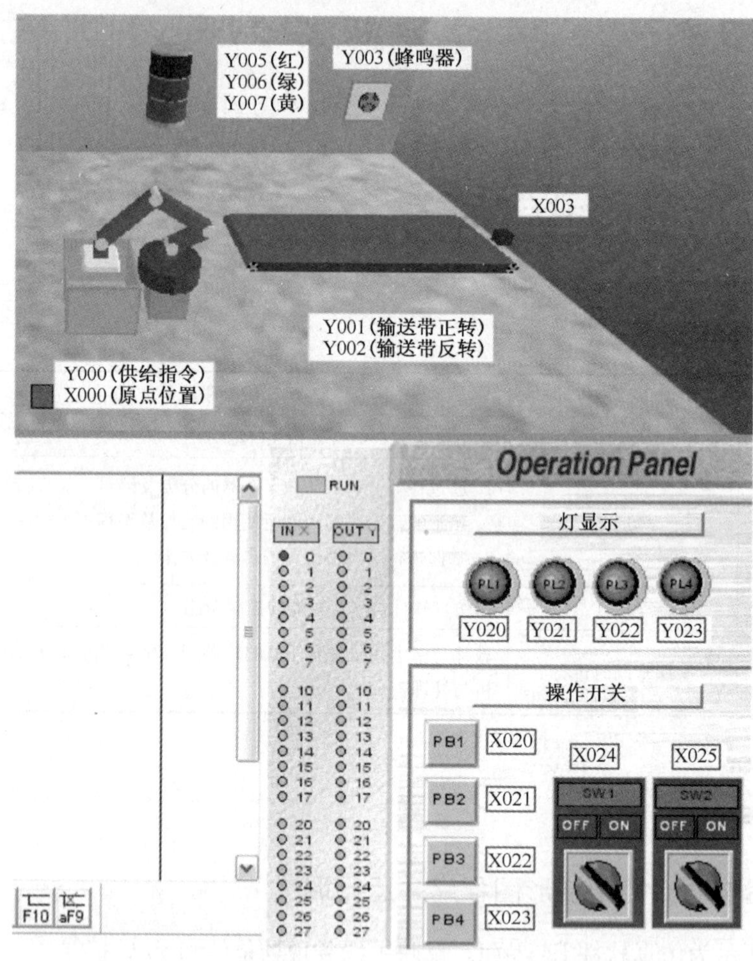

图 3-1 B4 仿真界面

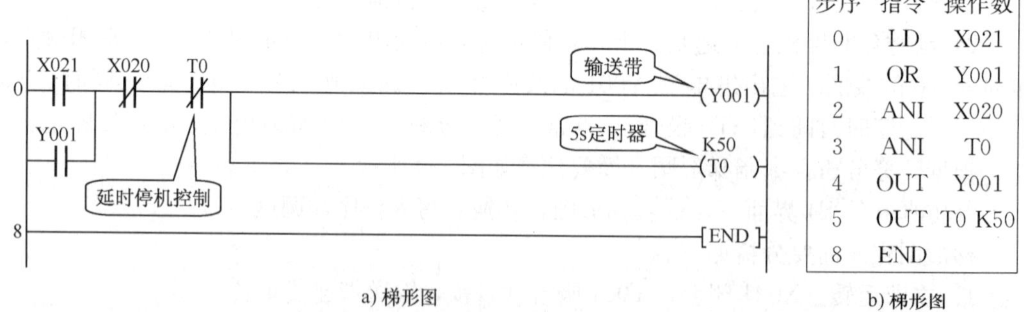

步序	指令	操作数
0	LD	X021
1	OR	Y001
2	ANI	X020
3	ANI	T0
4	OUT	Y001
5	OUT	T0 K50
8	END	

a) 梯形图　　b) 梯形图

图 3-2 电动门控制梯形图及语句表

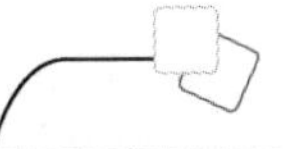

议一议

1）图 3-2 中，如果将 T0 常闭触点改为常开触点，会产生什么后果？

2）如果启动输送带运转不到 5s，就手动紧急停机，分断 X020 常闭触点，T0 会继续计时吗？还是停止计时保持数据，或是停止计时清除数据？

想一想

1）请利用定时器试编程实现接通延时和断开延时的控制？

2）FX2N 系列 PLC 的最大定时时间是多长？

评一评

任务检测与分析

检 测 项 目	评分标准	分　值	学生自评	教师评分
程序编制	编程正确	10		
程序创新	程序独特、新颖	30		
程序输入	输入程序熟练、迅速	10		
程序编辑	会编辑、修改梯形图程序	20		
运行调试	如果设备运行错误，会调试、修改	30		
合　计		100		

知识拓展

认识定时器及其触点动作

1. 认识定时器

定时器作为时间元件相当于时间继电器，由设定值寄存器、当前值寄存器和定时器触点组成。在其当前值寄存器的值等于设定值寄存器的值时，定时器触点动作。故设定值、当前值和定时器触点是定时器的 3 要素。

定时器累计 PLC 内的 1ms、10ms、100ms 等的时钟脉冲，当达到所定的设定值时，输出触点动作。定时器可以使用用户程序存储器内的常数 K 作为设定值，也可以用后述的数据寄存器 D 的内容作为设定值。这里的数据寄存器应有断电保持功能。以 FX2N 为例：

定时器可以分为常规定时器 T0～T245 和积算定时器 T246～T255。

常规定时器 T0～T245：100ms 定时器 T0～T199 共 200 点，每个设定值范围为 0.1～3276.7s；10ms 定时器 T200～T245 共 46 点，每个设定值范围 0.01～327.67s。常规定时器的动作过程如图 3-3（a）所示。

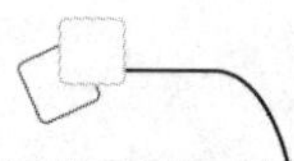

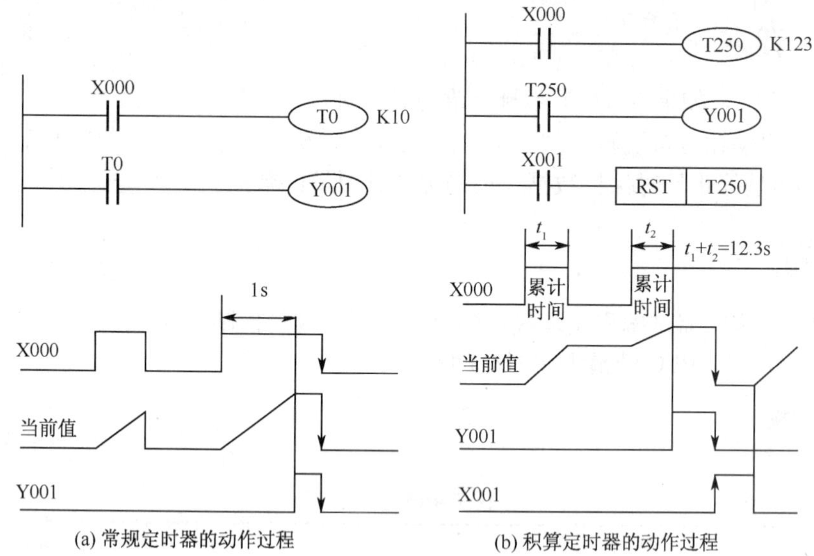

(a) 常规定时器的动作过程　　(b) 积算定时器的动作过程

图 3-3　定时器的动作过程

积算定时器 T246～T255：1ms 积算定时器 T246～T249 共 4 点，每点设定值范围 0.001～32.767s；100ms 积算定时器 T250～T255 共 6 点，每点设定值范围 0.1～3276.7s。

积算定时器的动作过程如图 3-3（b）所示。

2. 定时器触点的动作时序

定时器触点的动作时序如图 3-4 所示。定时器在其线圈被驱动后开始计时，到达设定值后，在执行第 1 个线圈指令时，其输出触点动作。

从驱动定时器线圈到其触点动作称为定时器触点动作精度时间，用 t 表示，$t = T + T_0 - \alpha$（T 为定时器设定时间，单位 s：T_0 为 PLC 扫描周期；α 为 1ms、10ms、100ms 时钟脉冲所对应的时间 0.001s、0.01s、0.1s。）

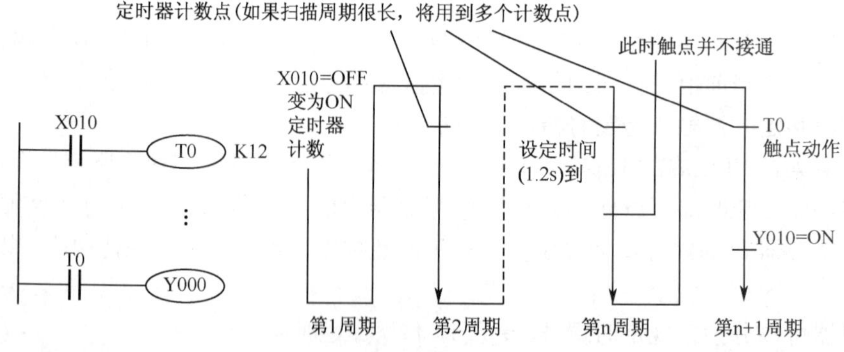

图 3-4　触点动作示意图

任务二　延时接通控制程序训练

掌握延时接通控制的编程方法。

任务教学方式

教学步骤	时间安排	教学手段及方式
阅读教材	课余	学生自学、查资料、相互讨论
知识点讲授	学时 1	1. 通过任务分析来认识定时器控制 2. 熟悉实现定时器的编程指令 3. 掌握进行定时器延时编程的步骤及方法
任务操作	学时 1	用仿真软件仿真定时器定时的控制功能
评估检测	与课堂同时进行	教师与学生共同完成任务的检测与评估，并能对出现的问题进行分析与处理

实训　编写延时接通控制梯形图程序并运行调试

任务现场条件和 PLC 接线与任务一相同，如图 3-1 所示，详见仿真软件 B4 界面。

任务要求：点动 PB2 后，经过 5s 输送带才开始连续正转，点动 PB1 停机。

任务分析：与任务一不同的是，此项任务系统启动时没有输出，而定时器启动时又不能自锁，这就需要借助其他继电器自锁，给定时器连续供电。

根据任务分析，编制梯形图及简要注释如图 3-5 所示。

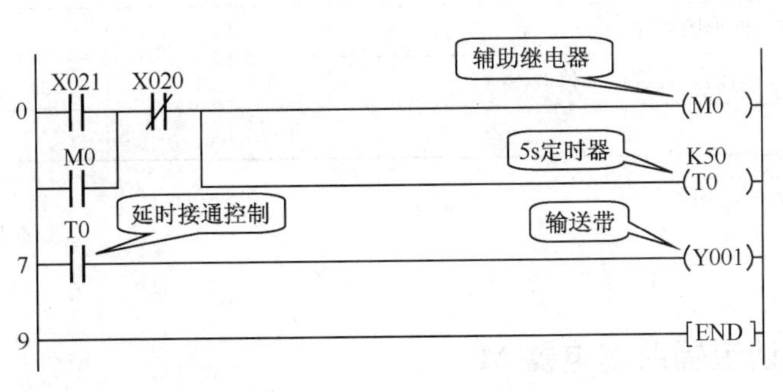

a) 梯形图

步序	指令	操作数
0	LD	X021
1	OR	M0
2	ANI	X020
3	OUT	M0
4	OUT	T0 K50
7	LD	T0
8	OUT	Y001
9	END	

b) 语句表

图 3-5　延时接通控制梯形图及语句表

在仿真软件B4界面下，输入梯形图，转换、写入程序，调试运行。

梯形图程序简要分析如下：

1）启动定时器：X021闭合，M0吸合并自锁，T0线圈同步得电开始计时，计时到5s吸合。

2）延时接通：T0吸合后，其常开触点闭合，驱动Y001吸合，输送带连续正转。

3）停机：X021分断，M0释放解锁，T0同步释放清零，其常开触点分断，Y001释放，输送带停止。

通用计时器启动时无法自锁，如有必要，可借助输出继电器或辅助继电器的自锁，向计时器线圈连续供电。

1）图3-5中，如果将T0常开触点改为常闭触点，运行效果会怎样？

2）如果点动PB2运行程序不到5s，就想停止运行，应该如何操作？

项目二之任务十，电动门控制（见图2-25），如果增加“大门全部升起后，如果10s时间内没有手动操作关闭，自动关闭大门”的任务要求，请问如何修改程序？

任务检测与分析

检测项目	评分标准	分值	学生自评	教师评分
程序编制	编程正确	10		
程序创新	程序独特、新颖	30		
程序输入	输入程序熟练、迅速	10		
程序编辑	会编辑、修改梯形图程序	20		
运行调试	如果设备运行错误，会调试、修改	30		
合计		100		

认识辅助继电器M

PLC内部有很多辅助继电器，和输出继电器一样，只能由程序驱动，每个辅助继电器也有无数对常开、常闭触点供编程使用。其作用相当于继电器控制线路中的中间继电器。辅助继电器的触点在 PLC 内部编程时可以任意使用，但它不能直接驱动负载，外部负载必须由输出继电器的输出触点来驱动。

FX2N 系列 PLC 的辅助继电器有：通用辅助继电器、保持辅助继电器、特殊辅助继电器。

1）通用辅助继电器（M0～M499，共 500 个点）：通用辅助继电器和输出继电器一样，在 PLC 电源中断后，其状态将变为 OFF。当电源恢复后，除因程序使其变为 ON 外，其他时间仍保持 OFF。

2）保持用辅助继电器（M500～M1023 及 M1024～M3071，共 2572 点）：保持用辅助继电器在 PLC 电源中断后，它具有保持断电前的瞬间状态的功能，并在恢复供电后继续断电前的状态。

3）特殊辅助继电器（M8000～M8255，共 256 个点）：

① 只能利用其触点的特殊辅助继电器。线圈由 PLC 自动驱动，用户只可以利用其触点。例如：M8000 为运行监控用，PLC 运行时 M8000 接通；M8002 为仅在运行开始瞬间接通的初始脉冲特殊辅助继电器。

② 可驱动线圈型特殊辅助继电器。用户激励线圈后，PLC 作特定动作。例如：M8033 为 PLC 停止时输出保持特殊辅助继电器；M8034 为禁止全部输出特殊辅助继电器；M8039 为定时扫描特殊辅助继电器。

任务三　时间控制电动机正反转训练

任务目标

掌握时间控制正反转的编程方法。

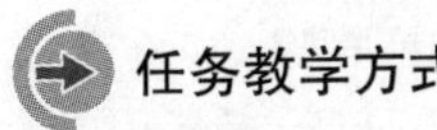

任务教学方式

教学步骤	时间安排	教学手段及方式
阅读教材	课余	学生自学、查资料、相互讨论
知识点讲授	学时 1	1. 了解使用定时器实现自动控制的方法 2. 掌握实现多个定时器组合使用实现自动控制所使用的元件及编程指令
任务操作	学时 1	用仿真软件仿真定时器定时的控制功能
评估检测	与课堂同时进行	教师与学生共同完成任务的检测与评估，并能对出现的问题进行分析与处理

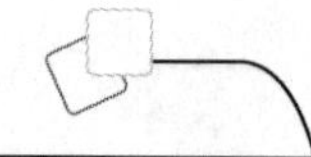

实训 编写时间控制电动机正反转的梯形图程序并运行调试

任务现场条件和 PLC 接线图任务一相同，如图 3-1 所示，详见仿真软件 B4 界面。

任务要求：点动 PB2，启动程序后，输送带正转 3s，反转 3s，自动重复运行，直到点动 PB1 停机。

任务分析：项目二中做过“正反转”控制程序，将其分为正转控制和反转控制两个环节。此项任务，可在正转环节加入一个定时器，由它延时分断正转环节，启动反转环节。在反转环节也加入一个定时器，由它分断反转环节，再去启动正转环节。如此形成自动循环正反转控制。

根据任务分析，编制梯形图及简要注释如图 3-6 所示。

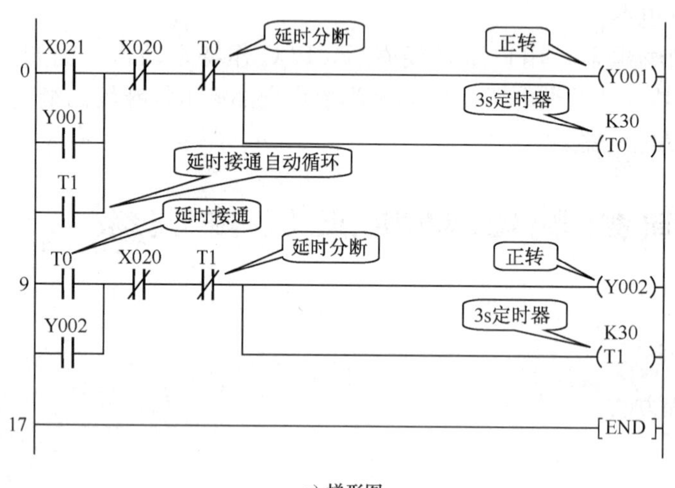

a) 梯形图

步序	指令	操作数
0	LD	X021
1	OR	Y001
2	OR	T1
3	ANI	X020
4	ANI	T0
5	OUT	Y001
6	OUT	T0 K30
9	LD	T0
10	OR	Y002
11	ANI	X020
12	ANI	T1
13	OUT	Y002
14	OUT	T1 K30
17	END	

b) 语句表

图 3-6 时间控制电动机正反转梯形图及语句表

在仿真软件 B4 界面下，输入梯形图，转换、写入程序，调试运行。

请参照任务分析、梯形图及注释和程序运行效果，进行程序动作分析。

梯形图程序简要分析如下：

1）正转启动及延时停止：X021 闭合启动程序后，Y001 吸合并自锁，输送带连续正转，T0 线圈同步得电开始计时，计时到 3s，T0 吸合，其常闭触点分断，Y001 释放解锁，停止正转。

2）反转自动启动及延时停止：T0 吸合瞬间，其常开触点闭合，使 Y002 吸合并自锁，输送带连续反转，T1 线圈同步得电开始计时，计时到 3s，T1 吸合，其常闭触点分断，Y002 释放解锁，停止反转。

3）自动循环运行：T1 吸合瞬间，其常开触点闭合，使 Y001 吸合并自锁，形成自动循环。要掌握这种自动循环的控制方式，应用其解决同类问题。

语句表程序中有个问题请注意，放置一个定时器线圈要占用 3 步序。如在本任务语句表中“OUT T0 K50”，是自 6 步序开始，8 步序结束，下面“LD T0”是 9 步序。

1）图 3-6 中，为什么正反转控制环节都要设停机常闭触点 X020？

2）图 3-6 中，哪个部件起到“自动循环”的控制作用？

1）假设正转一次反转一次为一个循环，要求按下停止按钮，系统停止在一个循环的结束，即如果正转时，按下停止按钮，系统还要反转一次才会停止，请问如何编程实现？

2）模拟时钟的控制程序，Y001、Y002 和 Y003 分别代表秒针、分针和时针。请问如何编程实现？

任务检测与分析

检测项目	评分标准	分值	学生自评	教师评分
程序编制	编程正确	10		
程序创新	程序独特、新颖	30		
程序输入	输入程序熟练、迅速	10		
程序编辑	会编辑、修改梯形图程序	20		
运行调试	如果设备运行错误，会调试、修改	30		
合　计		100		

任务四　交通信号灯控制程序训练

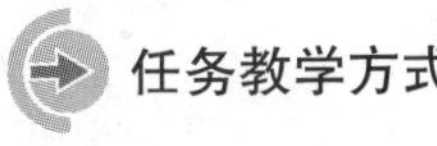

掌握交通信号灯控制的编程方法。

任务教学方式

教学步骤	时间安排	教学手段及方式
阅读教材	课余	学生自学、查资料、相互讨论
知识点讲授	学时 1	1. 通过任务分析来认识多个定时器的使用 2. 熟悉实现多个定时器组合控制所使用的元件及编程指令 3. 掌握进行多个定时器组合编程的步骤及方法

续表

教学步骤	时间安排	教学手段及方式
任务操作	学时1	用仿真软件仿真多个定时器进行定时的控制功能
评估检测	与课堂同时进行	教师与学生共同完成任务的检测与评估，并能对出现的问题进行分析与处理

实训　编写交通信号灯控制梯形图程序并运行调试

图 3-7 所示为仿真软件 D3 界面，反映了任务现场条件和 PLC 接线。

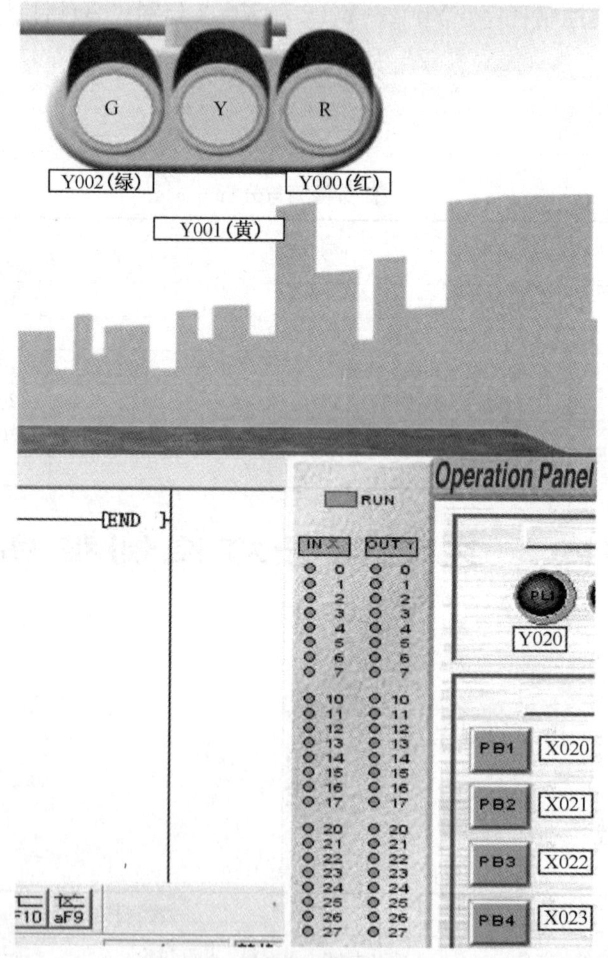

图 3-7　D3 仿真界面

任务要求：现场有红、黄、绿 3 个信号灯，依次由 Y000、Y001、Y002 常开触点控制。要求点动 PB2 启动程序后，红灯亮 5s 后熄灭绿灯亮，绿灯亮 5s 后熄灭黄灯亮，黄灯亮 2s 后红灯再亮，3 灯如此循环。点动 PB1 3 灯全灭，停止工作。

任务分析：前述任务三中的时间控制正反转，是两级自动循环工作方式，此项任务是三级自动循环工作，所以可采用相同的编程方法，增加一级即可。

根据任务分析，编制梯形图及简要注释如图 3-8 所示。

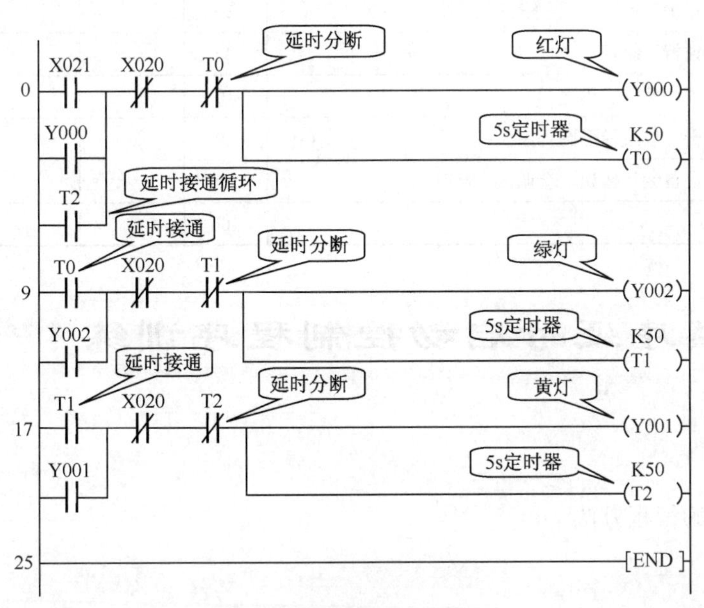

a) 梯形图

步序	指令	操作数
0	LD	X021
1	OR	Y000
2	OR	T2
3	ANI	X020
4	ANI	T0
5	OUT	Y000
6	OUT	T0 K50
9	LD	T0
10	OR	Y002
11	ANI	X020
12	ANI	T1
13	OUT	Y002
14	OUT	T1 K50
17	LD	T1
18	OR	Y001
19	ANI	X020
20	ANI	T2
21	OUT	Y001
22	OUT	T2 K20
25	END	

b) 语句表

图 3-8　交通信号灯控制梯形图及语句表

在仿真软件 D3 界面下，输入梯形图，转换、写入程序，调试运行。

参照梯形图及注释、程序运行效果及任务三中的程序动作分析，进行此项任务的程序动作分析。

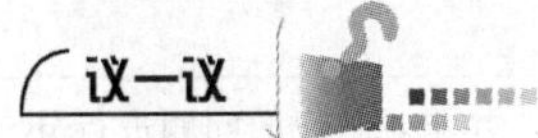

现场条件相同，各灯亮灯时间相同，启动时若将亮灯顺序改为“绿、黄、红”，请问如何编程？

想一想

1）如果要求红灯和绿灯的亮灯时间为 10s，黄灯亮灯时间为 5s，启动时的亮灯顺序不变，请问如何编程实现？

2）使用定时器能否产生周期可调节的连续脉冲？请问如何编程实现？

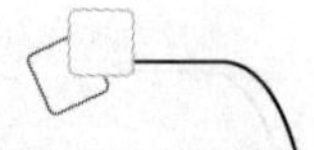

任务检测与分析

检测项目	评分标准	分值	学生自评	教师评分
程序编制	编程正确	10		
程序创新	程序独特、新颖	30		
程序输入	输入程序熟练、迅速	10		
程序编辑	会编辑、修改梯形图程序	20		
运行调试	如果设备运行错误，会调试、修改	30		
合计		100		

任务五　顺序延时启动控制程序训练

掌握顺序延时启动控制的编程方法。

任务教学方式

教学步骤	时间安排	教学手段及方式
阅读教材	课余	学生自学、查资料、相互讨论
知识点讲授	学时 1	1. 通过任务分析来认识多个定时器的组合控制 2. 掌握多个定时器组合使用的编程方法
任务操作	学时 1	用仿真软件仿真定时器定时的控制功能
评估检测	与课堂同时进行	教师与学生共同完成任务的检测与评估，并能对出现的问题进行分析与处理

实训　编写顺序延时启动控制梯形图程序并运行调试

图 3-9 所示为仿真软件 D6 界面，反映了任务现场条件和 PLC 接线。

任务要求：点动 PB2，上段输送带正向启动后，每间隔 5s 依次启动中、下段输送带；点动 PB1，各段输送带同时停止。

任务分析：与任务四比较，仅需用本级定时器去启动下一级即可，不需分断本级。

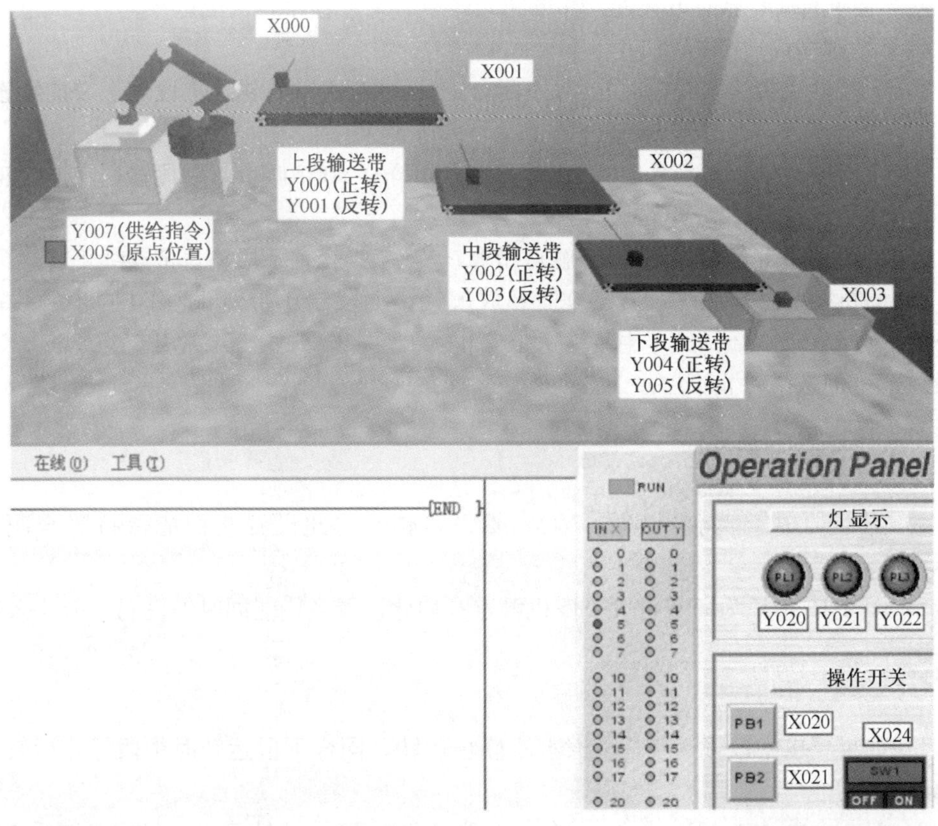

图 3-9　D6 仿真界面

根据任务分析，编制梯形图及简要注释如图 3-10 所示。

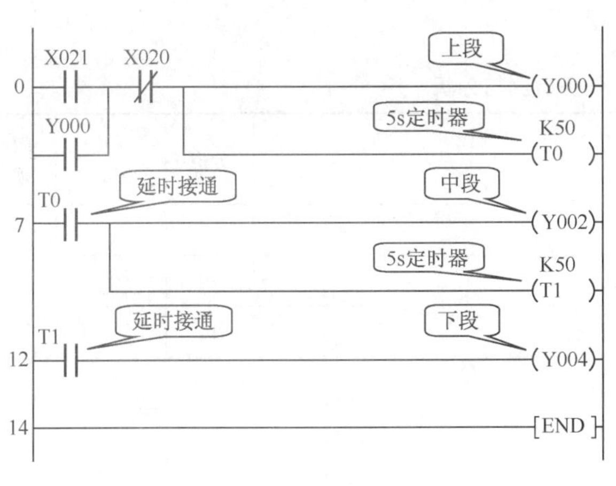

a) 梯形图

步序	指令	操作数
0	LD	X021
1	OR	Y000
2	ANI	X020
3	OUT	Y000
4	OUT	T0 K50
7	LD	T0
8	OUT	Y002
9	OUT	T1 K50
12	LD	T1
13	OUT	Y004
14	END	

b) 语句表

图 3-10　顺序延时启动控制梯形图及语句表

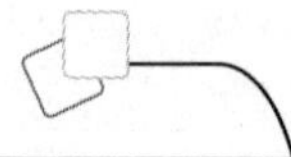

在仿真软件 D6 界面下，输入梯形图，转换、写入程序，调试运行。

梯形图程序简要分析如下：

1）上段输送带运转与延时：X021 闭合，Y000 吸合并自锁，上段输送带连续正转；T0 同步开始计时，计时到 5s 吸合。

2）中段输送带运转与延时：T0 常开触点闭合，Y002 吸合，中段输送带连续正转；T1 同步开始计时，计时到 5s 吸合。

3）下段输送带运转：T1 常开触点闭合，Y004 吸合，下段输送带连续正转。

4）停机控制：X020 分断，Y000 释放解锁，上段输送带停止，T0 同步释放；T0 常开触点分断，Y002 释放，中段输送带停止，T1 同步释放；T1 常开触点分断，Y004 释放，下段输送带停止。

议一议

1）图 3-10 中，为何 Y002、Y004 不设自锁？如此设置它们能保持吸合吗？为什么？

2）图 3-10 中，为何只设一个停机触点？如此设置各段能同时停机吗？为什么？

想一想

1）如果要求中段输送带运转时上段停止运转，同样下段运转时中段停止运转，怎样修改程序？

2）有 3 台电动机 M1、M2 和 M3，点动启动按钮后，M1 启动，经 10min 后 M2 启动，再经 10min 后，M3 启动，按下停止按钮，3 台电动机同时停止。请问如何编程实现？

任务检测与分析

检测项目	评分标准	分值	学生自评	教师评分
程序编制	编程正确	10		
程序创新	程序独特、新颖	30		
程序输入	输入程序熟练、迅速	10		
程序编辑	会编辑、修改梯形图程序	20		
运行调试	如果设备运行错误，会调试、修改	30		
合　计		100		

任务六　逆序延时停止控制程序训练

掌握逆序延时停止控制的编程方法。

任务教学方式

教学步骤	时间安排	教学手段及方式
阅读教材	课余	学生自学、查资料、相互讨论
知识点讲授	学时 1	1. 了解使用多个定时器的编程方法及注意事项 2. 认识定时器串联和定时器并联所实现的功能
任务操作	学时 1	用仿真软件仿真多个定时器的控制功能
评估检测	与课堂同时进行	教师与学生共同完成任务的检测与评估，并能对出现的问题进行分析与处理

实训　逆序延时停止控制梯形图程序并运行调试

任务现场条件和 PLC 接线图与任务五相同，如图 3-9 所示，详见仿真软件 D6 界面。

任务要求：点动 PB2，3 段输送带同时正向启动后，点动 PB1，下段输送带停止，以后每间隔 5s 依次停止中、上段输送带。

任务分析：

1）同时启动。由开机触点同时分别启动 Y000、Y002、Y004 并自锁，3 段输送带同时启动正转。

2）逆序停机设置。Y000 和 Y002 线圈分别串联 10s 定时器 T1 和 5s 定时器 T0 的常闭触点，作为逆序延时停机触点。Y004 线圈串联 M0 常闭触点，作为立即停机触点。

3）逆序停机。由停机触点驱动 M0 并自锁，其常闭触点分断，Y004 释放解锁，下段输送带停止。M0 线圈并联“T0 K50”和“T1 K100”两个定时器线圈，与 M0 同步开始计时。5s 时间到、10s 时间到，T1 吸合，其常闭触点分断，Y000 释放解锁，上段输送带停止。

4）M0 释放及定时器释放清零。由 Y000 的常开触点自动实现 M0 释放及定时器释放清零，以备下次启动运行。

根据任务分析，编制梯形图及简要注释如图 3-11 所示。

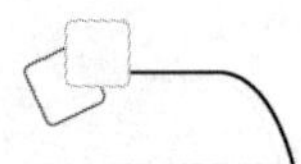

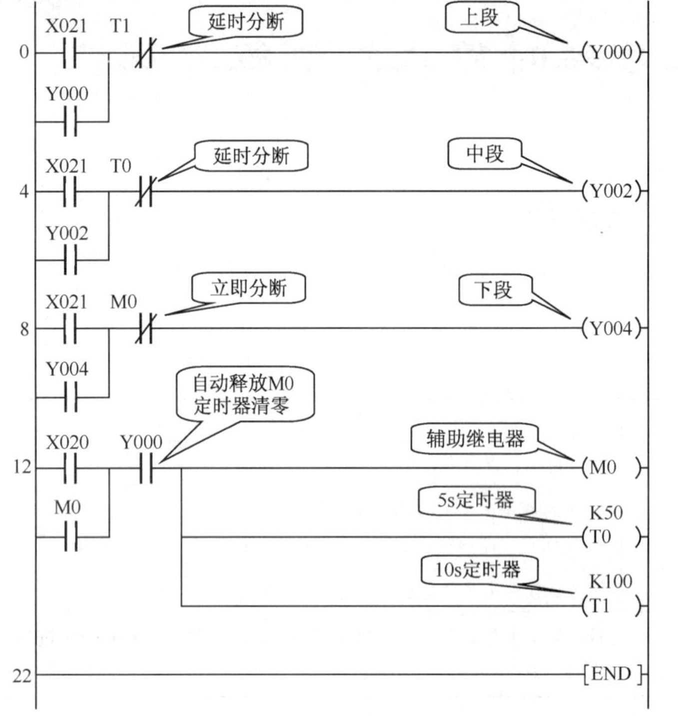

a) 梯形图

步序	指令	操作数
0	LD	X021
1	OR	Y000
2	ANI	T1
3	OUT	Y000
4	LD	X021
5	OR	Y002
6	ANI	T0
7	OUT	Y002
8	LD	X021
9	OR	Y004
10	ANI	M0
11	OUT	Y004
12	LD	X020
13	OR	M0
14	AND	Y000
15	OUT	M0
16	OUT	T0 K50
19	OUT	T1 K100
22	END	

b) 语句表

图 3-11　逆序延时停止控制梯形图及语句表

在仿真软件 B4 界面下，输入梯形图，转换、写入程序，调试运行。

参照任务分析、梯形图及注释和程序运行效果，进行程序动作分析。

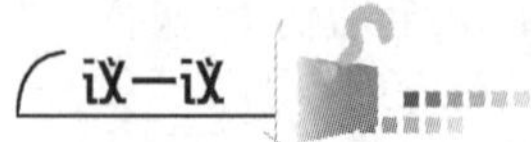

图 3-11 中的 Y000 常开触点可以改换成常闭触点吗？为什么？

如果定时时间超出一个定时器的定时时间，比如使用定时器实现 24h 的定时控制，定时时间到，发出声光报警，请问如何编程实现？

任务检测与分析

检 测 项 目	评分标准	分　值	学生自评	教师评分
程序编制	编程正确	10		
程序创新	程序独特、新颖	30		
程序输入	输入程序熟练、迅速	10		

续表

检测项目	评分标准	分　值	学生自评	教师评分
程序编辑	会编辑、修改梯形图程序	20		
运行调试	如果设备运行错误，会调试、修改	30		
合　计		100		

知识拓展

FX2N 系列 PLC 的定时器都是接通延时定时器，即定时器线圈得电后，开始延时，到达设定时间后，定时器的常开触点闭合，常闭触点失开。在定时器线圈失电时，定时器的触点瞬间复位。利用 PLC 的定时器可以设计出各式各样的时间控制程序，其中有长延时程序、时钟脉冲程序、接通延时和断开延时等控制程序。下面就简单介绍使用定时器实现长延时的程序。

定时器定时时间的长短是由常数设定值决定的，FX2N 系列 PLC 中，编号为 T0～T199 的定时器常数设定值的取值范围是：1～32767，即最长的定时时间是 $t=32767\times0.1=3276.7$s，不到 1h。如果需要设计定时时间为 1h 或者更长的定时器，则可以采用定时器串级使用的方法实现长时间的延时。

图 3-12 所示就是定时时间为 1h 的时间控制程序。

图 3-12　定时时间 1h 的控制程序

输入触点 X000 闭合后，经过 1h 的延时，输出信号 Y000 才接通，从而实现了长时间的定时。为实现这种功能，采用了两个定时器 T0 和 T1 的串级使用。当 X000 接通后，T0 开始定时，经过 1800s 的延时后，T0 的常开触点闭合，T1 开始定时；又经过 1800s 的延时，T1 的常开触点闭合，输出继电器 Y000 线圈接通。这样从输入触点 X000 接通，到 Y000 产生输出信号，其延时时间为 1800s＋1800s＝3600s＝1h。定时器的串级使用就是先启动一个定时器定时，时间一到，用第一个定时器的常开触点去控制第二个定时器定时，如此下去，使用最后一个定时器的常开触点去控制所要控制的对象。

定时器串级使用时，其总的定时时间为各定时器常数设定值之和。N 个定时器串级使用，其最长定时时间为 $3276.7\times N$(s)。

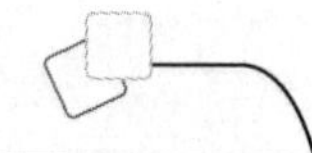

项目小结

1）PLC内有几百个定时器，其功能相当于电气控制系统中的通电延时的时间继电器。PLC的定时器是根据时钟脉冲的累积计时的。时钟脉冲有1ms、10ms、100ms这3种，当所计时时间到达设定值时，其输出触点动作。PLC内部的定时器可以由用户程序存储器内的常数K作设定值，也可以将数据寄存器D的内容作设定值。PLC内部的定时器可分为非积算定时器和积算定时器两大类。

2）PLC内部有很多辅助继电器，只能由程序驱动。其作用相当于继电器控制线路中的中间继电器。辅助继电器的触点在PLC内部编程时可以任意使用，但它不能直接驱动负载，外部负载必须由输出继电器的输出触点来驱动。PLC内部的辅助继电器有：通用辅助继电器、保持辅助继电器、特殊辅助继电器。当控制要求定时时间超出PLC内部定时器的最大定时时间时，可采用定时器的串级使用来实现。

3）编程实现定时器的延时必须保证定时器的线圈得电时间等于或大于定时器的定时时间。

4）常规定时器也称非积算定时器，其线圈一旦失电，常开触点和常闭触点立即复位。

5）顺序控制中，如果还要实现自动循环控制可将启动最后一个部件工作的定时器的常开触点和系统的启动按钮并联在一起。

思考与练习

1. PLC中的定时器和电气控制电路中的时间继电器有什么不同之处？

2. 在定时器定时过程中，如果通电时间小于定时器设定值，定时器有何动作？

3. 为实现超长时间定时常使用定时器的串级使用，在定时器的串级使用中，是使用定时器的常开触点还是常闭触点？

4. 如何实现如下图所示周期为50s的脉冲输出？

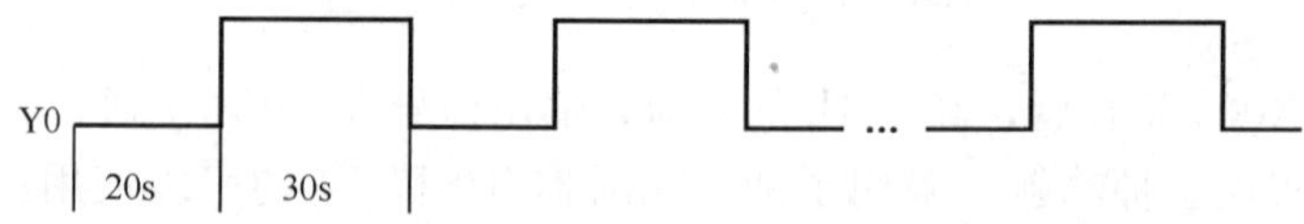

5. 在仿真软件C2界面下完成以下控制。

① 按下PB1，红灯亮，松开PB1，延时5s后红灯灭，绿灯亮。

② 绿灯和黄灯依次亮5s后系统停止工作。

6. 在仿真软件B3界面下完成以下控制。

① SW1为ON时，Y000每1s亮一次。

② SW1为OFF时，Y000熄灭。

7. 利用特殊功能辅助继电器和定时器完成 6 题的控制要求。

8. 在仿真软件 D3 界面下完成以下控制。

① SW1 为 ON 时，红灯亮，亮 10s 后熄灭，黄灯以 1s 的间隔开始闪烁，闪烁 5s 后熄灭，绿灯亮，亮 10 后熄灭。

② SW1 为 OFF 时，全部熄灭。

项目四

计数器和边沿触点应用训练

在生产实践中，还会经常遇到需要计数的自动控制，比如生产流水线统计产品数量、装入包装箱的产品数量等。凡是需要计数控制的程序，都要用到计数器。

边沿触点反映触点接触或断开的瞬间“时刻”。在某些控制中经常用到边沿触点。

- 了解计数器的有关知识和使用。
- 掌握计数控制程序的编程。

- 掌握计数控制程序的编程方法。
- 掌握应用边沿触点的编程方法。

任务一 计数亮灯控制程序训练

任务目标

1）熟悉计数器性能。

2）掌握计数亮灯控制的编程方法。

任务教学方式

教学步骤	时间安排	教学手段及方式
阅读教材	课余	学生自学、查资料、相互讨论
知识点讲授	学时1	1. 初步认识计数器的分类 2. 掌握学习计数器的元件符号和元件编号 3. 掌握计数器的基本使用方法
任务操作	学时1	用仿真软件仿真计数器的控制功能
评估检测	与课堂同时进行	教师与学生共同完成任务的检测与评估，并能对出现的问题进行分析与处理

读一读

知识1 认识计数器C

FX2N系列PLC的计数器用C表示，分为加计数器和加/减计数器两种，每种又分为通用型和积算型两类。

计数器统计其线圈通电的次数，线圈通电次数到达所设定的计数值，计数器吸合。计数器的计数值为常数K值。

FX2N系列PLC的C0～C99是通用加计数器，共100个。放置计时器线圈时，要同时注明元件标号和常数K值，如“C5 K50”表示计数50次的计数器。

通用加计数器动作要点：加电计次，到次吸合并保持，失电不释放，要用RST或ZRST指令强制释放清零。

知识2 认识RST和ZRST指令

RST（Reset）和ZRST（Zone Reset）都是强制吸合的继电器释放复位的指令。

RST称做复位指令，一次只能使一个继电器复位，如执行“RST Y010”指令，会使Y010继电器释放。

ZRST称做区间复位指令，一次可以使指定的、连续的多个继电器复位，如“ZRST Y011 Y017”会使Y011～Y017共7个继电器强制释放。

计数器吸合后具有自保持功能，因此计数器不必、也不得设自锁。

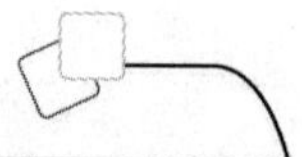

实训　编写计数亮灯控制梯形图程序并运行调试

图 4-1 所示为仿真软件 D3 界面，反映了任务现场条件和 PLC 接线。

任务要求：点动 PB2 五次，使红灯亮灯，点动 PB1，使红火熄灭灯。

任务分析：这是一个计数控制，可由“C0 K5”计数器统计 X021 的闭合次数，计数到达 5 次，C0 吸合并保持，再由 C0 常开触点驱动 Y000 线圈，控制红灯。由 X020 常开触点控制发出“RST C0”指令，使 C0 释放清零，红灯熄灭。

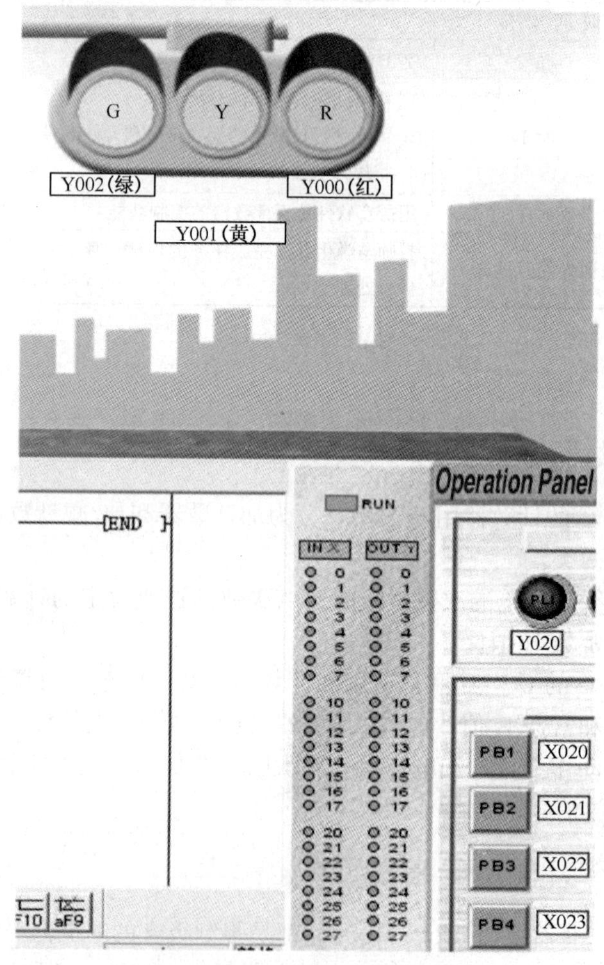

图 4-1　D3 仿真界面

根据任务分析，编制梯形图及简要注释如图 4-2 所示。

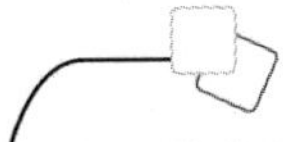

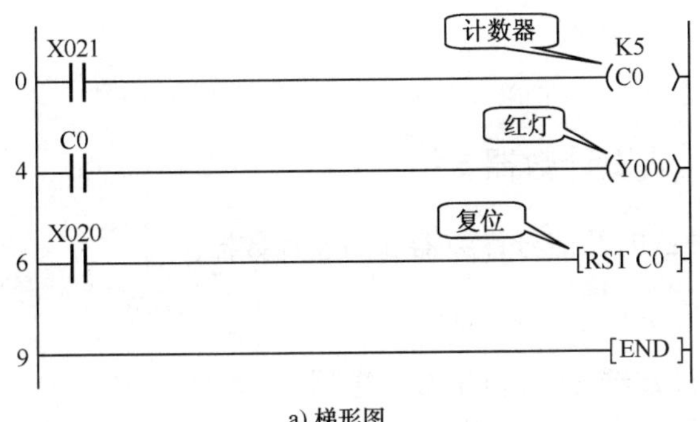

a) 梯形图

步序	指令	操作数
0	LD	X021
1	OUT	C0 K5
4	LD	C0
5	OUT	Y000
6	LD	X020
7	RST	C0
9	END	

b) 语句表

图 4-2　计数亮灯控制梯形图及语句表

在仿真软件 D3 界面下，输入梯形图，转换、写入程序，调试运行。

梯形图程序简要分析如下：

1）计数：计数器“C0 K5”统计 X021 通断次数，到达 5 次，C0 吸合并保持。

2）点亮红灯：C0 吸合其常开触点闭合，Y000 吸合，红灯点亮。

3）计数器释放清零及灭灯：闭合 X020，发出“RST C0”指令，强制 C0 释放清零，其常开触点分断，Y000 释放，红灯熄灭。

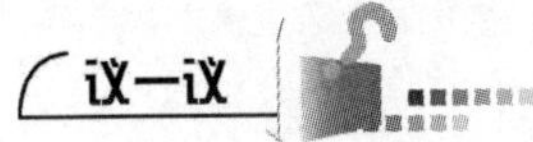

议一议

1）图 4-2 中，如果不设复位指令，运行程序会出现什么问题？

2）图 4-2 中，Y000 继电器没有设置自锁，它能长期吸合吗？为什么？

想一想

计数器的设定值为“K0”和“K1”时，执行结果是否一样？为什么？

评一评

任务检测与分析

检测项目	评分标准	分值	学生自评	教师评分
程序编制	编程正确	10		
程序创新	程序独特、新颖	30		
程序输入	输入程序熟练、迅速	10		
程序编辑	会编辑、修改梯形图程序	20		
运行调试	如果设备运行错误，会调试、修改	30		
合　计		100		

认识计数器

可编程控制器的计数器共有两种：内部信号计数器和高速计数器。

1．内部信号计数器

内部信号计数器分为16位递加计数器和32位增减计数器。

1）16位递加计数器：设定值位1～32767。其中，C0～C99共100点是通用型，C100～C199共100点是断电保持型。图4-3所示为递加计数器的动作过程。

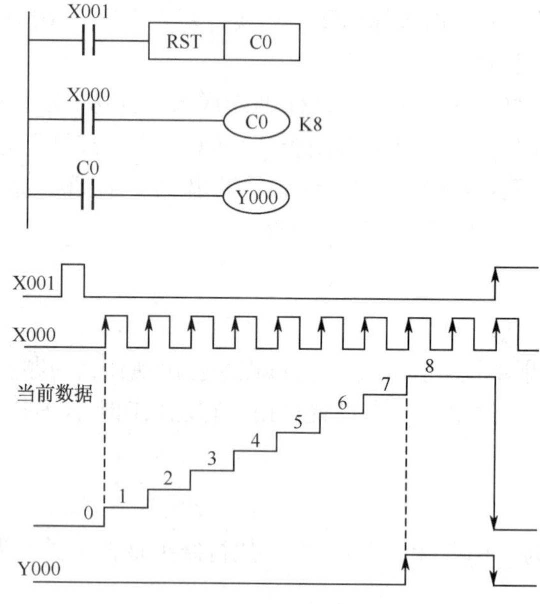

图4-3　16位递增减计数器的动作过程

2）32位增减计数器：设定值为－2147483648～＋2147483647，其中C200～C219共20点是通用型计数器，C220～C234共15点为断电保持型计数器。32位双向计数器是递加型计数还是递减型计数由特殊辅助继电器M8200～M8234设定。特殊辅助继电器接通时（置1）时，为递减计数；特殊辅助继电器断开（置0）时，为递加计数。可直接用常数K或间接用数据寄存器D的内容作为设定值。间接设定时，要用器件号紧连在一起的两个数据寄存器。如图4-4所示，用X014作为计数输入，驱动C200计数器线圈进行计数操作。当计数器的当前值由－4到－3（增大）时，其触点接通（置1）；当计数器的当前值由－3到－4（减小）时，其触点断开（置0）。

2．高速计数器

高速计数器是采用中断方式进行高速计数的，与PLC的扫描周期无关。高速计数器是对特定的输入进行计数（如FX2N为X000～X007）。高速计数器为32位增/减计

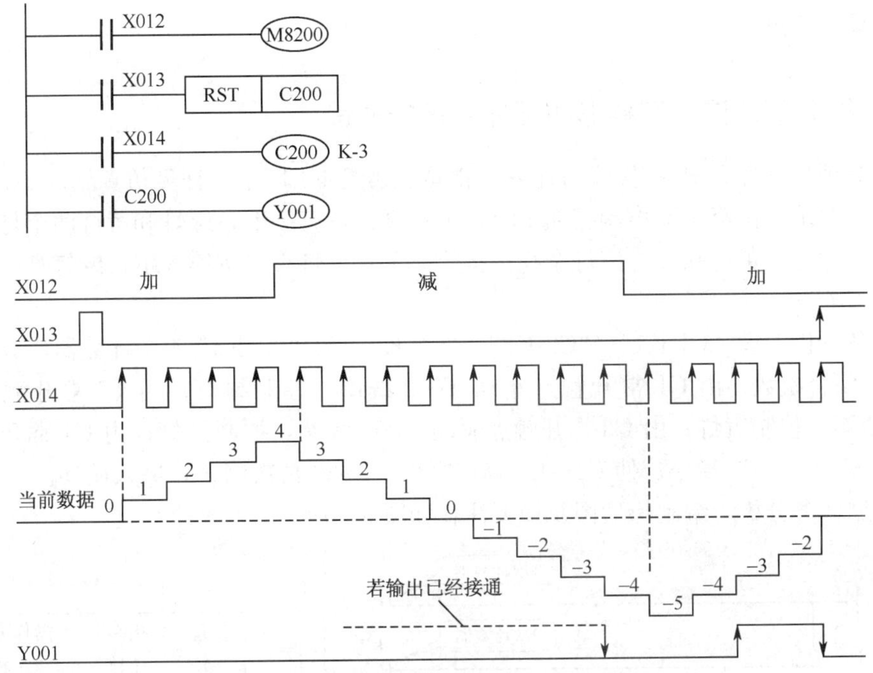

图 4-4　32 位增减计数器的动作过程

数型，具有断电保持功能（设定值范围：－2147483648 ～ ＋2147483647）。高速计数器的 3 种类型：单相单输入、单相双输入和双相双输入。

任务二　单键控三灯运行训练

任务目标

1）熟悉“ZRST”指令的用法和效果。

2）掌握单键控三灯的编程方法。

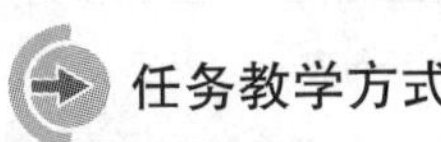

任务教学方式

教学步骤	时间安排	教学手段及方式
阅读教材	课余	学生自学、查资料、相互讨论
知识点讲授	学时 1	1. 通过任务分析来认识何为多个计数器组合控制 2. 熟悉实现多个计数器组合控制所使用的元件及编程指令 3. 掌握进行多个计数器组合控制编程的步骤及方法
任务操作	学时 1	用仿真软件仿真多个计数器组合的控制功能
评估检测	与课堂同时进行	教师与学生共同完成任务的检测与评估，并能对出现的问题进行分析与处理

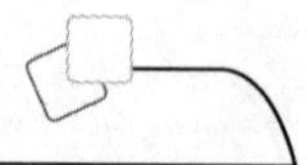

实训　编写单键控三灯梯形图程序并运行调试

任务现场条件和PLC接线与任务一相同，如图4-1所示，详见仿真软件D3界面。

任务要求：按第1下控制按钮PB1，绿灯亮；按第2下，绿灯和黄灯两个灯亮；按第3下，绿灯、黄灯和红灯三灯全亮；按第4下，三灯灭；按第5下，绿灯亮……依次循环。

任务分析：设“C1 K1”、“C2 K2”、“C3 K3”和“C4 K4”4个计数器，分别统计X020的闭合次数。由C1常开触点驱动Y002线圈，控制绿灯；由C2常开触点驱动Y001线圈，控制黄灯；由C3常开触点驱动Y000线圈，控制红灯；由C4常开触点控制“ZRST C1 C4”指令，使C1～C4释放复位。X020再次闭合，进入循环。

根据任务分析，编制梯形图及简要注释如图4-5所示。

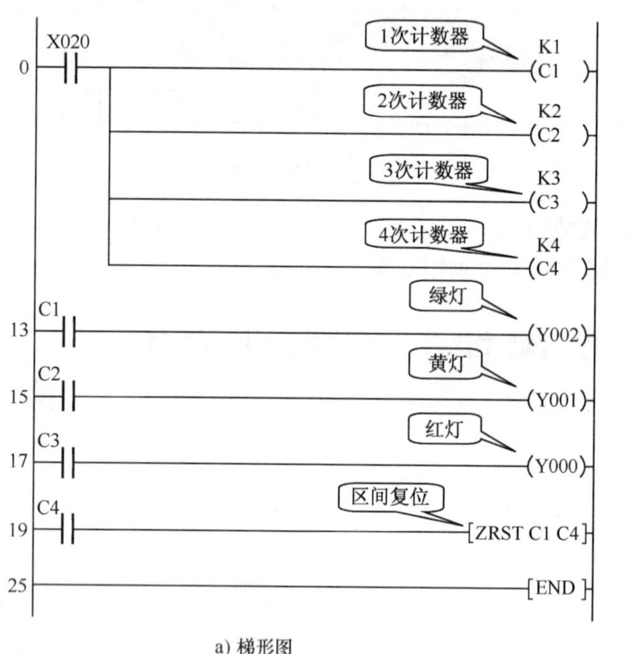

a) 梯形图

步序	指令	操作数
0	LD	X020
1	OUT	C1 K1
4	OUT	C2 K2
7	OUT	C3 K3
10	OUT	C4 K4
13	LD	C1
14	OUT	Y002
15	LD	C2
16	OUT	Y001
17	LD	C3
18	OUT	Y000
19	LD	C4
20	ZRST	C1 C4
25	END	

b) 语句表

图4-5　单键控三灯梯形图及语句表

在仿真软件D3界面下，输入梯形图，转换、写入程序，调试运行。

梯形图程序简要分析如下。

1）分别计数：C1、C2、C3和C4，分别统计X020的通断次数。

2）点亮绿灯：X020闭合1次，C1吸合并保持，其常开触点闭合，Y002吸合，绿灯点亮。

3）点亮黄灯：X020闭合2次，C2吸合并保持，其常开触点闭合，Y001吸合，黄灯点亮。

4）点亮红灯：Y000 吸合，红灯点亮。

5）全部灭灯及计数器释放清零：X020 闭合 3 次，C3 吸合并保持，其常开触点闭合，发出“ZRST C1 C4”指令，C1～C3 这 3 个计时器全部释放清零，各自的常开触点分断，Y002～Y000 释放，三灯全灭；C4 计数器也释放清零，以备下次工作。

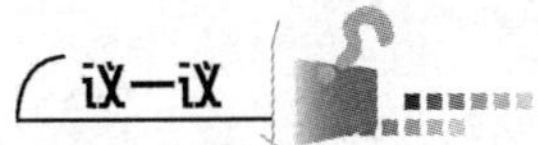

图 4-5 中，是如何实现所有计数器释放清零的？

如果要求红、黄、绿每个灯都闪亮（一亮一灭），请问如何编程实现？

任务检测与分析

检测项目	评分标准	分值	学生自评	教师评分
程序编制	编程正确	10		
程序创新	程序独特、新颖	30		
程序输入	输入程序熟练、迅速	10		
程序编辑	会编辑、修改梯形图程序	20		
运行调试	如果设备运行错误，会调试、修改	30		
合计		100		

认识常数（K 和 H）

计数器设定值的设定方法和定时器一样都是可以使用用户程序存储器内的常数 K 作为设定值，也可以用数据寄存器 D 的内容作为设定值。下面就对常数（K 和 H）作简单介绍。

常数的表示：十进制常数用 K 表示，如常数 123 表示为 K123；十六进制常数则用 H 表示，如常数 345 表示为 H159。常数也可作为元件处理，因为它占用一定的存储空间。FX 系列 PLC 的常数范围为：

16 位：K 为－32 768～32 767；H 为 0000～FFFF。

32 位：K 为－2 147 483 648～2 147 483 647；H 为 00000000～FFFFFFFF。

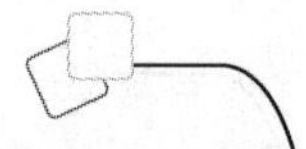

任务三　计数循环控制训练

1）熟悉循环计数被统计部件的分析方法。

2）掌握计数循环控制的编程方法。

任务教学方式

教学步骤	时间安排	教学手段及方式
阅读教材	课余	学生自学、查资料、相互讨论
知识点讲授	学时 1	1. 通过任务分析来认识定时器和计数器的组合控制 2. 熟悉实现定时器和计数器组合控制所使用的元件及编程指令 3. 掌握进行定时器和计数器组合编程的步骤及方法
任务操作	学时 1	用仿真软件仿真计数器和定时器组合实现的控制功能
评估检测	与课堂同时进行	教师与学生共同完成任务的检测与评估，并能对出现的问题进行分析与处理

实训　编写交通信号灯控制梯形图程序并运行调试

任务现场条件和 PLC 接线与任务一相同，如图 4-1 所示，详见仿真软件 D3 界面。

任务要求：项目三之任务四的交通信号灯控制中，要求点动 PB2 启动程序后，红灯亮 5s 后熄灭，绿灯亮，绿灯亮 5s 后熄灭，黄灯亮，黄灯亮 2s 后，红灯再亮，三灯如此循环。点动 PB1 三灯全灭，停止工作。在此任务基础上增加“循环亮灯 3 次后，自动停机”的控制要求。

任务分析：

1）循环亮灯。与项目三之任务四的控制方法相同，控制程序参见图 3-8。

2）计数控制。设置一个计数 3 次的计数器，其常闭触点与 Y000 线圈串联，起计数停机作用。这里的关键是，用计数器统计哪个部件的通断次数。黄灯熄灭标志着一次循环结束，而控制黄灯熄灭的是定时器 T2，所以在此统计 T2 常开触点的闭合次数。

根据任务分析，编制梯形图及简要注释如图 4-6 所示。

在仿真软件 B4 界面下，输入梯形图，转换、写入程序，调试运行。

梯形图程序简要分析。

1）交通信号灯控制部分的程序分析，见项目三之任务四的程序分析。

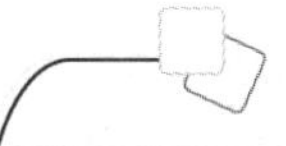

2）计数：图 4-4 中，C0 计数器统计 T2 常开触点的闭合次数，反映黄灯（Y001）的熄灭次数。

3）计时停止：C0 计数至 3 次吸合，与 Y000 线圈串联的 C0 常闭触点分断，使 Y000 释放解锁，设备停机。

4）计数器释放清零：开机时 X021 闭合，发出“RST C0”指令，实现开机计数器清零。

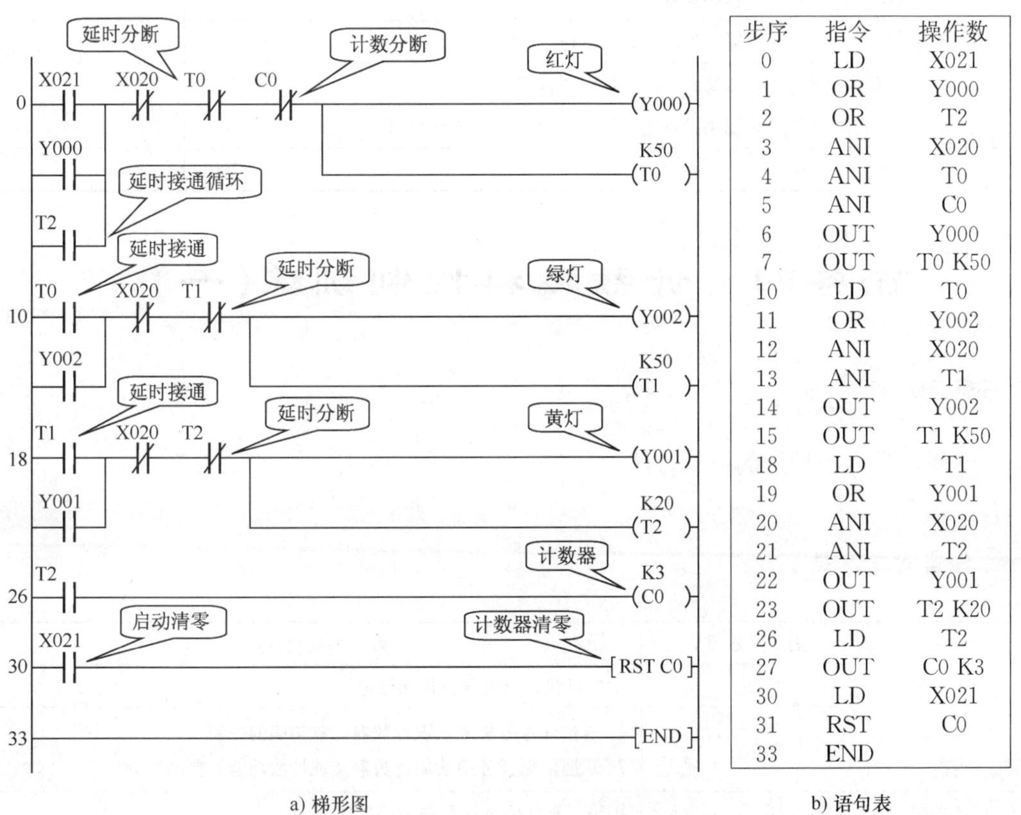

步序	指令	操作数
0	LD	X021
1	OR	Y000
2	OR	T2
3	ANI	X020
4	ANI	T0
5	ANI	C0
6	OUT	Y000
7	OUT	T0 K50
10	LD	T0
11	OR	Y002
12	ANI	X020
13	ANI	T1
14	OUT	Y002
15	OUT	T1 K50
18	LD	T1
19	OR	Y001
20	ANI	X020
21	ANI	T2
22	OUT	Y001
23	OUT	T2 K20
26	LD	T2
27	OUT	C0 K3
30	LD	X021
31	RST	C0
33	END	

a）梯形图　　b）语句表

图 4-6　交通信号灯控制梯形图及语句表

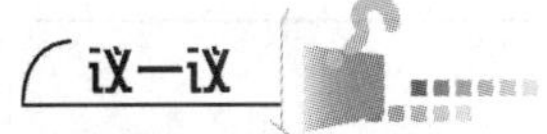

图 4-6 中，只在 Y000 线圈前串联 C0 常闭触点，这样能使整个设备停机吗？为什么？

用计数器实现单按钮控制电动机的单向运转和停止，请问如何编程实现？

评一评

任务检测与分析

检测项目	评分标准	分值	学生自评	教师评分
程序编制	编程正确	10		
程序创新	程序独特、新颖	30		
程序输入	输入程序熟练、迅速	10		
程序编辑	会编辑、修改梯形图程序	20		
运行调试	如果设备运行错误，会调试、修改	30		
合 计		100		

任务四　计数运料控制训练(一)

任务目标

掌握计数运料控制的编程方法。

任务教学方式

教学步骤	时间安排	教学手段及方式
阅读教材	课余	学生自学、查资料、相互讨论
知识点讲授	学时1	1. 通过任务分析来认识计数器计数功能的控制 2. 掌握常见任务中使用计数器实现计数功能的自动控制
任务操作	学时1	用仿真软件仿真计数器的计数功能
评估检测	与课堂同时进行	教师与学生共同完成任务的检测与评估，并能对出现的问题进行分析与处理

做一做

实训　编写计数运料控制梯形图程序并运行调试

图4-7所示为仿真软件B4界面，反映了任务现场条件和PLC接线。

任务要求：项目二之任务八的自动供料运料控制中，要求点动PB2（X021），设备开始运行，绿灯亮，机器人供料，输送带向右送料，工件经过右端光电传感器时，黄灯亮，蜂鸣器响，自动重复供料送料。点动PB1（X020）停机，红灯亮。在此任务基础上增加“运料 5 件后，自动停机”的控制要求。

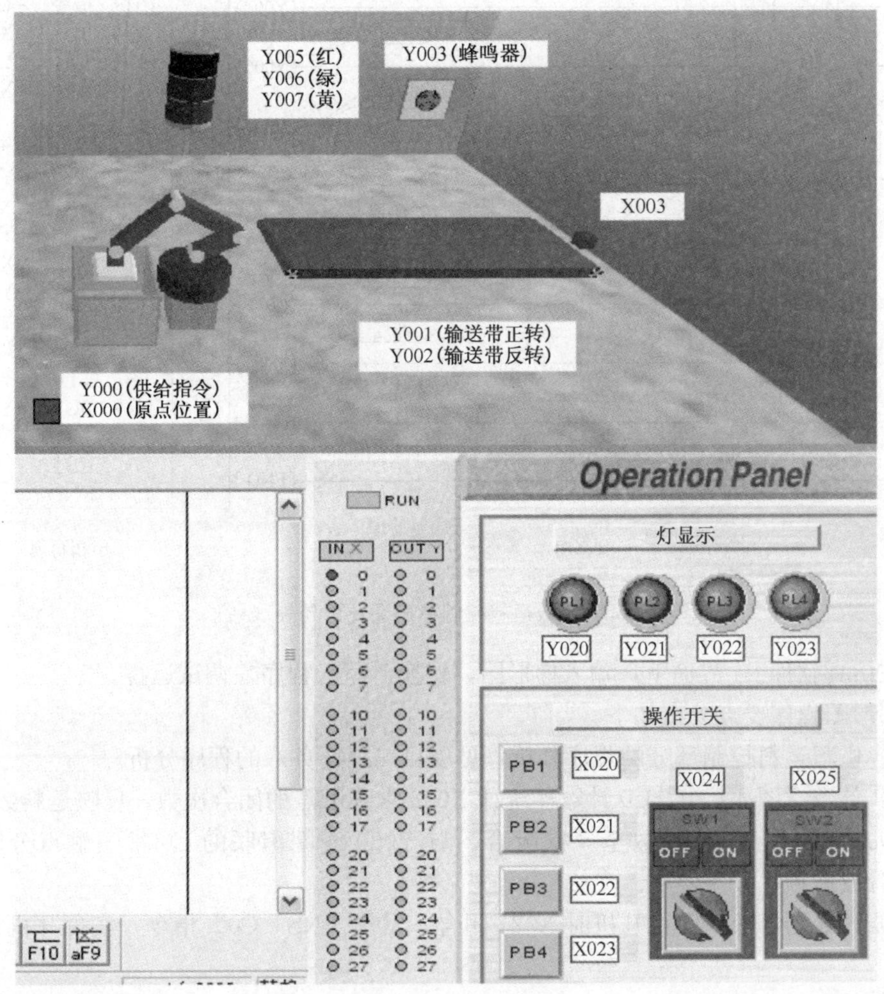

图 4-7　B4 仿真界面

任务分析：

1）自动供料运料控制：与项目二之任务八的控制方法相同，控制程序如图 2-23 所示。

2）计数控制：设置一个计数 5 次的计数器 C0，统计 X003 常开触点的闭合次数，即统计了运送工件的数量。C0 计满 5 次，其常闭触点分断，控制设备停机。

3）计数器清零：控制系统启动对计数器清零。

根据任务分析，编制梯形图及简要注释如图 4-8 所示。

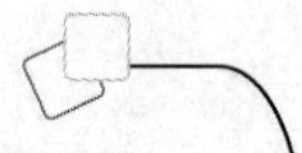

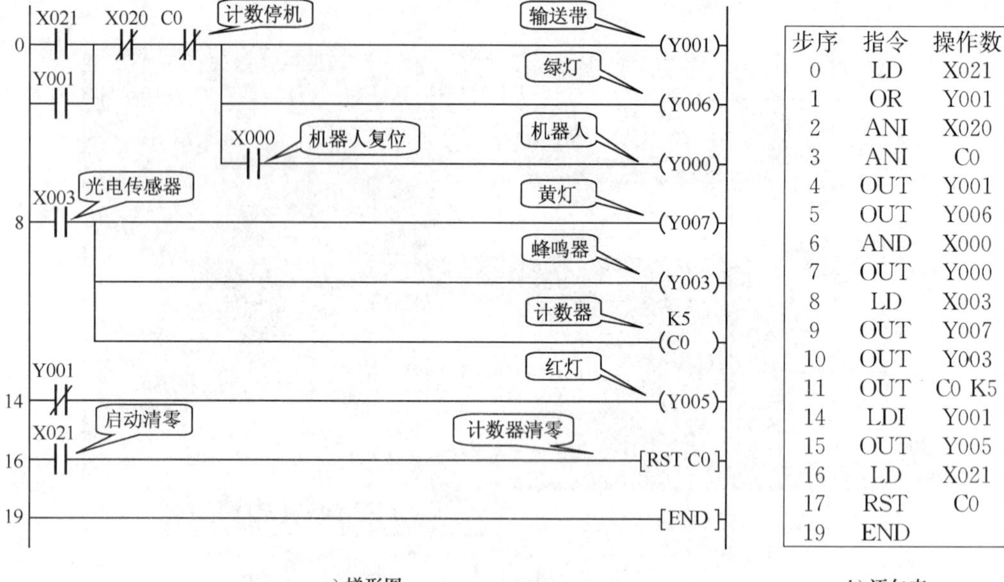

步序	指令	操作数
0	LD	X021
1	OR	Y001
2	ANI	X020
3	ANI	C0
4	OUT	Y001
5	OUT	Y006
6	AND	X000
7	OUT	Y000
8	LD	X003
9	OUT	Y007
10	OUT	Y003
11	OUT	C0 K5
14	LDI	Y001
15	OUT	Y005
16	LD	X021
17	RST	C0
19	END	

b) 语句表

图 4-8　计数运料控制梯形图及语句表（一）

在仿真软件 B4 界面下，输入梯形图，转换、写入程序，调试运行。

梯形图程序要点分析如下。

1）供料运料控制部分的程序分析，见项目二之任务八的程序分析。

2）计数：图 4-8 中，C0 计数器统计 X003 常开触点的闭合次数，反映运料数量。

3）计时停止：C0 计数至 5 次吸合，与 Y000 线圈串联的 C0 常闭触点分断，使 Y000 释放解锁，设备停机。

4）计数器释放清零：开机时 X021 闭合，发出“RST C0”指令，实现开机计数器清零。

议一议

1）用图 4-8 所示程序控制设备运行，运料到第 5 个时，设备停机，最后一个工件是停留在输送带末端，还是掉落地面？黄灯显示和蜂鸣器发声是否停止？

2）若想最后一个工件能够掉落地面，黄灯和蜂鸣器停止后设备再停机，可采取什么措施？

想一想

1）计数器和定时器有什么区别？计数器能否实现时间的延时？

2）若使用计数器完成 3 台电动机的顺序启动，请问如何编程实现？

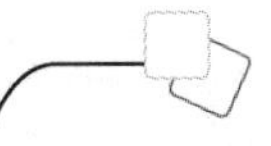

任务检测与分析

检测项目	评分标准	分　值	学生自评	教师评分
程序编制	编程正确	10		
程序创新	程序独特、新颖	30		
程序输入	输入程序熟练、迅速	10		
程序编辑	会编辑、修改梯形图程序	20		
运行调试	如果设备运行错误，会调试、修改	30		
合　计		100		

认识数据寄存器 D

计数器设定值的设定方法和定时器一样都是可以使用用户程序存储器内的常数 K 作为设定值，也可以用数据寄存器 D 的内容作为设定值。这里的数据寄存器应有断电保持功能。下面就对数据寄存器作简单介绍。

在进行输入输出处理、模拟量控制、位置控制时，需要许多数据寄存器存储数据和参数。数据寄存器为 16 位，最高位为符号位，可用两个数据寄存器合并起来存放 32 位数据，最高位仍为符号位。

数据寄存器分成下面几类：

1. 通用数据寄存器 D0～D199 共 200 点

一旦在数据寄存器写入数据，只要不再写入其他数据，就不会变化。但是当 PLC 由运行到停止或断电时，该类数据寄存器的数据将被清除为 0。但是当特殊辅助继电器 M8033 置 1，PLC 由运行转向停止时，数据可以保持不变。

2. 断电保持/锁存寄存器 D200～D7999 共 7800 点

断电保持/锁存寄存器有断电保持功能，PLC 从 RUN 状态进入 STOP 状态时，断电保持寄存器的值保持不变。利用参数设定可改变断电保持的数据寄存器的范围。

3. 特殊数据寄存器 D8000～D8255 共 256 点

特殊数据寄存器供监视 PLC 中器件运行方式用。其内容在电源接通时，被写入初始值（先全部清 0，然后由系统 ROM 安排写入初始值）。例如，D8000 所存的警戒监视时钟的时间由系统 ROM 设定。若有改变时，用传送指令将目的时间送入 D8000。该值在 PLC 由 RUN 状态到 STOP 状态保持不变。未定义的特殊数据寄存器，用户不能用。

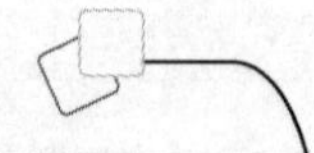

4. 文件数据寄存器D1000～D7999共7000点

文件数据寄存器是以500点为一个单位，可被外部设备存取。文件寄存器实际上被设置为PLC的参数区。文件寄存器与锁存寄存器是重叠的，可保证数据不会丢失。FX2N系列的文件寄存器可通过BMOV（块传送）指令改写。

任务五　计数运料控制训练(二)

掌握边沿触点的特点和应用方法。

任务教学方式

教学步骤	时间安排	教学手段及方式
阅读教材	课余	学生自学、查资料、相互讨论
知识点讲授	学时1	1. 通过任务分析来认识何为边沿触点控制 2. 熟悉边沿触点的使用场合以及使用方法
任务操作	学时1	用仿真软件仿真边沿触点和基本触点联合使用的控制功能
评估检测	与课堂同时进行	教师与学生共同完成任务的检测与评估，并能对出现的问题进行分析与处理

知　识

前述任务四所做程序的最后一个工件会停留于输送带末端。针对现场工艺条件，将光电传感器X003的位置向右下方移动，使最后一个工件掉落地面、黄灯和蜂鸣器停止，这是从现场硬件方面可采取的措施。如果硬件改动困难，能否在PLC软件程序方面采取措施呢？这就要用到“边沿触点”。

认识边沿触点

PLC软元件的常开和常闭触点、动作方式和硬件继电器相同，可将它们称做常规触点，它们反映了一个动作的持续过程。而边沿触点则反映一个动作的开始和结束，PLC软元件具有这种特殊触点。

边沿触点在继电器吸合或者释放“瞬间”有效，也称为脉冲触点。边沿触点只有常开，没有常闭。常规触点的有效时段与边沿触点有效瞬间如图4-9所示。

从脉冲波形图来看，继电器吸合，其常开触点闭合瞬间，会产生上升沿，仅上升沿有效的触点称为上升沿触点。

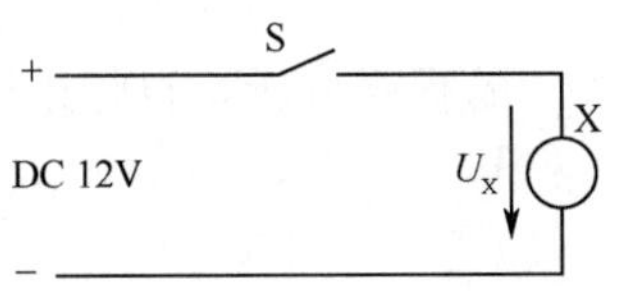

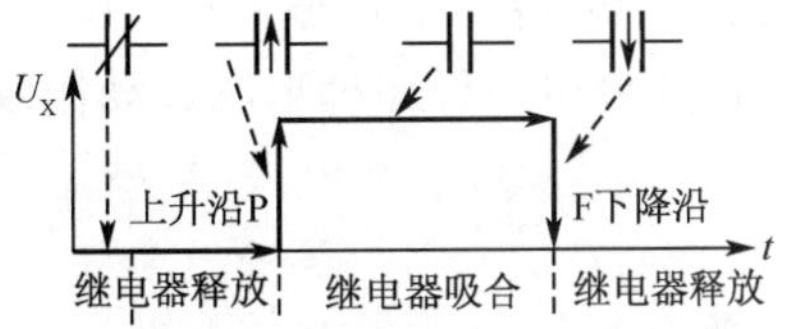

图 4-9　继电器工作波形图和闭合的触点

继电器释放，其常开触点分断瞬间会产生下降沿，仅下降沿有效的触点称为下降沿触点。

上升沿触点　下降沿触点

图 4-10　边沿触点图形符号

边沿触点图形符号如图 4-10 所示。

在 3 个常开触点连接指令 LD、AND 和 OR 后加“P（Pulse）”即为上升沿触点连接指令；后加“F（Fall）”即为下降沿触点连接指令。

实训　编写计数运料控制梯形图程序并运行调试

任务现场条件和 PLC 接线与任务四相同，如图 4-7 所示，详见仿真软件 B4 界面。

任务要求：与任务四的主要要求相同，但是还要求计数停机时，最后一个工件掉落地面、黄灯和蜂鸣器停止。

任务分析：将图 4-8 梯形图中的 C0 计数器改由 X003 下降沿触点驱动，工件后端扫过 X003 位置以后，其下降沿触点瞬间通断，C0 将统计离开输送带的工件的数量，那么计数停机时，最后一个工件会掉落于地面、黄灯和蜂鸣器停止。

根据任务分析，编制梯形图及简要注释如图 4-11 所示。

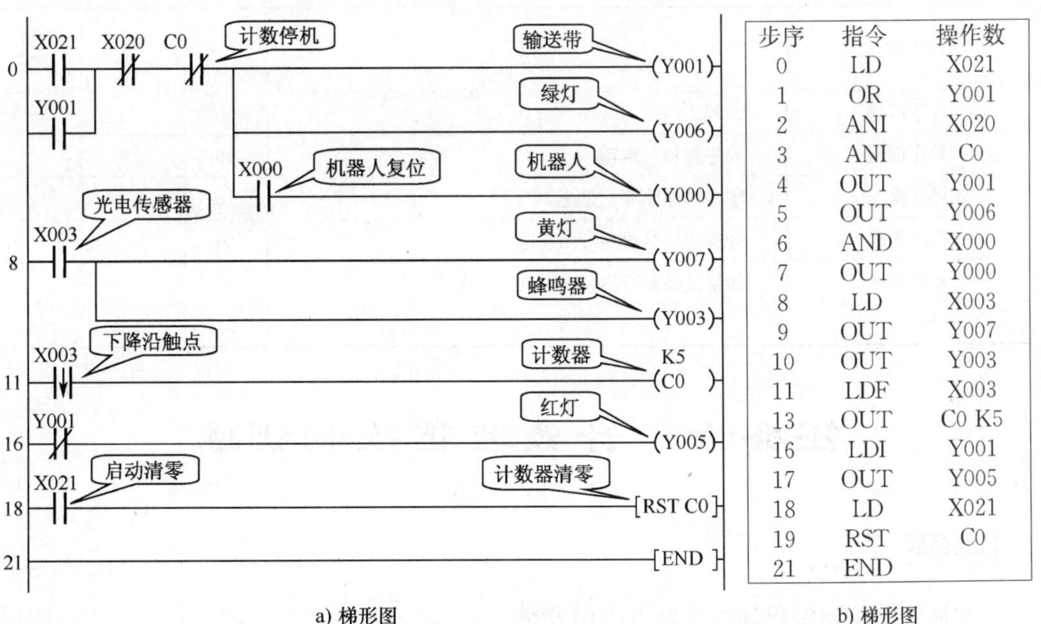

步序	指令	操作数
0	LD	X021
1	OR	Y001
2	ANI	X020
3	ANI	C0
4	OUT	Y001
5	OUT	Y006
6	AND	X000
7	OUT	Y000
8	LD	X003
9	OUT	Y007
10	OUT	Y003
11	LDF	X003
13	OUT	C0 K5
16	LDI	Y001
17	OUT	Y005
18	LD	X021
19	RST	C0
21	END	

a) 梯形图　　b) 梯形图

图 4-11　计数运料控制梯形图及语句表（二）

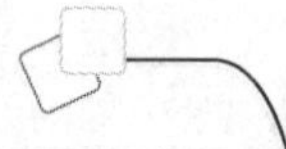

在仿真软件B4界面下，输入梯形图，转换、写入程序，调试运行。

请参照任务分析、程序梯形图、动作效果和任务四的程序分析，自行进行本任务的程序分析。

边沿触点反映一个动作的开始和结束，要掌握其实际应用，使程序更加完善、优化。

图4-11梯形图程序中，C0线圈是由X003的下降沿触点驱动，而Y007和Y003线圈却由X003常开触点驱动，这是为什么？二者有何不同？

想一想

1）本任务中计数器C0受常开触点X003的下降沿控制，任务四中的计数器 C0则受常开触点X003控制，二者有何区别？

2）有一个指示灯，控制要求：点动启动按钮后，亮5s，灭5s，重复6次后停止工作。请问如何编程实现？

任务检测与分析

检测项目	评分标准	分值	学生自评	教师评分
程序编制	编程正确	10		
程序创新	程序独特、新颖	30		
程序输入	输入程序熟练、迅速	10		
程序编辑	会编辑、修改梯形图程序	20		
运行调试	如果设备运行错误，会调试、修改	30		
合计		100		

任务六 计数装箱控制训练

掌握计数控制编程和边沿触点应用方法。

任务教学方式

教学步骤	时间安排	教学手段及方式
阅读教材	课余	学生自学、查资料、相互讨论
知识点讲授	学时 1	通过任务分析来学习边沿触点和基本触点的使用方法
任务操作	学时 1	用仿真软件仿真计数装箱的控制功能
评估检测	与课堂同时进行	教师与学生共同完成任务的检测与评估，并能对出现的问题进行分析与处理

实训　编写计数装箱控制梯形图程序并运行调试

图 4-12 所示为仿真软件 E5 界面，反映了任务现场条件和 PLC 接线。

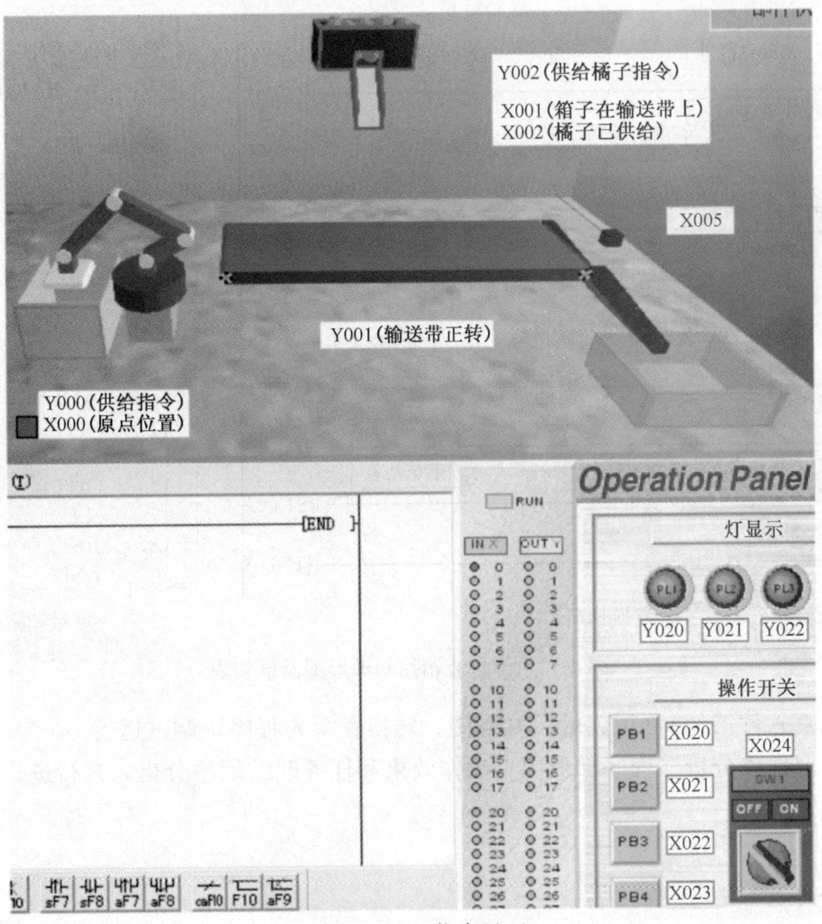

图 4-12　E5 仿真界面

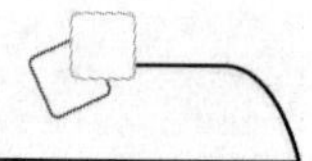

任务要求：点动PB2，机器人把纸箱搬上输送带，输送带正转；纸箱到达装箱处停止，装3个水果，运到托盘。自动重复装箱输送。点动PB1，停止工作。

任务分析：

1）机器人首次供箱。机器人是点动运行方式，系统启动时，由X021常开触点驱动Y000，供给纸箱。

2）输送带前次运行。系统启动时，由X021常开触点驱动Y001并自锁，输送带连续正转。纸箱到达装箱处（X001），由X001常闭触点分断Y000，输送带停止。

3）装箱。X001常开触点串联C0常闭触点，驱动Y002供水果。

4）装箱计数。设置计数器“C0 K3”线圈，统计“橘子已供给传感器”X002下降沿触点的通断次数，C0计满3次吸合，其常闭触点分断，停止供水果。

5）输送带再次运行。C0计满3次吸合，其常开触点闭合，驱动Y001，输送带再次运行。

6）计数器清零。由末端光电传感器所接X005的常开触点控制计数器C0清零。

7）机器人重复供箱。由末端光电传感器所接X005的常开触点驱动Y000，重复供给纸箱。

根据任务分析，编制梯形图及简要注释如图4-13所示。

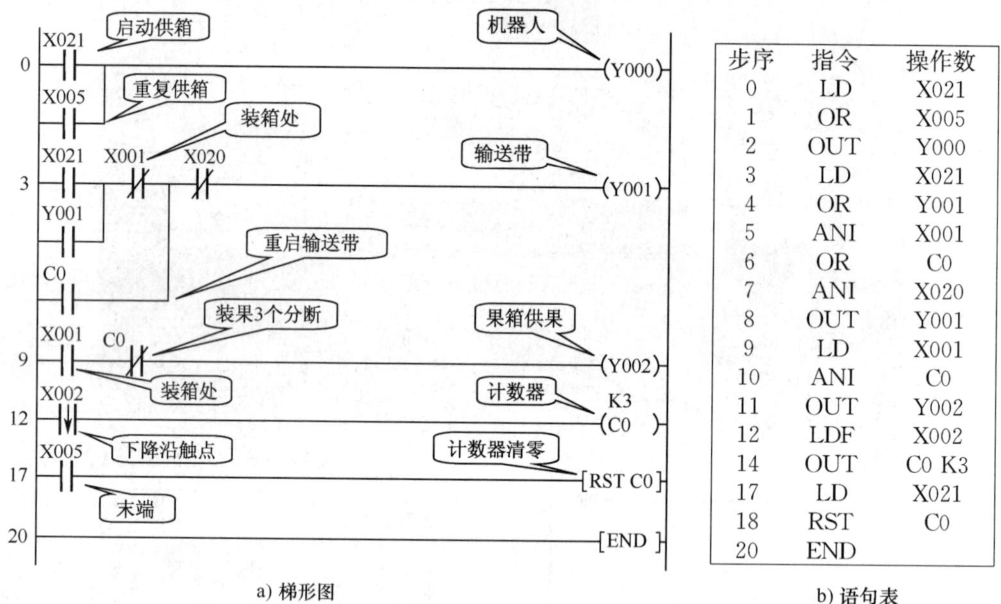

步序	指令	操作数
0	LD	X021
1	OR	X005
2	OUT	Y000
3	LD	X021
4	OR	Y001
5	ANI	X001
6	OR	C0
7	ANI	X020
8	OUT	Y001
9	LD	X001
10	ANI	C0
11	OUT	Y002
12	LDF	X002
14	OUT	C0 K3
17	LD	X021
18	RST	C0
20	END	

b) 语句表

图4-13 计数装箱控制梯形图及语句表

在仿真软件E5界面下，输入梯形图，转换、写入程序，调试运行。

请参照任务分析、程序梯形图、动作效果和任务四的程序分析，自行进行本任务的程序分析。

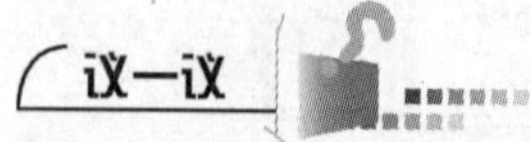

1）图4-13所示梯形图程序，C0线圈由X002下降沿触点驱动，改为X002常开触

点驱动可以吗？请仿真运行，观察运行效果。

2）若在原任务要求的基础上，增加“每次装箱运输 6 箱，设备自动停止”的要求，应该怎样编制程序？

你能利用定时器和计数器设计 30 天定时的程序么？

任务检测与分析

检测项目	评分标准	分值	学生自评	教师评分
程序编制	编程正确	10		
程序创新	程序独特、新颖	30		
程序输入	输入程序熟练、迅速	10		
程序编辑	会编辑、修改梯形图程序	20		
运行调试	如果设备运行错误，会调试、修改	30		
合　计		100		

任务七　自动门综合控制训练

掌握边沿触点应用及其他综合控制的编程方法。

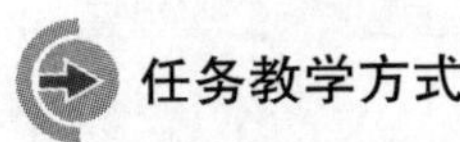

任务教学方式

教学步骤	时间安排	教学手段及方式
阅读教材	课余	学生自学、查资料、相互讨论
知识点讲授	学时 1	1. 通过任务分析来学习掌握实现控制的基本编程方法 2. 掌握实现控制的编程步骤
任务操作	学时 1	用仿真软件仿真自动门综合控制的控制功能
评估检测	与课堂同时进行	教师与学生共同完成任务的检测与评估，并能对出现的问题进行分析与处理

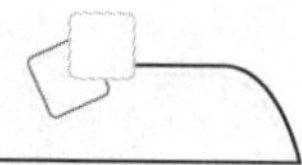

实训　自动门综合控制梯形图程序并运行调试

图 4-14 所示为仿真软件 F1 界面，反映了任务现场条件和 PLC 接线。

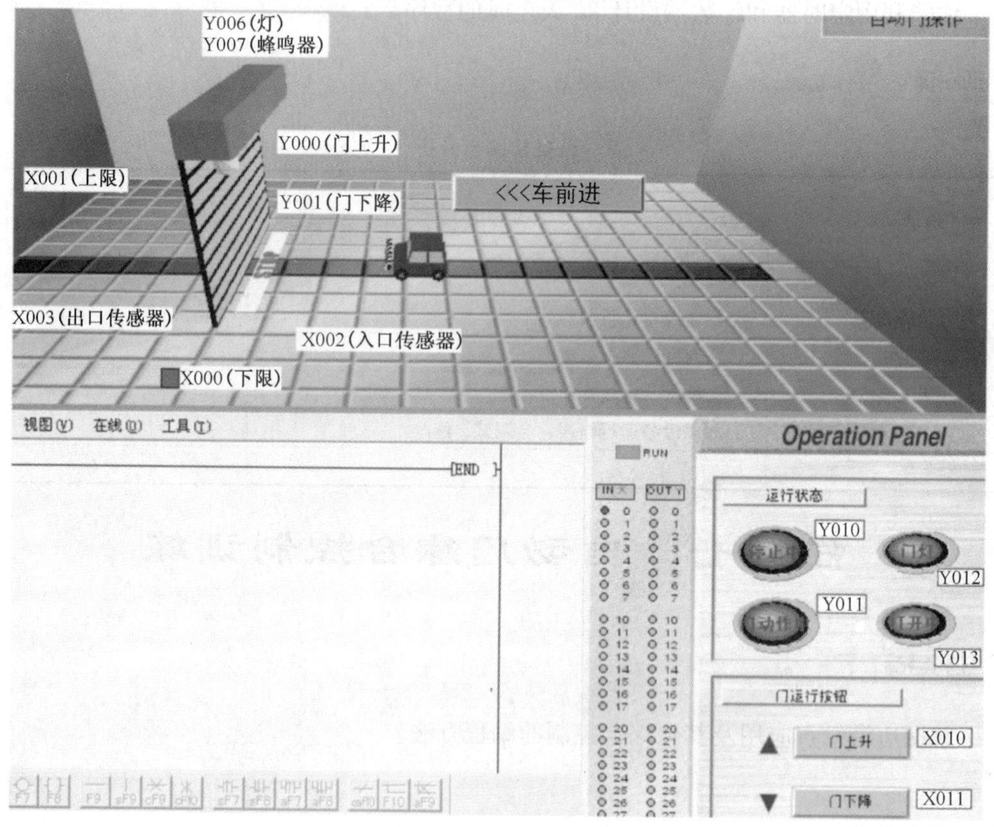

图 4-14　F1 仿真界面

任务要求：

1）大门关闭在最低点待机时，“停止中”亮灯。

2）车辆行驶进入“入口传感器 X001”，大门自动升起，“停止中”灭灯，“动作中”亮灯。

3）大门升至最高点，自动停止，“动作中”灭灯，“打开中”亮灯。

4）车辆行驶离开“出口传感器 X003”，大门自动下降，“打开中”灭灯，“动作中”亮灯。

5）大门降至最低点，自动停止，“动作中”灭灯，“停止中”亮灯。

6）大门升降动作中和升起后，门灯以及“门灯指示灯”亮灯。

7）如果车辆进入 X001 后，10s 内没能离开 X003，则发出催促离开蜂鸣音。

8）可以手动升降大门。

根据任务分析，编制梯形图及简要注释如图 4-15 所示。

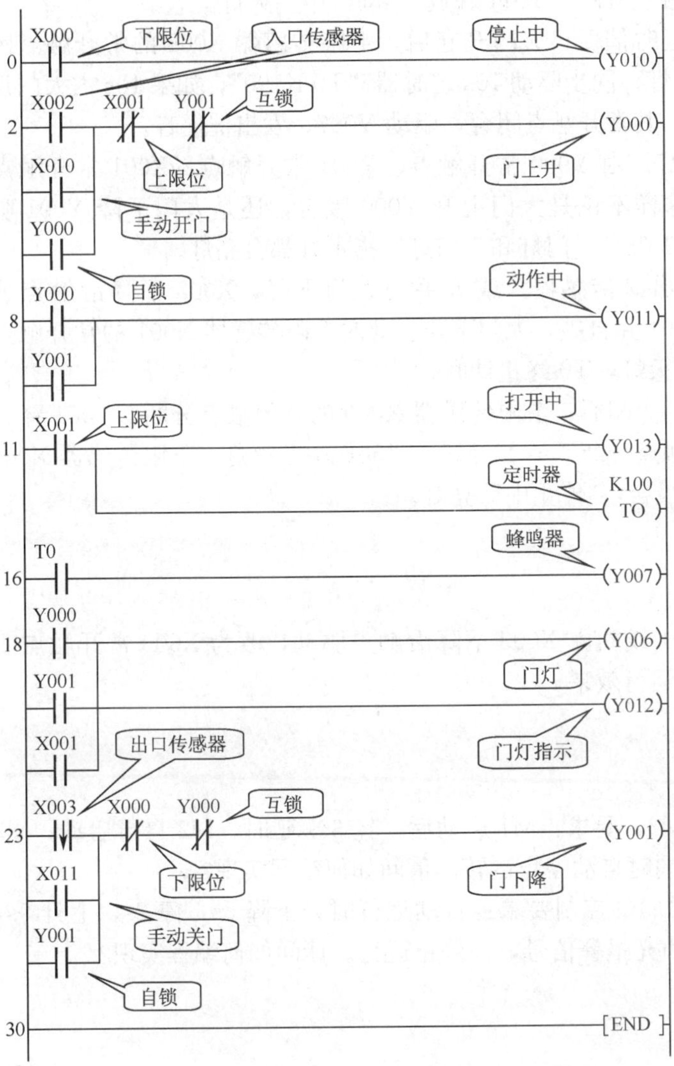

a) 梯形图

步序	指令	操作数
0	LD	X000
1	OUT	Y010
2	LD	X002
3	OR	X010
4	OR	Y000
5	ANI	X001
6	ANI	Y001
7	OUT	Y000
8	LD	Y000
9	OR	Y001
10	OUT	Y011
11	LD	X001
12	OUT	Y013
13	OUT	T0 K100
16	LD	T0
17	OUT	Y007
18	LD	Y000
19	OR	Y001
20	OR	X001
21	OUT	Y006
22	OUT	Y012
23	LDF	X003
26	OR	X011
27	OR	Y001
28	ANI	X000
29	ANI	Y000
28	OUT	Y001
30	END	

b) 语句表

图 4-15　自动门综合控制梯形图及语句表

在仿真软件 F1 界面下，输入梯形图，转换、写入程序，调试运行。

梯形图程序要点分析如下：

1）“停止中”指示灯：由下限传感器 X000 的常开触点控制，只要大门是关闭状态，X000 常开触点就会闭合，驱动 Y010 吸合，“停止中”亮灯。

2）大门上升：车辆进入入口传感器，或者手动大门上升，X002 或 X010 常开触点闭合，驱动 Y000 并自锁，大门升起。此时下限传感器 X000 的常开触点分断，Y010 释放，“停止中”灭灯。

3）“动作中”指示灯：由 Y000 常开触点与 Y001 常开触点并联，驱动 Y011，这样不论是大门上升 Y000 吸合，还是大门下降 Y001 吸合，“动作中”都会亮灯。

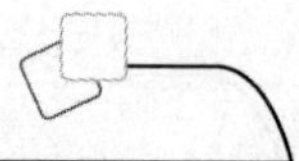

4）大门开启后停止：大门开启后，上限传感器 X001 的常闭触点分断，Y000 释放解锁，停止上升。Y000 常开触点分断，Y011 释放，“动作中”灭灯。

5）“打开中”指示灯和延时催促：大门升起后，上限传感器 X001 的常开触点闭合，驱动 Y013，“打开中”亮灯。同步驱动 10s 定时器“T0 K100”，如果 10s 内大门没有下降，T0 计时时间到吸合，其常开触点闭合，驱动 Y007，发出催促音。

6）门灯和“门灯”指示灯：由 Y000 常开触点、Y001 常开触点、X001 常开触点并联，驱动 Y006 和 Y012，这样不论是大门上升 Y000 吸合，还是大门下降 Y001 吸合，或是大门升至最高点 X001 吸合，门灯和“门灯”指示灯都会亮灯。

7）大门下降：车辆离开出口传感器，或者手动大门下降，X003 下降沿触点或 X011 常开触点闭合，驱动 Y001 并自锁，大门下降。此时上限传感器 X001 的常开触点分断，Y013 释放，“打开中”灭灯，T0 终止计时。

8）大门开关闭停止：大门关闭后，下限传感器 X000 的常闭触点分断，Y001 释放解锁，停止下降。Y001 常开触点分断，Y011 释放，“动作中”灭灯。下限传感器 X000 的常开触点闭合，驱动 Y010 吸合，“停止中”亮灯。

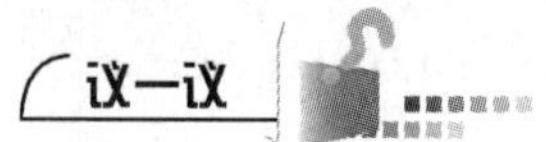

议一议

图 4-15 梯形图程序，Y001 线圈由 X003 下降沿触点驱动，改为 X003 常开触点驱动可以吗？请仿真运行，观察运行效果。

想一想

1）有两台电动机 M1 和 M2，要求：M1 启动后，经 30s 延时，M2 自行启动；M2 启动后，工作 1h，M1 和 M2 同时自动停止运转。请问如何编程实现？

2）某电动钻孔机的负荷试验的控制要求：自动运行时，下降 5s，停 2s，上升 5s，停 2s，反复运行 10 次后发出声光报警信号，并停止运行。请问如何编程实现？

评一评

任务检测与分析

检测项目	评分标准	分 值	学生自评	教师评分
程序编制	编程正确	10		
程序创新	程序独特、新颖	30		
程序输入	输入程序熟练、迅速	10		
程序编辑	会编辑、修改梯形图程序	20		
运行调试	如果设备运行错误，会调试、修改	30		
合 计		100		

项目小结

1）可编程控制器的计数器共有两种：内部信号计数器和高速计数器。内部信号计数器又分为两种：16 位递加计数器和 32 位增减计数器。在进行输入输出处理、模拟量控制、位置控制时，需要许多数据寄存器存储数据和参数。数据寄存器为 16 位，最高位为符号位，可用两个数据寄存器合并起来存放 32 位数据，最高位仍为符号位。

2）使用 PLC 内部的计数器进行正常计数时，必须保证计数器线圈通电，同时必须保证给计数器提供计数脉冲。

3）边沿触点分为上升沿触点和下降沿触点。

4）边沿触点只有常开，没有常闭。

5）边沿触点和常规触点不同，边沿触点只在上升沿或者下降沿有效，只在接通瞬间或者断开瞬间有效，其他时间不管触点闭合还是断开都无效。

思考与练习

1. PLC 的计数器有几种类型？各有什么特点？

2. PLC 的计数器能否实现定时功能？如果能，简述如何实现；如果不能，请简述原因。

3. PLC 的计数器在计数过程中对计数输入端有什么要求，是如何实现计数的？

4. PLC 的边沿触点和常规触点有什么异同？

5. 请用 PLC 的计数器编程实现游园人数控制：当公园人数少于 1000 人时，绿灯亮，售票员可以售票；当公园人数多于 1000 人时，红灯亮，售票员禁止售票。

6. 请在仿真软件 C4 界面下完成以下控制。

① 输入继电器 X002 为 ON 时，供给指令接通，输入继电器 X002 为 OFF 时，供给指令断开；

② 输入继电器 X003 为 ON 时，输送带运转，输入继电器 X003 为 OFF 时，输送带停止；

③ 当输送部件数少于 5 个时，绿灯亮，输送部件数等于大于 5 个时，红灯亮。

7. 请在仿真软件 B4 界面下完成以下控制：点动 PB1 输送带开始运行，正转 5s→停 3s→反转 5s→停 3s，反复循环 5 次输送带停止，由蜂鸣器发出声音信号，提示输送带运行完成。PB2 为急停、停止鸣响和计数器复位清零按钮。

8. 请在仿真软件 E6 界面下完成以下控制：点动 PB1，系统开始运行，料斗供料，输送带将工料移至左端，停留 5s，再移至右端掉落地面，移动 9 件工料自动停止。PB2 是紧急停止和计数器复位清零按钮。

项目五

无分支步进控制编程训练

经过前面几个项目的训练，可以用输入继电器、输出继电器、通用辅助继电器、定时器和计数器，以及基本编程指令编制出许多PLC控制程序。同时我们也发现，用基本指令编程，前后相互牵连、相互制约，编程时要通盘考虑、前后兼顾，反复修改、反复调试，耗费时间和精力比较多，对于比较复杂的控制过程，更是如此。

那么有没有办法把复杂的问题交给PLC来做，让我们从耗费精力的思考中解脱出来呢？步进控制编程正是为了达到这个目的。

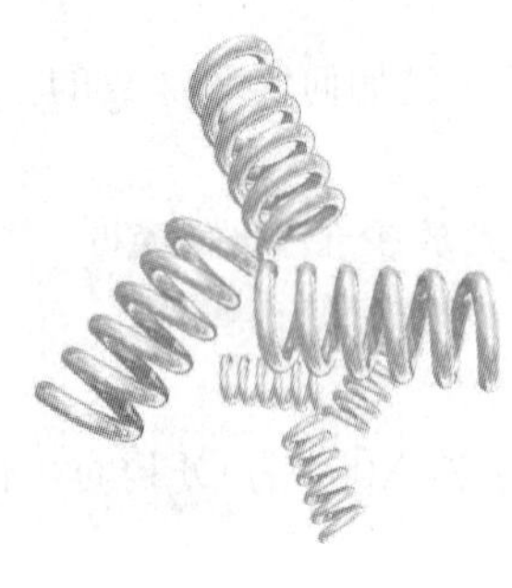

- 了解步进控制的有关知识和使用。
- 掌握无分支步进控制程序的编程。

- 认识步进控制和STL、RET指令。
- 认识状态继电器S与步进触点。
- 了解工序流程图。
- 掌握无分支步进控制编程方法。

任务一　学习步进控制相关概念

任务目标 

1）了解步进控制的工序流程。
2）了解步进编程的基本指令。
3）了解步进编程的方法。

任务教学方式

教学步骤	时间安排	教学手段及方式
阅读教材	课余	学生自学、查资料、相互讨论
知识点讲授	课题1	1. 分析认识何为步进控制 2. 实现步进控制所使用的元件及编程指令 3. 进行步进控制编程的步骤及编程方法
任务操作	课时1	通过仿真软件了解步进控制的特点
评估检测	与课堂同时进行	教师与学生共同完成任务的检测与评估，并能对出现的问题进行分析与处理

知识1　步进控制

步进编程的基本思路是：把复杂的控制过程分解成相对独立的多个工作步骤，对每个工作步骤编制一段小程序，每个工作步骤、每段小程序由一个特殊的常开触点——步进触点来控制，多段小程序有机结合，完成整个控制过程。这种分步骤、逐步进行控制的编程方法称为步进指令编程，简称步进编程。

知识2　工步

步进控制的一个工作步骤称做一个工步，用流程图表示，如图5-1所示。这个流程图的含义是：在S20工步内驱动Y000，直到X001闭合，才转移跳出这个工步，转移到S21工步。

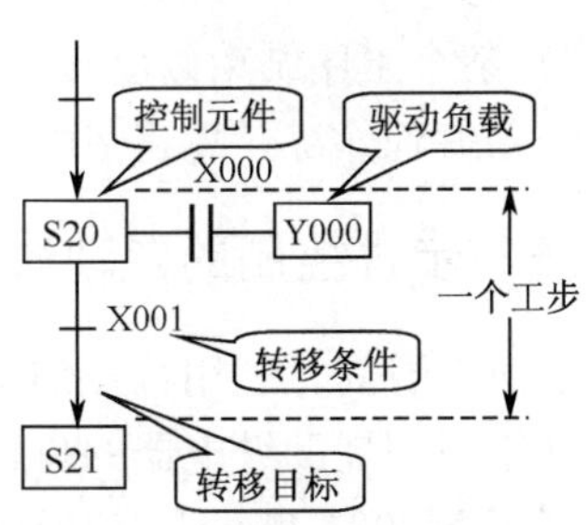

图5-1　步进控制流程图

由图5-1可见，步进控制每个工步包含控制元件、驱动负载、转移条件和转移目标4个内容，这4个内容及相关指令见表5-1。

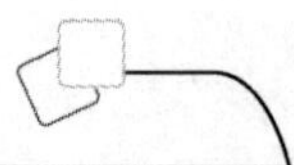

表 5-1 步进控制中一个工步所包含内容

内 容	程序动作	相关元件	指 令
控制元件	进入步进编程，放置步进触点，建立子母线	步进接点	STL Sn
驱动负载	驱动线圈，完成相应的工作	线圈	OUT、SET
转移条件	提供结束本工步、向下一工步转移的条件	触点	LD、AND、OR
转移目标	分断本工步步进触点，闭合下一工步步进触点	步进触点	SET Sm

知识 3 状态继电器 S 与步进触点

步进控制要用到状态继电器 S，FX2N 系列 PLC 软元件 S0～S9 是初始状态继电器，S10～S499 是通用状态继电器。各状态继电器的一个常开触点作为步进控制的步进触点，也就是所谓的控制元件，其他触点还可当作普通触点使用。

—[]— 或 —|STL|—

图 5-2 步进接点符号

梯形图中放置步进触点，只能使用 STL 指令，步进触点符号如图 5-2 所示。

知识 4 步进编程应用的指令

步进编程应用的几个指令见表 5-2。

表 5-2 步进编程应用指令

分 类	指 令	英 文	指令用途	梯形图
步进开始	STL	Step Ladder	步进梯形图开始，加载步进触点	
步进转移	SET	Setup	结束本工步，向目标工步转移	—[ ]—
步进返回	RET	Return	步进返回，恢复到左母线	---(RET)—

知识 5 工序流程图

在设计步进梯形图之前，一般是先根据生产工序设计工序流程图，列出下列内容和步进梯形图一一对应，给设计步进梯形图带来很大方便。

1）共有多少个工序，对应梯形图多少个工步。

2）每个工序内完成哪些任务，对应梯形图每个工步内有哪些驱动。

3）每个工序完成的标志，对应梯形图每个工步的转移条件。

4）某个工序结束以后转到哪个工序，对应梯形图某个工步结束后的转移目标。

如果编程熟练，思路清晰，也可略过工序流程图这一步骤，直接编制步进梯形图。

知识 6 步进控制的自动进入待机、循环控制和紧急停止

在通电瞬间，利用特殊辅助继电器 M8002 的常开触点，进入待机工步。

利用通用辅助继电器的自锁控制，启动或者停止步进控制的循环运行。

利用 M8034 禁止 PLC 的输出，或者利用特殊辅助继电器 M8040 强制中断步进程序的转移，实现设备的紧急停止。

知识7　步进编程用到的特殊辅助继电器

步进编程用到的特殊辅助继电路说明如表5-3所示。

表5-3　步进编程常用特殊辅助继电器

继 电 器	继电器特点	应用示例
M8002	PLC运行开始该继电器瞬间吸合	利用其常开触点，进入待机工步
M8034	该继电器被控吸合后，禁止全部输出	中断设备运行
M8040	该继电器被控吸合后，禁止步进转移	

选择几个前面项目做过的比较复杂的基本控制程序，用步进编程的方法重做一遍，体会步进编程的优势——编程思路简洁清晰。

任务二　顺序启动同时停止控制步进编程训练

1）初步掌握步进编程工序流程图的设计方法。
2）初步掌握步进编程方法。
3）掌握电动机顺序启动、同时停止PLC步进控制程序。

任务教学方式

教 学 步 骤	时 间 安 排	教学手段及方式
阅读教材	课余	学生自学、查资料、相互讨论
知识点讲授	学时2	1. 通过任务分析来认识何为步进控制 2. 掌握实现步进控制所使用的元件及编程指令 3. 掌握进行步进控制编程的步骤及方法
任务操作	学时2	用仿真软件仿真步进控制的控制功能
评估检测	与课堂同时进行	教师与学生共同完成任务的检测与评估，并能对出现的问题进行分析与处理

实训　设计顺序启动同时停止控制工序流程图、编写梯形图程序并运行调试

图5-3所示为仿真软件D6界面，反映了任务现场条件和PLC接线。

任务要求：点动PB1（X020），上段输送带（Y000）正向启动后，才能点动PB2

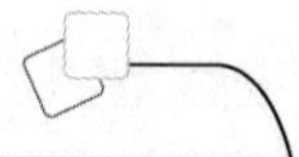

（X021）启动中段输送带（Y002）正转，然后才能点动 PB3（X022）启动下段输送带（Y004）正转。3 段输送带运行中，点动 PB4（X023）全部停止。

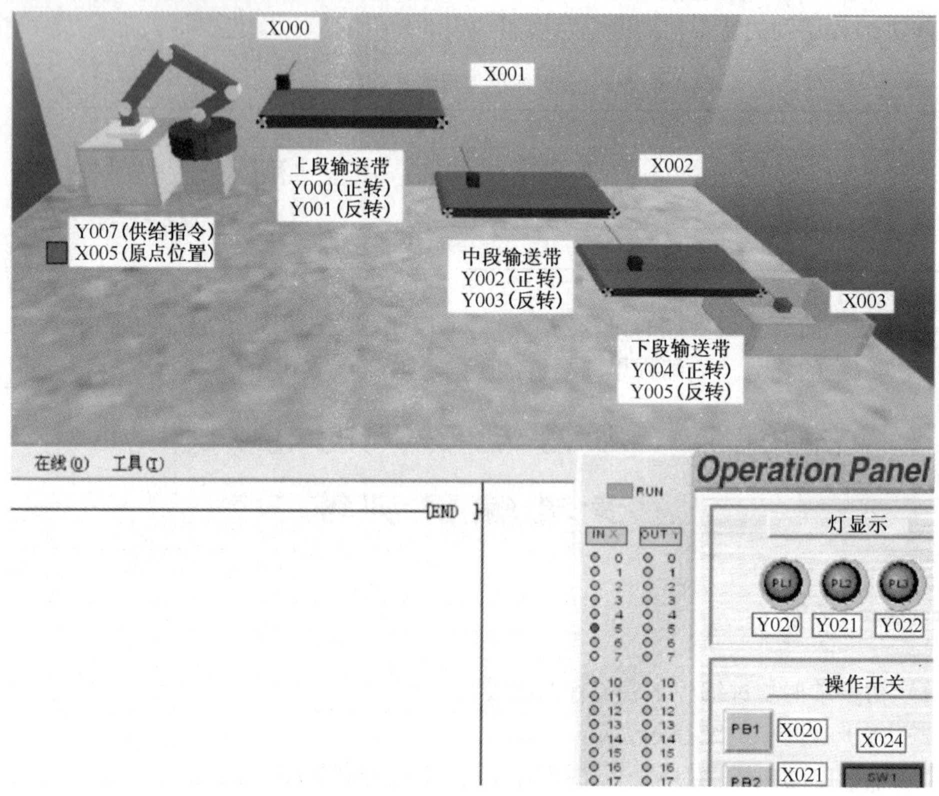

图 5-3　D6 仿真界面

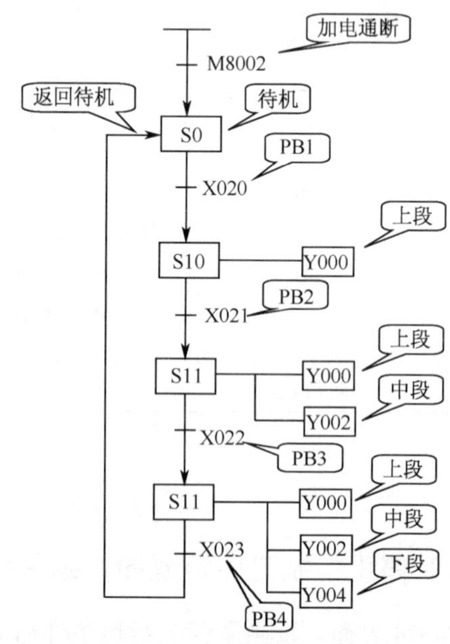

图 5-4　顺序启动同时停止控制流程图

根据任务要求，设计工序流程图如图 5-4 所示，再根据工序流程图编制梯形图及简要注释如图 5-5 所示。

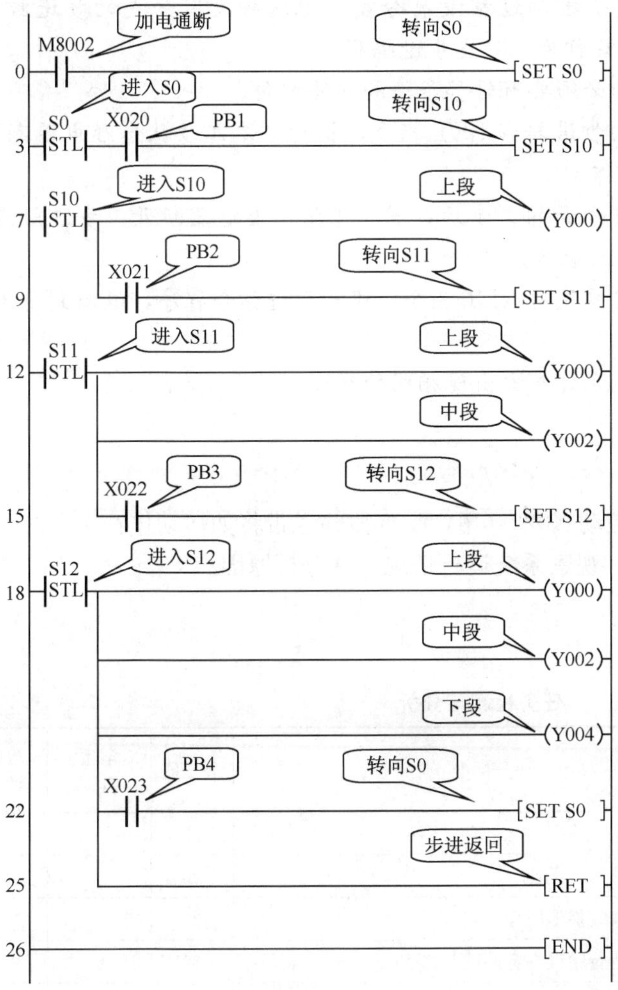

a) 梯形图

步序	指令	操作数
0	LD	M8002
1	SET	S0
3	STL	S0
4	LD	X020
5	SET	S10
7	STL	S10
8	OUT	Y000
9	LD	X021
10	SET	S11
12	STL	S11
13	OUT	Y000
14	OUT	Y002
15	LD	X022
16	SET	S12
18	STL	S12
19	OUT	Y000
20	OUT	Y002
21	OUT	Y004
22	LD	X023
23	SET	S0
25	RET	
26	END	

b) 语句表

图 5-5　顺序启动同时停止控制梯形图及语句表

在仿真软件 D6 界面下，输入梯形图，转换、写入程序，调试运行。

梯形图程序要点分析如下。

0～2 步序：PLC 加电，M8002 瞬间吸放，其常开触点瞬间通断，以此为条件转向 S0 工步，进入待机状态。

S0 工步：以 X020 为条件，转向 S10 工步。

S10 工步：驱动 Y000，上段输送带正转；以 X021 为条件，转向 S11 工步。

S11 工步：驱动 Y000 和 Y002，上段和中段输送带正转；以 X022 为条件，转向 S12 工步。

S12 工步：驱动 Y000、Y002 和 Y004，上段、中段和下段送带正转；以 X023 为条件，转向 S0 工步，到返回待机状态；结束步进程序。

1）观察工序流程图5-4，整个控制过程没有分支，把这种没有分支的步进控制，称为无分支步进控制，其编程也就称为无分支步进编程。

2）步进控制的每个工步，都必须要有转移条件和转移方向。

3）步进控制中，每个工步的步进转移SET指令，执行“本工步状态继电器断开，新工步状态继电器吸合”两个动作。

4）步进控制的每个工步，转向新的工步后，原工步状态继电器断开，步进触点分断，工步内的继电器将断开，终止输出。

5）步进指令程序结束，一定要使用RET指令，退出步进指令程序，返回到基本指令程序。

6）在步进程序的不同工步，允许多次出现相同的线圈。

1）上述任务启动后，首先点动X022（PB3），3段输送带将如何动作？

2）去掉25步RET指令后，观察系统运行情况，并分析原因。

任务检测与分析

检测项目	评分标准	分值	学生自评	教师评分
程序编制	编程正确	30		
程序输入	输入程序熟练、迅速	20		
程序编辑	会编辑、修改梯形图程序	20		
运行调试	如果设备运行错误，会调试、修改	30		
合计		100		

任务三　同时启动逆序停止控制步进编程训练

任务目标

1）初步掌握步进编程工序流程图的设计方法。

2）初步掌握步进编程方法。

3）掌握电动机同时启动、逆序停止PLC步进控制程序。

任务教学方式

教学步骤	时间安排	教学手段及方式
阅读教材	课余	学生自学、查资料、相互讨论
知识点讲授	学时 1	1. 通过任务分析来认识同时启动、逆序停止控制 2. 掌握工序流程图的编制方法
任务操作	学时 1	用仿真软件仿真同时启动逆序停止的控制功能
评估检测	与课堂同时进行	教师与学生共同完成任务的检测与评估，并能对出现的问题进行分析与处理

实训　设计同时启动逆序停止控制工序流程图、编写梯形图程序并运行调试

任务现场条件、PLC 接线与任务一相同，如图 5-3 所示，详见仿真软件 D6 界面。

任务要求：点动 PB4，3 段输送带同时正向启动（Y000，Y002，Y004），点动 PB3（X022），停止下段输送带，才能点动 PB2（X021）停止中段输送带，然后才能点动 PB1（X020）停止上段输送带。

根据任务要求，设计工序流程图如图 5-6 所示，再根据工序流程图编制梯形图及简要注释如图 5-7所示。

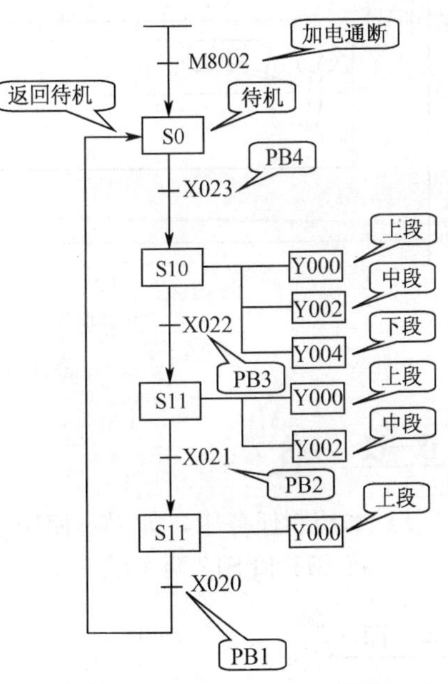

图 5-6　同时启动逆序停止控制流程图

在仿真软件 D6 界面下，输入梯形图，转换、写入程序，调试运行。

梯形图程序要点分析如下。

0～2 步序：PLC 加电 M8002 瞬间吸放，其常开触点瞬间通断，以此为条件转向 S0 工步，进入待机状态。

S0 工步：以 X023 为条件，转向 S10 工步。

S10 工步：驱动 Y000、Y002 和 Y004，上段、中段和下段输送带正转；以 X022 为条件，. 转向 S11 工步。

S11 工步：驱动 Y000 和 Y002，上段和中段输送带正转；以 X021 为条件，转向 S12 工步。

S12 工步：驱动 Y000，上段输送带正转；以 X020 为条件，转向 S0 工步，返回待机状态；结束步进程序。

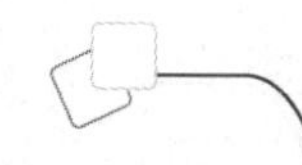

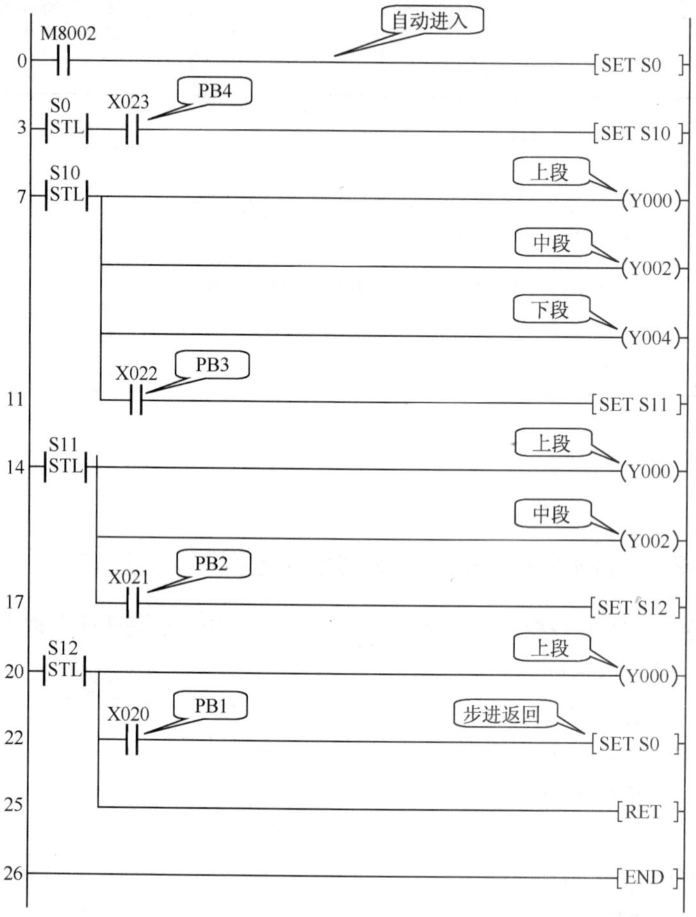

```
0   M8002                                  [SET S0 ]     自动进入
3   S0 STL  X023 (PB4)                     [SET S10 ]
7   S10 STL                                (Y000)  上段
                                           (Y002)  中段
                                           (Y004)  下段
11          X022 (PB3)                     [SET S11 ]
14  S11 STL                                (Y000)  上段
                                           (Y002)  中段
17          X021 (PB2)                     [SET S12 ]
20  S12 STL                                (Y000)  上段
22          X020 (PB1)                     [SET S0 ]     步进返回
25                                         [RET ]
26                                         [END ]
```

a) 梯形图

步序	指令	操作数
0	LD	M8002
1	SET	S0
3	STL	S0
4	LD	X023
5	SET	S10
7	STL	S10
8	OUT	Y000
9	OUT	Y002
10	OUT	Y004
11	LD	X022
12	SET	S11
14	STL	S11
15	OUT	Y000
16	OUT	Y002
17	LD	X021
18	SET	S12
20	STL	S12
21	OUT	Y000
22	LD	X020
23	SET	S0
25	RET	
26	END	

b) 语句表

图 5-7 同时启动逆序停止控制梯形图及语句表

议一议

1）本控制任务中，如果不使用 M8002，应如何实现系统启动？

2）将 S11 和 S12 两个状态继电器的编号对换，观察系统运行情况。

评一评

任务检测与分析

检测项目	评分标准	分 值	学生自评	教师评分
程序编制	编程正确	30		
程序输入	输入程序熟练、迅速	20		
程序编辑	会编辑、修改梯形图程序	20		
运行调试	如果设备运行错误，会调试、修改	30		
合 计		100		

步进顺控设计法的设计步骤

1）步的划分：将系统的一个工作周期划分为若干个顺序相连的阶段，这些阶段称为步，并且用编程元件来代表各步。步是根据 PLC 输出状态的变化来划分的，在任何一步内，各输出状态不变，但是相邻步之间输出状态是不同的。步也可根据被控对象工作状态的变化来划分，但被控对象工作状态的变化应该是由 PLC 输出状态变化引起的。

2）转换条件的确定：使系统由当前步转入下一步的信号称为转换条件。转换条件可能是外部输入信号，如按钮、指令开关、限位开关的接通/断开等；也可能是 PLC 内部产生的信号，如定时器、计数器触点的接通/断开等；转换条件也可能是若干个信号的与、或、非逻辑组合。

3）工序流程图的绘制：根据以上分析和被控对象工作内容、步骤、顺序和控制要求画出功能表图。绘制功能表图是顺序控制设计法中最为关键的一步。工序流程图又称状态转移图，它是描述控制系统的控制过程、功能和特性的一种图形。状态流程图不涉及所描述控制功能的具体技术，是一种通用的技术语言，可用于进一步设计和不同专业的人员之间进行技术交流。各个 PLC 厂家都开发了相应的功能表图，各国也都制定了国家标准。我国 2008 年又颁布了新的工序流程图国家标准 GB/T 21654—2008《顺序功能表图用 GRAFCET 规范语言》。

4）梯形图的编制：根据工序流程图，按某种编程方式写出梯形图程序。如果 PLC 支持工序流程图语言，可直接使用该功能表图作为最终程序。

任务四　顺序启动逆序停止控制步进编程训练

掌握电动机顺序启动、逆序停止 PLC 步进控制程序。

任务教学方式

教学步骤	时间安排	教学手段及方式
阅读教材	课余	学生自学、查资料、相互讨论
知识点讲授	学时 1	1. 介绍用接触器、继电器控制的顺序启动逆序停止工作原理 2. 熟悉实现顺序启动逆序停止控制所使用的元件及编程指令 3. 掌握进行顺序启动逆序停止控制编程的步骤及方法

续表

教学步骤	时间安排	教学手段及方式
任务操作	学时1	用仿真软件仿真顺序启动逆序停止的控制功能
评估检测	与课堂同时进行	教师与学生共同完成任务的检测与评估，并能对出现的问题进行分析与处理

实训　设计顺序启动逆序停止控制工序流程图、编写梯形图程序并运行调试

任务现场条件和PLC接线与任务一相同，如图5-3所示，详见仿真软件D6界面。

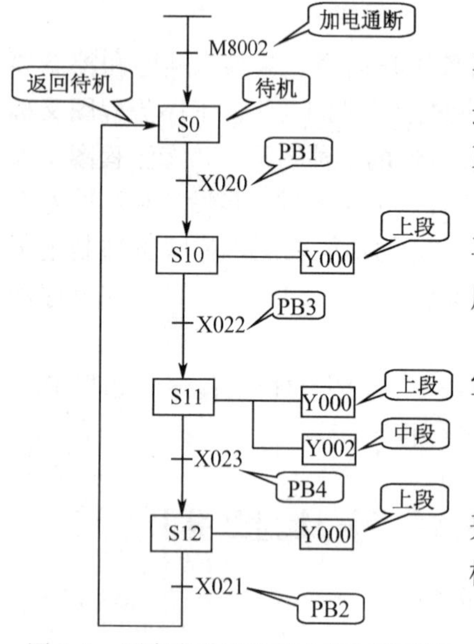

图5-8　顺序启动逆序停止控制流程图

控制要求：点动PB1，上段输送带正向启动后，再点动PB3，中段输送带才可以正向启动；两段输送带运行中，点动PB4中段输送带停机后，点动PB2，上段输送带才可以停止。

根据任务要求，设计工序流程图如图5-8所示，再根据工序流程图编制梯形图及简要注释如图5-9所示。

在仿真软件D6界面下，输入梯形图，转换、写入程序，调试运行。

程序要点分析如下。

0～2步序：PLC加电，M8002瞬间吸放，其常开触点瞬间通断，以此为条件转向S0工步，进入待机状态。

S0工步：以X020为条件，转向S10工步。

S10工步：驱动Y000，上段送带正转；以X022为条件，转向S11工步。

S11工步：驱动Y000和Y002，上段和中段输送带正转；以X023为条件，转向S12工步。

S12工步：驱动Y000，上段输送带正转；以X021为条件，转向S0工步，返回待机状态；结束步进程序。

对比电动机顺序启动、逆序停止PLC步进控制程序与同时启动逆序停止控制程序的区别，观察逆序停止是如何实现的？

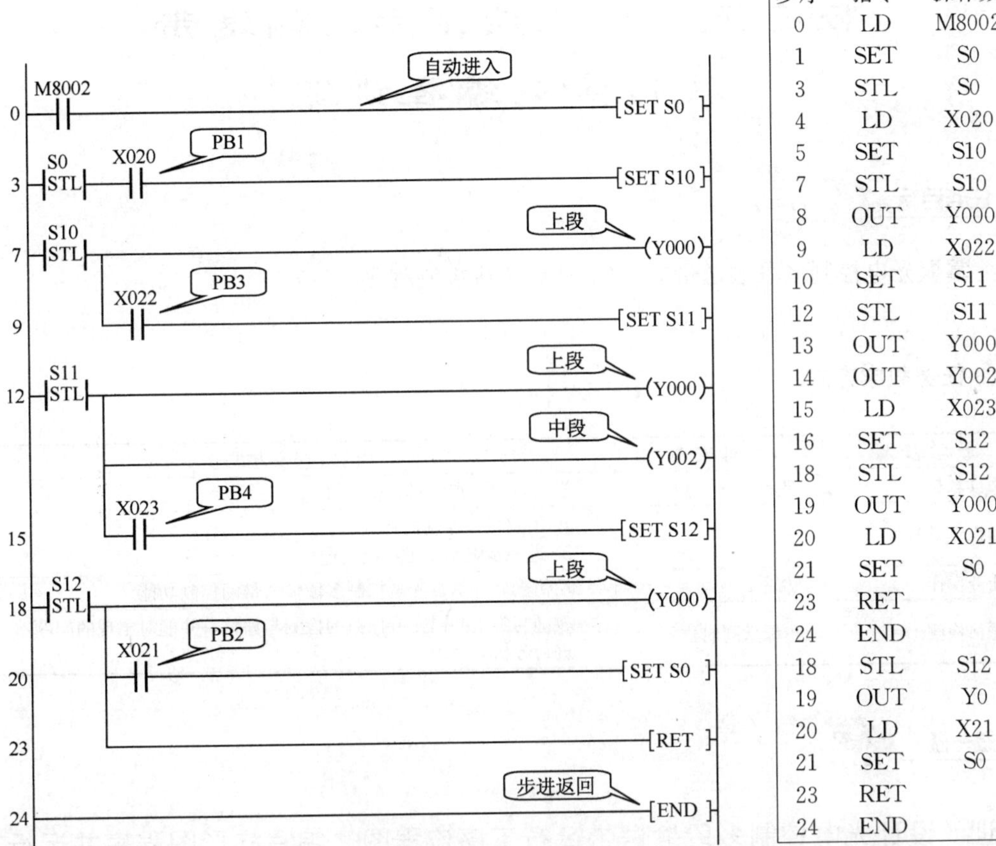

步序	指令	操作数
0	LD	M8002
1	SET	S0
3	STL	S0
4	LD	X020
5	SET	S10
7	STL	S10
8	OUT	Y000
9	LD	X022
10	SET	S11
12	STL	S11
13	OUT	Y000
14	OUT	Y002
15	LD	X023
16	SET	S12
18	STL	S12
19	OUT	Y000
20	LD	X021
21	SET	S0
23	RET	
24	END	
18	STL	S12
19	OUT	Y0
20	LD	X21
21	SET	S0
23	RET	
24	END	

a) 梯形图　　　　b) 语句表

图 5-9　顺序启动逆序停止控制梯形图及语句表

评一评

任务检测与分析

检 测 项 目	评 分 标 准	分 值	学生自评	教师评分
程序编制	编程正确	30		
程序输入	输入程序熟练、迅速	20		
程序编辑	会编辑、修改梯形图程序	20		
运行调试	如果设备运行错误，会调试、修改	30		
合　计		100		

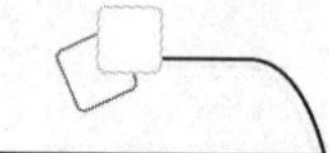

任务五　光电控制多段输送带运行步进编程训练

掌握光电控制多段输送带运行的PLC步进控制程序。

任务教学方式

教学步骤	时间安排	教学手段及方式
阅读教材	课余	学生自学、查资料、相互讨论
知识点讲授	学时1	1. 了解光电控制的特点 2. 进一步熟悉多工步控制过程
任务操作	学时1	用仿真软件仿真光电控制多段输送带的控制功能
评估检测	与课堂同时进行	教师与学生共同完成任务的检测与评估，并能对出现的问题进行分析与处理

实训　设计光电控制多段输送带运行工序流程图、编写梯形图程序并运行调试

任务现场条件和PLC接线与任务一相同，如图5-3所示，详见仿真软件D6界面。

控制要求：现场每段输送带两端都设有光电传感器，由它们控制各段输送带的启动和停止。要求点动PB1，机器人供料，工件到达X000处，上段输送带正向运转送料。工件到达X001处，上段输送带停止，中段输送带正向运转。工件到达X002处，中段输送带停止，下段输送带正向运转。工件到达X003处，下段输送带停止，机器人再次供料。如此自动重复，循环运行。点动PB2三段输送带同时停止。

根据任务要求，设计工序流程图如图5-10所示，再根据工序流程图编制梯形图及简要注释如图5-11所示。

在仿真软件D6界面下，输入梯形图，转换、写入程序，调试运行。

梯形图程序要点分析如下。

0～3步序：设置一个辅助继电器M0的自锁控制，用于系统启动、循环控制和设备停止。

4～6步序：当M0释放时，其常闭触点闭合，驱动特殊辅助继电器M8034，禁止输出，使设备立即停止运行。否则在运行中途，即便是S0工步的M0常开触点分断，设备也会继续运行，直到返回S0工步才能停止。

7～9 步序：PLC 加电，M8002 瞬间吸放，其常开触点瞬间通断，以此为条件转向 S0 工步，进入待机状态。

S0 工步：以 M0 为条件，转向 S10 工步。

S10 工步：驱动 Y007，机器人供料；以 X000 为条件，转向 S11 工步。

S11 工步：驱动 Y000，上段输送带正转运料；以 X001 为条件，转向 S12 工步。

S12 工步：驱动 Y002，中段输送带正转运料；以 X002 为条件，转向 S13 工步。

S13 工步：驱动 Y004，下段输送带正转运料；以 X003 为条件，转向 S0 工步。

循环运行：程序返回 S0 工步后，如果 M0 常开触点没有分断，程序会循环运行。

设备停止：如果 X021 常闭触点分断，M0 释放解锁，一则其常开触点分断，程序不会循环运行；二则其常闭触点闭合，M8034 吸合，禁止所有输出继电器的输出，使设备立即停止运行。

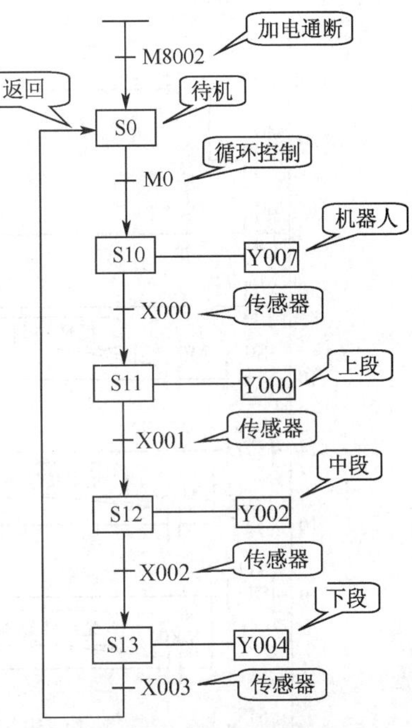

图 5-10 光电控制多段输送带运行流程图

语句表程序如下：

步序	指令	操作数	步序	指令	操作数	步序	指令	操作数
0	LD	X020	12	SET	S10	25	OUT	Y002
1	OR	M0	14	STL	S10	26	LD	X002
2	ANI	X021	15	OUT	Y007	27	SET	S13
3	OUT	M0	16	LD	X000	29	STL	S13
4	ANI	M0	17	SET	S11	30	OUT	Y004
5	OUT	M8034	19	STL	S11	31	LD	X003
7	LD	M8002	20	OUT	Y000	32	SET	S0
8	SET	S0	21	LD	X001	34	RET	
10	STL	S0	22	SET	S12	35	END	
11	LD	M0	24	STL	S12			

1）在本次控制任务中，如果 X002 光电传感器失灵，系统会如何工作？

2）试将特殊辅助继电器 M8034 去掉，观察系统运行情况。

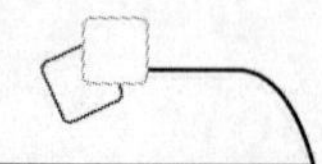

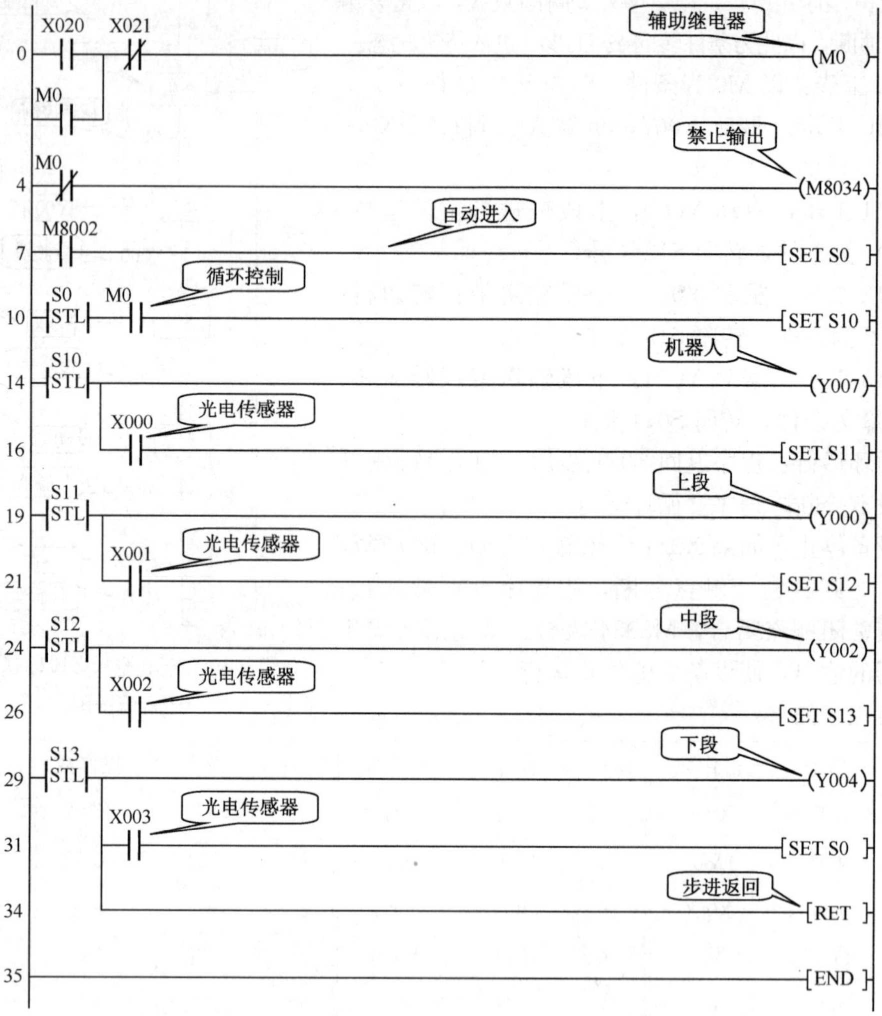

```
0   X020  X021                                  辅助继电器 (M0)
    M0
4   M0                                          禁止输出 (M8034)
7   M8002                          自动进入     [SET S0]
10  S0 STL  M0   循环控制                       [SET S10]
14  S10 STL                                     机器人 (Y007)
16        X000  光电传感器                      [SET S11]
19  S11 STL                                     上段 (Y000)
21        X001  光电传感器                      [SET S12]
24  S12 STL                                     中段 (Y002)
26        X002  光电传感器                      [SET S13]
29  S13 STL                                     下段 (Y004)
31        X003  光电传感器                      [SET S0]
34                                              步进返回 [RET]
35                                              [END]
```

图 5-11　光电控制多段输送带运行梯形图

任务检测与分析

检测项目	评分标准	分值	学生自评	教师评分
程序编制	编程正确	30		
程序输入	输入程序熟练、迅速	20		
程序编辑	会编辑、修改梯形图程序	20		
运行调试	如果设备运行错误，会调试、修改	30		
合计		100		

特殊辅助继电器

PLC 内有大量的特殊辅助继电器，它们都有各自的特殊功能。FX2N 系列中有 256 个特殊辅助继电器，可分成触点型和线圈型两大类。

1）触点型。其线圈由 PLC 自动驱动，用户只可使用其触点。例如：

M8000：运行监视器（在 PLC 运行中接通），M8001 与 M8000 相反逻辑。

M8002：初始脉冲（仅在运行开始时瞬间接通），M8003 与 M8002 相反逻辑。

M8011、M8012、M8013 和 M8014 分别是产生 10ms、100ms 、1s 和 1min 时钟脉冲的特殊辅助继电器。

M8000、M8002、M8012 的波形图如图 5-12 所示。

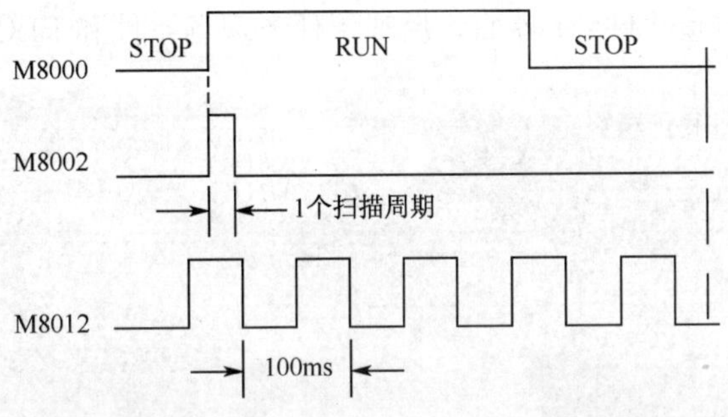

图 5-12 M8000、M8002、M8012 波形图

2）线圈型。由用户程序驱动线圈后 PLC 执行特定的动作。例如：

M8033：若使其线圈得电，则 PLC 停止时保持输出映象存储器和数据寄存器内容。

M8034：若使其线圈得电，则将 PLC 的输出全部禁止。

M8039：若使其线圈得电，则 PLC 按 D8039 中指定的扫描时间工作。

本次任务中使用的特殊辅助继电器 M8034 吸合以后，能够禁止所有输出继电器的输出。特殊辅助继电器 M8040 吸合以后，能够禁止步进程序的转移。在步进控制编程中，可利用他们中断设备的运行。

在整个顺序步进控制过程，只要有满足转移的条件，就尽量多设工步。因为虽然工步有所增加，但是每个工步内的程序减少，使得编程思路更简洁。

任务六 电动门控制步进编程训练

掌握电动门的 PLC 步进控制程序。

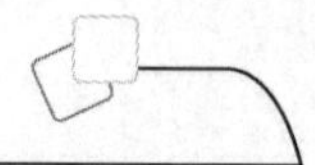

任务教学方式

教学步骤	时间安排	教学手段及方式
阅读教材	课余	学生自学、查资料、相互讨论
知识点讲授	学时 1	1. 了解电动门在实际的生产生活中的应用 2. 熟悉传统继电控制与 PLC 控制的区别 3. 掌握电动门步进控制的特点
任务操作	学时 1	用仿真软件仿真 PLC 控制电动门的控制功能
评估检测	与课堂同时进行	教师与学生共同完成任务的检测与评估，并能对出现的问题进行分析与处理

实训　编写电动门运行梯形图程序并运行调试

图 5-13 所示为仿真软件 C1 界面，反映了任务现场条件和 PLC 接线。

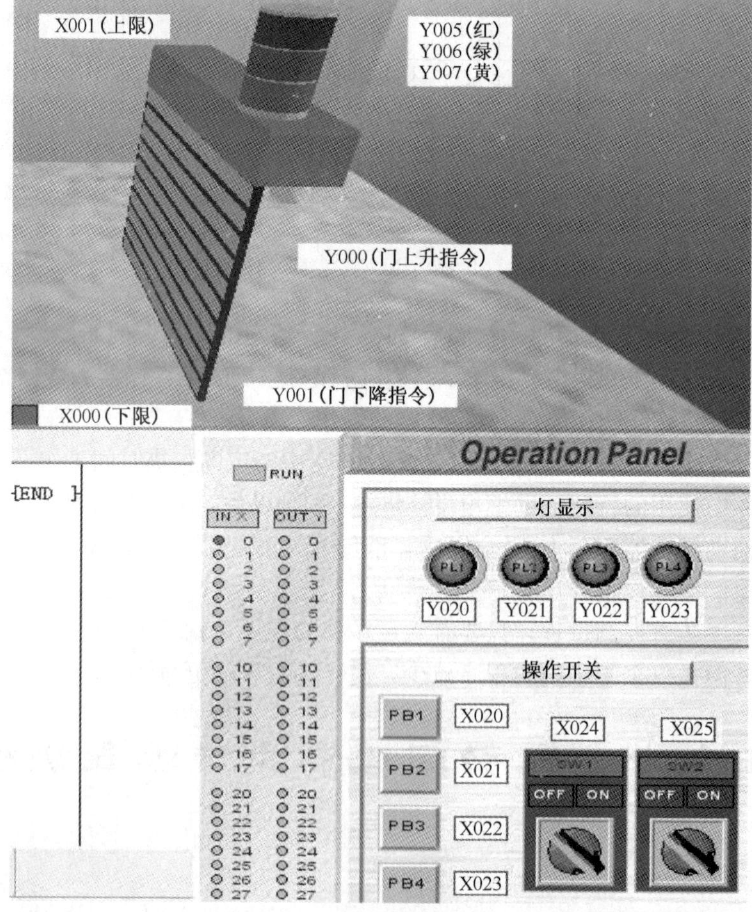

图 5-13　C1 仿真界面

任务要求：大门关闭时红灯亮。点动 PB1，大门升起，红灯灭黄灯亮；大门升至上限（X001）自动停止，黄灯灭绿灯亮。点动 PB2，大门下降，绿灯灭黄灯亮；大门降至下限（X000）自动停止，黄灯灭红灯亮。大门升降过程中，点动 PB3，紧急停止大门动作。

步进编程熟练以后，可以不再设计流程图，而直接编制步进控制梯形图。根据任务要求编制梯形图及简要注释如图 5-14 所示。

在仿真软件 C1 界面下，输入梯形图，转换、写入程序，调试运行。

梯形图程序要点分析如下：

0～2 步序：PLC 加电，M8002 瞬间吸放，其常开触点瞬间通断，以此为条件转向 S0 工步，进入待机状态。

S0 工步：驱动 Y005，红灯亮；以 X020 为条件，转向 S10 工步。

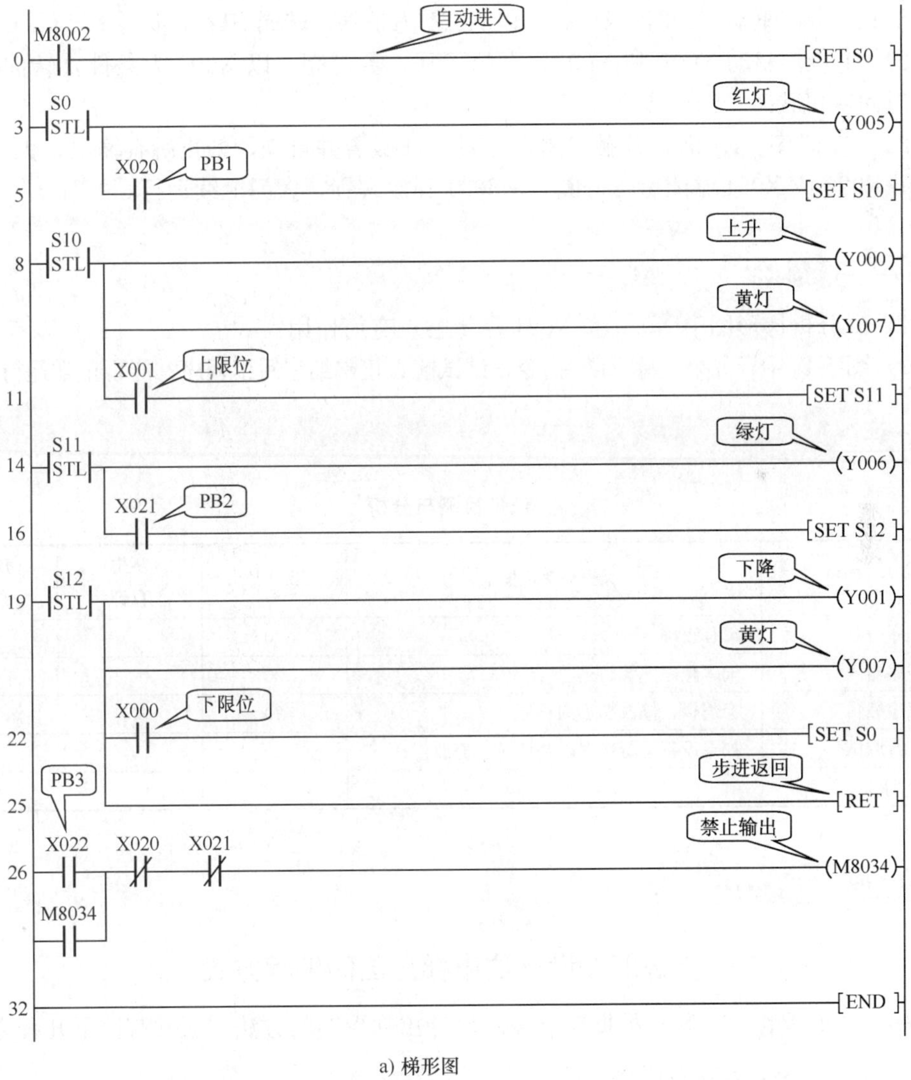

```
 0   M8002 ─┤├──────────────── [SET S0]    自动进入
 3   S0 ─┤STL├──────────────── (Y005)      红灯
 5      X020 ─┤├────────────── [SET S10]   PB1
 8   S10 ─┤STL├─────────────── (Y000)      上升
        ────────────────────── (Y007)      黄灯
11      X001 ─┤├────────────── [SET S11]   上限位
14   S11 ─┤STL├─────────────── (Y006)      绿灯
16      X021 ─┤├────────────── [SET S12]   PB2
19   S12 ─┤STL├─────────────── (Y001)      下降
        ────────────────────── (Y007)      黄灯
22      X000 ─┤├────────────── [SET S0]    下限位
25      ────────────────────── [RET]       步进返回
26   X022 ─┤├─ X020 ─┤/├─ X021 ─┤/├─ (M8034)   PB3 / 禁止输出
     M8034 ─┤├─ (并联于 X022)
32   ───────────────────────── [END]
```

a) 梯形图

图 5-14　电动门运行梯形图及语句表

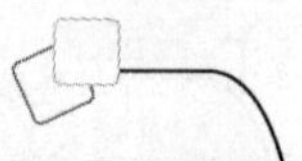

步序	指令	操作数	步序	指令	操作数	步序	指令	操作数	步序	指令	操作数
0	LD	M8002	9	OUT	Y000	17	SET	S12	26	LD	X022
1	SET	S0	10	OUT	Y007	19	STL	S12	27	OR	M8034
3	STL	S0	11	LD	X001	20	OUT	Y001	28	ANI	X020
4	OUT	Y005	12	SET	S11	21	OUT	Y007	29	ANI	X021
5	LD	X020	14	STL	S11	22	LD	X000	30	OUT	M8034
6	SET	S10	15	OUT	Y006	23	SET	S0	32	END	
8	STL	S10	16	LD	X021	25	RET				

b) 语句表

图 5-14 电动门运行梯形图及语句表（续）

S10 工步：驱动 Y000 和 Y007，大门上升，黄灯亮；以 X001 为条件，转向 S11 工步。

S11 工步：驱动 Y006，绿灯亮；以 X021 为条件，转向 S12 工步。

S12 工步：驱动 Y001 和 Y007，大门下降，黄灯亮；以 X000 为条件，转向 S0 工步，返回待机状态；结束步进程序。

26～31 步序：X022 常开触点闭合，M8034 吸合并自锁，禁止所有输出，大门紧急停止；X020 或 X021 常闭触点分断，M8034 释放解锁，大门继续运行。

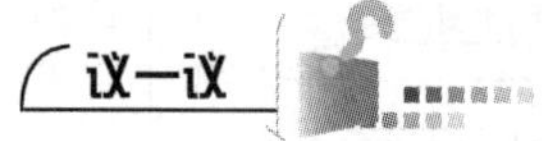

1）试分析梯形图中 X020 和 X021 常闭触点有何作用？

2）图 5-13 中，如果去掉 RET 指令，试试能否正常编制后续程序？能否正常运行程序？

任务检测与分析

检测项目	评分标准	分值	学生自评	教师评分
程序编制	编程正确	30		
程序输入	输入程序熟练、迅速	20		
程序编辑	会编辑、修改梯形图程序	20		
运行调试	如果设备运行错误，会调试、修改	30		
合计		100		

步进顺控设计法中梯形图的编程方式

梯形图的编程方式是指根据功能表图设计出梯形图的方法，通常有以下几种方式。

1. 使用通用指令的编程方式

编程时用辅助继电器来代表步。由于转换条件大都是短信号，因此应使用有记忆

（保持）功能的电路。编程的关键是找出启动条件和停止条件。编程方式仅仅使用与触点和线圈有关的指令，可适用于任意型号的 PLC。使用通用指令的编程方式（编程时应该注意的问题）不允许出现双线圈现象。仅有由两步组成的小闭环。

2. 以转换为中心的编程方式

编程时，不能将输出继电器的线圈与 SET、RST 指令并联。因为前级步和转换条件对应的串联电路接通的时间是相当短的，转换条件满足后前级步马上被复位，该串联电路被断开，而输出继电器线圈至少应该在某一步活动的全部时间内接通。

3. 使用 STL 指令的编程方式

STL 触点驱动的电路块具有 3 个功能：对负载的驱动处理、指定转换条件和指定转换目标。使用步进指令的编程方式，STL 触点是与左侧母线相连的常开触点，当某一步为活动步时，对应的 STL 触点接通，该步的负载被驱动。当该步后面的转换条件满足时，转换实现，即后续步对应的状态器被 SET 指令置位，后续步变为活动步，同时与前级步对应的状态器被系统程序自动复位，前级步对应的 STL 触点断开。

使用 STL 指令时应该注意以下一些问题。

1）与 STL 触点相连的触点应使用 LD 或 LDI 指令。

2）各个 STL 触点驱动的电路一般放在一起，最后一个电路结束时一定要使用 RET 指令。STL 触点断开时，CPU 不执行它驱动的电路块。

3）CPU 只执行活动步对应的电路块，因此允许双线圈输出。

4）STL 触点驱动的电路块中不能使用 MC 和 MCR 指令，但可用 CJP 和 EJP 指令。

5）使状态器置位的指令如果不在 STL 触点驱动的电路块内，执行置位指令时系统程序不会自动将前级步对应的状态器复位。

4. 仿 STL 指令的编程方式

仿步进指令的编程方式，与代替 STL 触点的常开触点相连的触点应使用 AND 或 ANI 指令，而不是 LD 或 LDI 指令。在梯形图中用 RST 指令来完成代表前级步的辅助继电器的复位，而不是由系统程序自动完成。不允许出现双线圈现象，当某一输出继电器在几步中均为“1”状态时，应将代表这几步的辅助继电器常开触点并联来控制该输出继电器的线圈。

任务七 时间控制电动机正反转步进编程训练

掌握时间控制电动机正反转的 PLC 步进控制程序。

任务教学方式

教学步骤	时间安排	教学手段及方式
阅读教材	课余	学生自学、查资料、相互讨论
知识点讲授	学时 1	1. 了解电动机正反转的几种控制方法 2. 了解定时器在步进顺控中的应用方法 3. 掌握时间控制正反转步进控制编程的步骤及方法
任务操作	学时 1	用仿真软件仿真顺序启动逆序停止的控制功能。
评估检测	与课堂同时进行	教师与学生共同完成任务的检测与评估，并能对出现的问题进行分析与处理

实训　编写时间控制电动机正反转的步进控制梯形图程序并运行调试

图 5-15 所示为仿真软件 B4 界面，反映了任务现场条件和 PLC 接线。

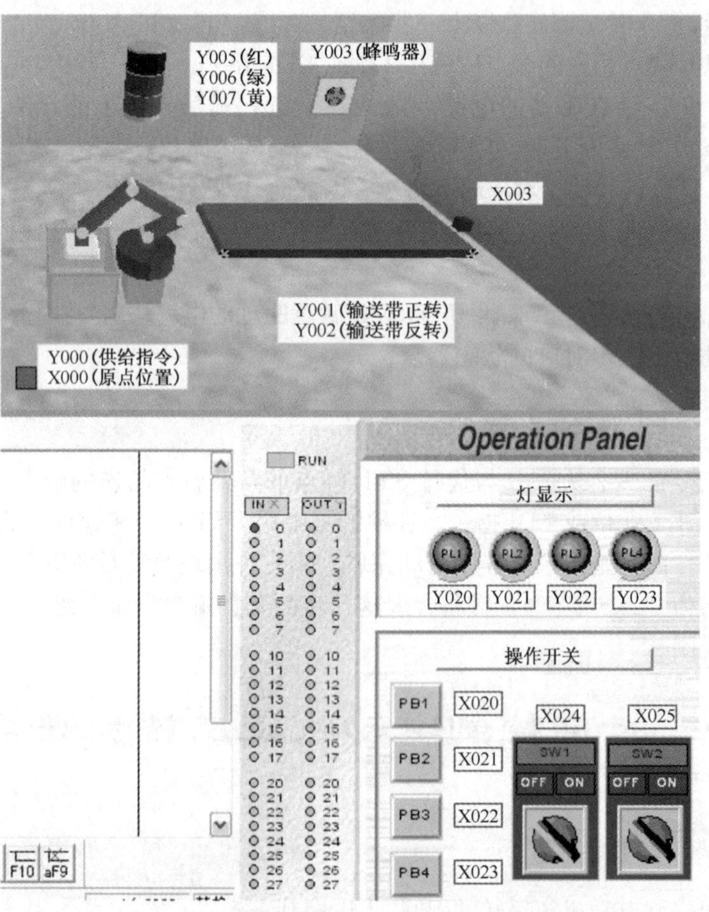

图 5-15　B4 仿真界面

任务要求：点动 PB2 启动程序后，输送带正转 3s，反转 3s，自动重复运行，直到点动 PB1 停机。

根据任务要求，编制梯形图及简要注释如图 5-16 所示。

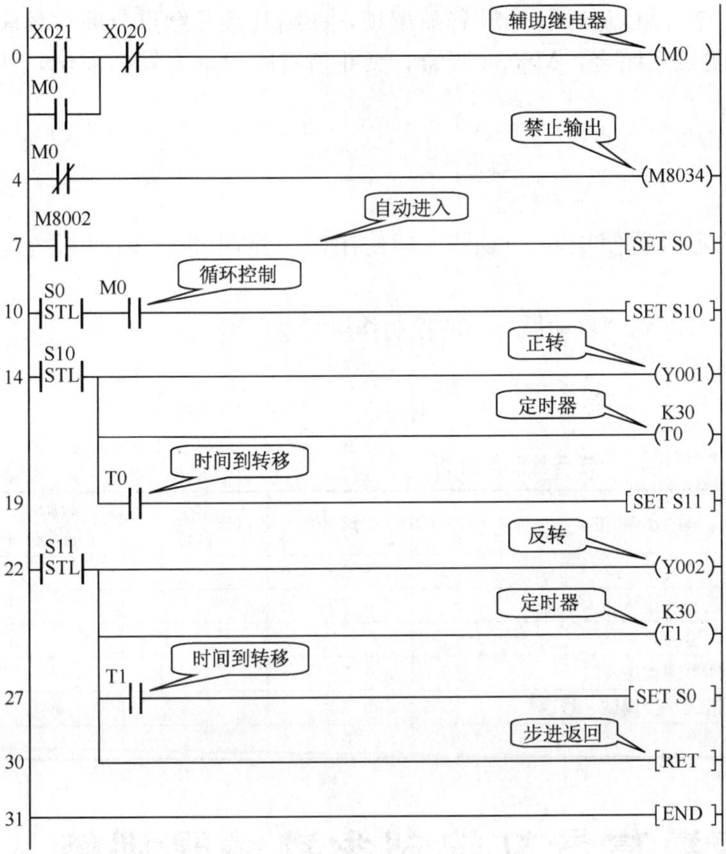

a) 梯形图

步序	指令	操作数
0	LD	X021
1	OR	M0
2	ANI	X020
3	OUT	M0
4	ANI	M0
5	OUT	M8034
7	LD	M8002
8	SET	S0
10	STL	S0
11	LD	M0
12	SET	S10
14	STL	S10
15	OUT	Y001
16	OUT	T0 K30
19	LD	T0
20	SET	S11
22	STL	S11
23	OUT	Y002
24	OUT	T1 K30
27	LD	T1
28	SET	S0
30	RET	
31	END	

b) 语句表

图 5-16 时间控制电动机正反转梯形图及语句表

在仿真软件 B4 界面下，输入梯形图，转换、写入程序，调试运行。

梯形图程序要点分析。

0～3 步序：设置一个辅助继电器 M0 的自锁控制，用于系统启动、循环控制和设备停止。

4～6 步序：当 M0 释放时，其常闭触点闭合，驱动特殊辅助继电器 M8034 禁止输出，使设备立即停止运行。否则在运行过程中，即便是 S0 工步的 M0 常开触点分断，设备也会继续运行，直到返回 S0 工步才能停止。

7～9 步序：PLC 加电，M8002 瞬间吸放，其常开触点瞬间通断，以此为条件转向 S0 工步，进入待机状态。

S0 工步：以 M0 为条件，转向 S10 工步。

S10 工步：驱动 Y001，输送带正转；驱动 T0，开始计时；以 T0 常开触点为条件，转向 S11 工步。

S11工步：驱动Y002，输送带反转；驱动T1，开始计时；以T1常开触点为条件，转向S0工步。

循环运行：程序返回S0工步后，如果M0常开触点没有分断，程序会循环运行。

设备停止：如果X021常开触点分断，M0释放解锁，一则其常开触点分断，程序不会循环运行；二则其常闭触点闭合，M8034吸合，禁止所有输出继电器的输出，使设备立即停止运行。

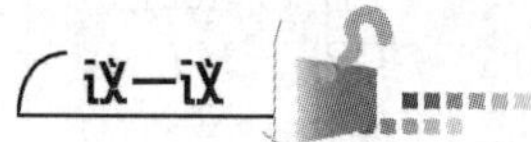

1）试将两个工步中的定时器使用同一编号（即使用同一定时器），观察系统运行情况。

2）图5-16中，哪个部件起到“自动循环”的控制作用？

任务检测与分析

检测项目	评分标准	分值	学生自评	教师评分
程序编制	编程正确	10		
程序创新	程序独特、新颖	30		
程序输入	输入程序熟练、迅速	10		
程序编辑	会编辑、修改梯形图程序	20		
运行调试	如果设备运行错误，会调试、修改	30		
合计		100		

任务八　交通信号灯控制步进编程训练

掌握交通信号灯的PLC步进控制程序。

任务教学方式

教学步骤	时间安排	教学手段及方式
阅读教材	课余	学生自学、查资料、相互讨论
知识点讲授	学时1	1. 了解交通信号灯的工作方式 2. 进一步熟悉步进顺控中的状态转移条件 3. 掌握交通信号灯步进控制编程的步骤及方法
任务操作	学时1	用仿真软件仿真交通信号灯步进控制的控制功能
评估检测	与课堂同时进行	教师与学生共同完成任务的检测与评估，并能对出现的问题进行分析与处理

实训 编写交通信号灯的步进控制梯形图程序并运行调试

图 5-17 所示为仿真软件 D3 界面，反映了任务现场条件和 PLC 接线。

任务要求：现场有红、黄、绿 3 个信号灯，依次由 Y000、Y001、Y002 常开触点控制。要求点动 PB2 启动程序后，红灯亮 5s 后熄灭，绿灯亮；绿灯亮 5s 后熄灭，黄灯亮；黄灯亮 2s 熄灭后，红灯再亮，三灯如此循环。点动 PB1，三灯全灭，停止工作。

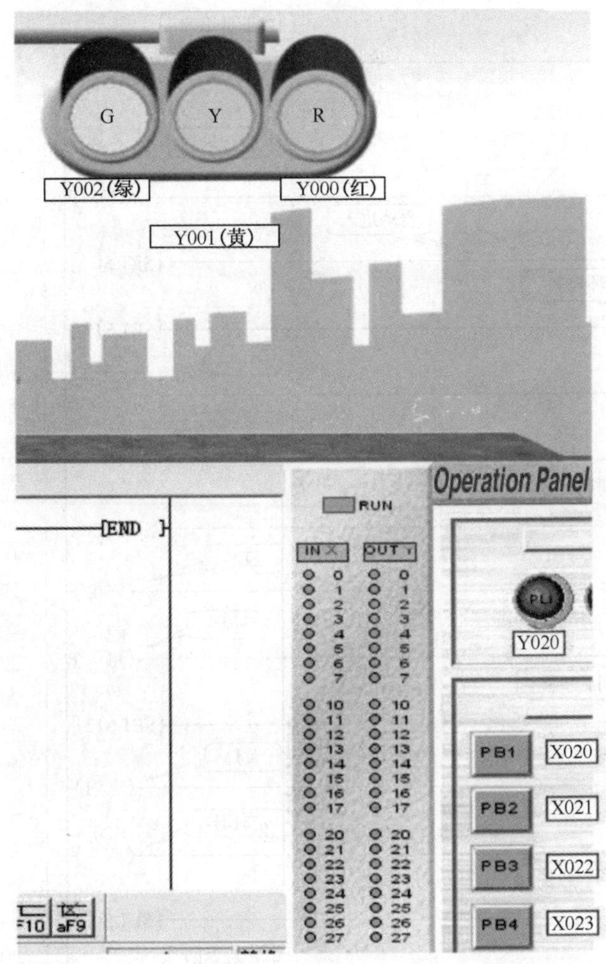

图 5-17 D3 仿真界面

根据任务要求，编制梯形图及简要注释如图 5-18 所示。

在仿真软件 D3 界面下，输入梯形图，转换、写入程序，调试运行。

梯形图程序要点分析如下。

0～3 步序：设置一个辅助继电器 M0 的自锁控制，用于系统启动、循环控制和设

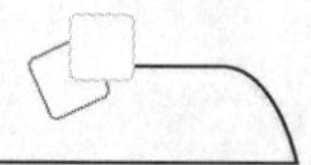

备停止。

4～6 步序：当 M0 释放时，其常闭触点闭合，驱动特殊辅助继电器 M8034，禁止输出，使设备立即停止运行。否则在运行中途，即使是 S0 工步的 M0 常开触点分断，设备也会继续运行，直到返回 S0 工步才能停止。

7～9 步序：PLC 加电，M8002 瞬间吸放，其常开触点瞬间通断，以此为条件转向 S0 工步，进入待机状态。

S0 工步：以 M0 为条件，转向 S10 工步。

S10 工步：驱动 Y000，红灯亮；驱动 T0，开始计时；以 T0 常开触点为条件，转向 S11 工步。

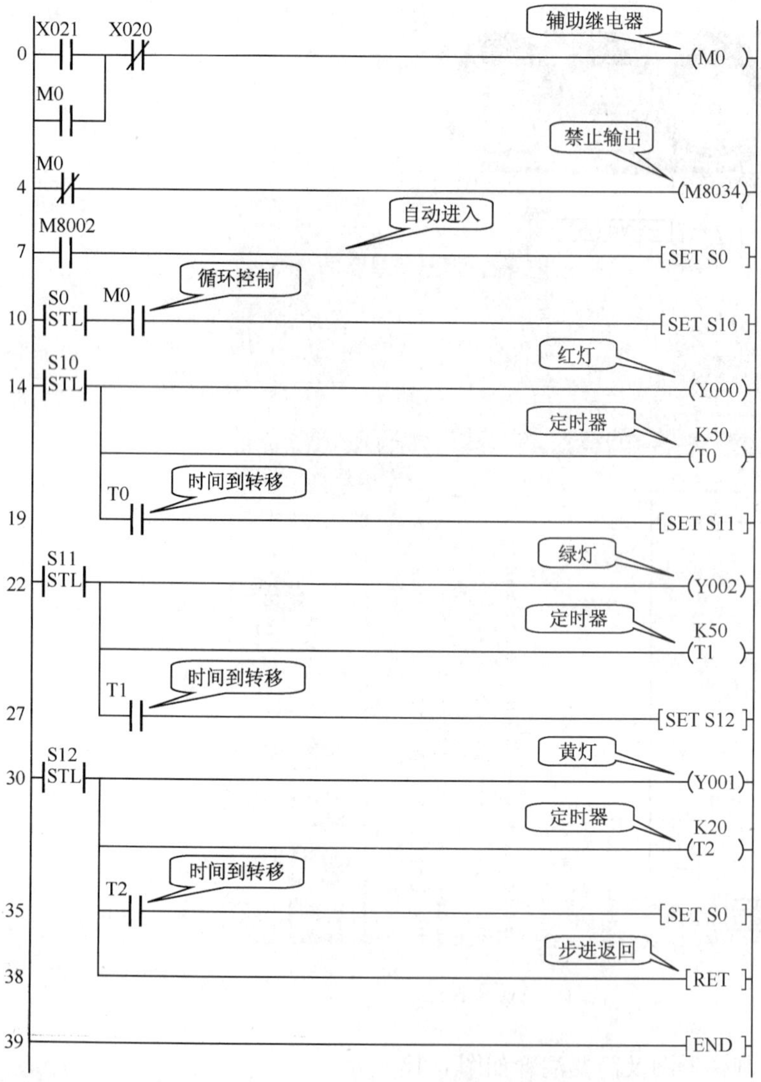

a) 梯形图

步序	指令	操作数
0	LD	X021
1	OR	M0
2	ANI	X020
3	OUT	M0
4	ANI	M0
5	OUT	M8034
7	LD	M8002
8	SET	S0
10	STL	S0
11	LD	M0
12	SET	S10
14	STL	S10
15	OUT	Y000
16	OUT	T0 K50
19	LD	T0
20	SET	S11
22	STL	S11
23	OUT	Y002
24	OUT	T1 K50
27	LD	T1
28	SET	S12
30	STL	S12
31	OUT	Y001
32	OUT	T2 K20
35	LD	T2
36	SET	S0
38	RET	
39	END	

b) 语句表

图 5-18　交通信号灯步进控制梯形图及语句表

S11 工步：驱动 Y002，绿灯亮；驱动 T1，开始计时；以 T1 常开触点为条件，转向 S12 工步。

S12 工步：驱动 Y001，黄灯亮；驱动 T2，开始计时；以 T2 常开触点为条件，转向 S0 工步。

循环运行：程序返回 S0 工步后，如果 M0 常开触点没有分断，程序会循环运行。

设备停止：如果 X021 常闭触点分断，M0 释放解锁，一则其常开触点分断，程序不会循环运行；二则其常闭触点闭合，M8034 吸合，禁止所有输出继电器的输出，使设备立即停止运行。

议一议

1）试将梯形图中状态元件的编号改为不连续，观察运行情况。

2）在仿真界面中，将按钮 X021 换为开关 X024，系统能否正常工作？有何区别？

评一评

任务检测与分析

检 测 项 目	评 分 标 准	分　值	学生自评	教师评分
程序编制	编程正确	10		
程序创新	程序独特、新颖	30		
程序输入	输入程序熟练、迅速	10		
程序编辑	会编辑、修改梯形图程序	20		
运行调试	如果设备运行错误，会调试、修改	30		
合 计		100		

任务九　计数循环控制步进编程训练

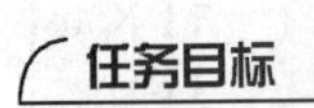

任务目标

掌握计数循环运行的 PLC 步进控制程序。

任务教学方式

教 学 步 骤	时 间 安 排	教学手段及方式
阅读教材	课余	学生自学、查资料、相互讨论
知识点讲授	学时 1	1. 了解计数循环控制过程 2. 熟悉计数器在步进顺控中的应用方法 3. 掌握计数循环控制编程的步骤及方法
任务操作	学时 1	用仿真软件仿真计数循环的控制功能
评估检测	与课堂同时进行	教师与学生共同完成任务的检测与评估，并能对出现的问题进行分析与处理

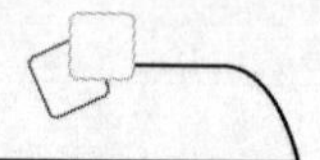

实训　编写计数循环运行的步进控制梯形图程序并运行调试

图 5-17 所示为仿真软件 D3 界面，与任务八相同，反映了任务现场条件和 PLC 接线。

任务要求：与任务八“交通信号灯控制”的要求基本相同，增加“循环亮灯 3 次后，自动停机”的控制要求。

根据任务要求，编制梯形图及简要注释如图 5-19 所示。

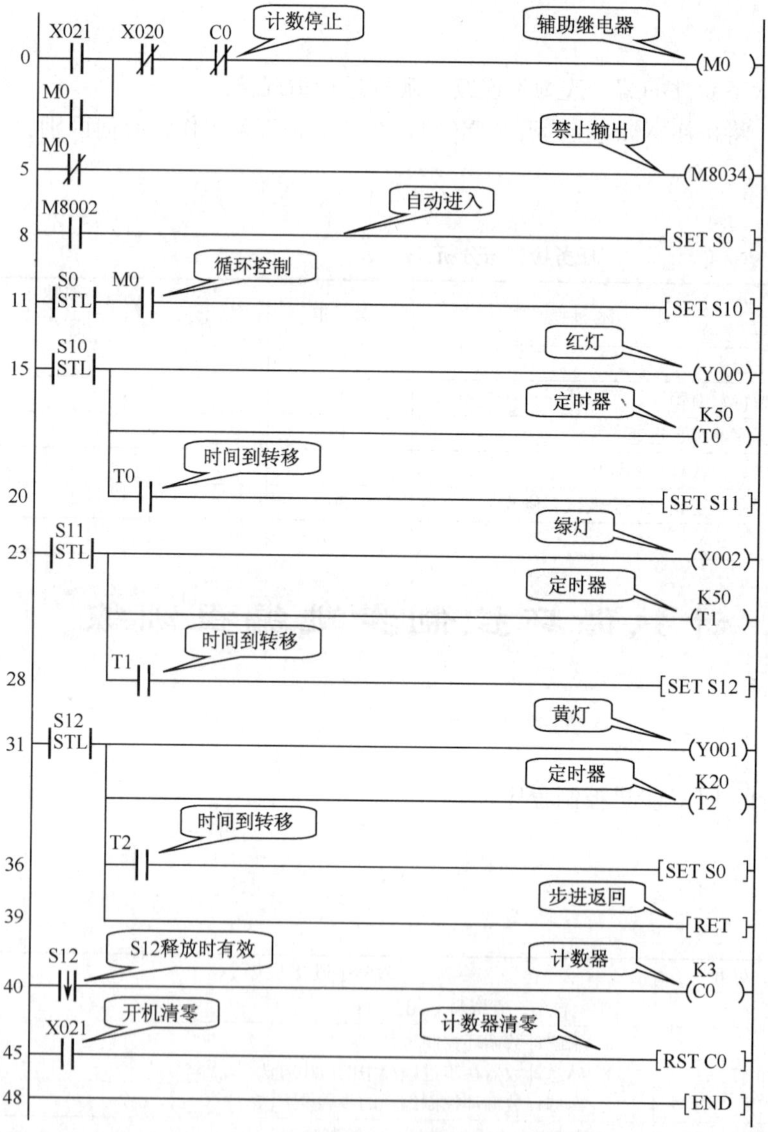

a) 梯形图

步序	指令	操作数
0	LD	X021
1	OR	M0
2	ANI	X020
3	ANI	C0
4	OUT	M0
5	LDI	M0
6	OUT	M8034
8	LD	M8002
9	SET	S0
11	STL	S0
12	LD	M0
13	SET	S10
15	STL	S10
16	OUT	Y000
17	OUT	T0 K50
20	LD	T0
21	SET	S11
23	STL	S11
24	OUT	Y002
25	OUT	T1 K50
28	LD	T1
29	SET	S12
31	STL	S12
32	OUT	Y001
33	OUT	T2 K20
36	LD	T2
37	SET	S0
39	RET	
40	LDF	S12
42	OUT	C0 K3
45	LD	X021
46	RST	C0
48	END	

b) 语句表

图 5-19　计数循环的步进控制梯形图及语句表

在仿真软件 D3 界面下，输入梯形图，转换、写入程序，调试运行。

梯形图程序要点分析如下：

交通信号灯的控制部分的步进程序与任务八相同，不同的是增加了计数控制。

0～4 步序：M0 线圈串联 C0 常闭触点，C0 计数满吸合后，C0 常闭触点分断，M0 释放解锁，实现计数停机。

40～44 步序：计数器 C0 统计状态继电器 S12 下降沿触点的通断次数，程序每循环一次，S12 释放一次，也就统计了循环次数。

1）图 5-19 中，C0 统计 S12 下降沿的通断次数，可以换成统计 S12 常闭触点的通断次数吗？为什么？

2）图 5-19 中，C0 还可以统计哪个元件的何种触点？

任务检测与分析

检测项目	评分标准	分值	学生自评	教师评分
程序编制	编程正确	10		
程序创新	程序独特、新颖	30		
程序输入	输入程序熟练、迅速	10		
程序编辑	会编辑、修改梯形图程序	20		
运行调试	如果设备运行错误，会调试、修改	30		
合计		100		

触点上升沿和下降沿有效触发指令简介

1. LDP、LDF 指令

该指令仅在对应元件有效时维持一个扫描周期的接通。在图 5-20 中，当 M1 有一个下降沿时，则 Y003 只有一个扫描周期为 ON。

2. ANDP——上升沿检测串联连接指令，ANDF——下降沿检测串联连接指令

如图 5-21 所示，在 T5 的上升沿和 M2 的下降沿产生有效脉冲，驱动 M0。

3. ORP——上升沿检测并联连接指令，ORF——下降沿检测并联连接指令

如图 5-22 所示，在 M102 的上升沿和 M110 的下降沿产生有效脉冲，驱动 M103。

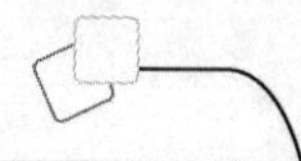

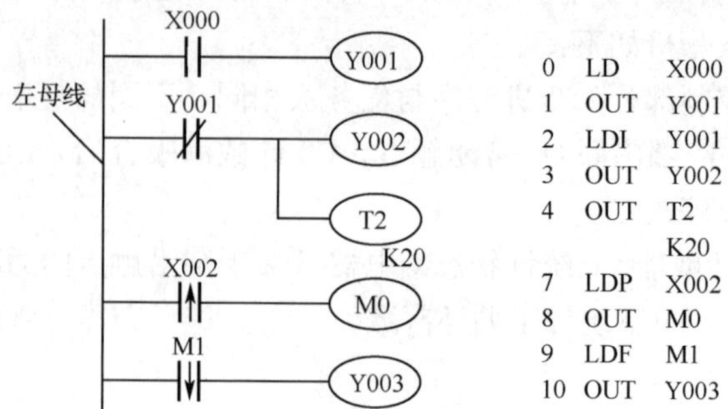

图 5-20 LDP、LDF 指令应用

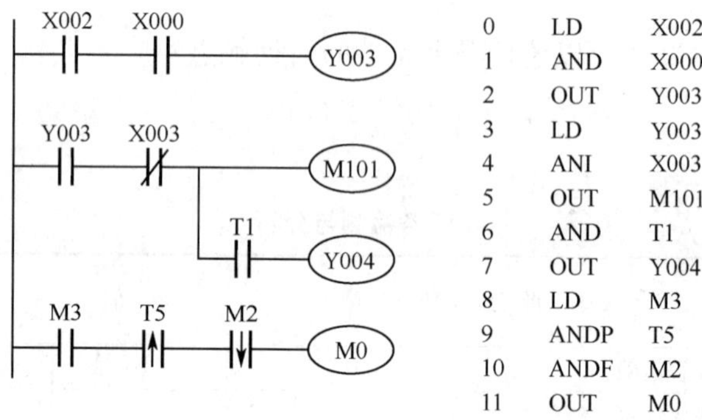

图 5-21 ANDP 指令应用

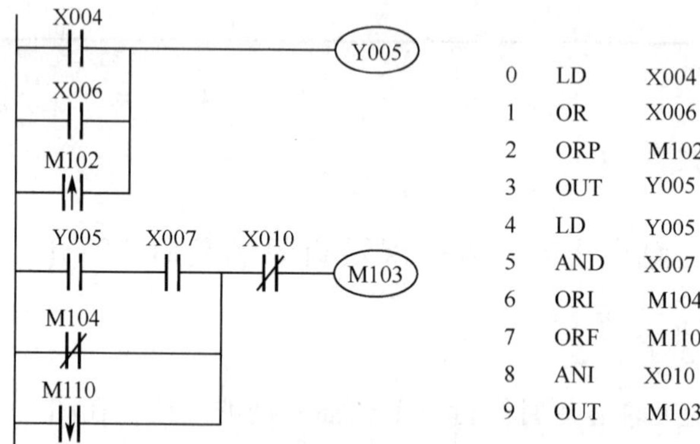

图 5-22 ORP、ORF 指令应用

本任务中，在 S12 的下降沿产生触发脉冲（即在 S12 继电器断开时），给计数器提供计数脉冲进行计数。

任务十　计数装箱控制步进编程训练

掌握计数装箱的 PLC 步进控制程序。

任务教学方式

教学步骤	时间安排	教学手段及方式
阅读教材	课余	学生自学、查资料、相互讨论
知识点讲授	学时 1	1. 进一步熟悉计数器在步进顺控中的应用 2. 进一步熟悉边沿出发指令的应用 3. 掌握计数装箱控制编程的步骤及方法
任务操作	学时 1	用仿真软件仿真计数装箱的控制功能
评估检测	与课堂同时进行	教师与学生共同完成任务的检测与评估，并能对出现的问题进行分析与处理

实训　编写计数装箱的步进控制梯形图程序并运行调试

图 5-23 所示为仿真软件 E5 界面，反映了任务现场条件和 PLC 接线。

任务要求：点动 PB2，机器人把纸箱搬上输送带，输送带正转；纸箱到达装箱处停止，装 3 个水果，运到托盘。自动重复装箱输送。点动 PB1，停止工作。

根据任务要求，编制梯形图及简要注释如图 5-24 所示。

在仿真软件 E5 界面下，输入梯形图，转换、写入程序，调试运行。

梯形图程序要点分析如下。

与前面程序相比，这个程序的特殊性在 S11 工步和 S12 工步。

S11 工步：驱动 Y002，向纸箱供果；计数器 C0 统计“橘子已供给传感器”X002 的下降沿触点通断次数；C0 计满 3 次吸合，其常开触点闭合，转向 S12 工步。

S12 工步：首先对计数器 C0 清零，以便下次运行；驱动 Y001，输送带再次运转，输送纸箱；以 X003 为条件，转向 S0 工步。

S11 工步内，是通过 X002 的下降沿触点再去驱动 C0，也就是说工步内对线圈的驱动，可以再连接触点以及触点块。

程序其他部分请自行分析。

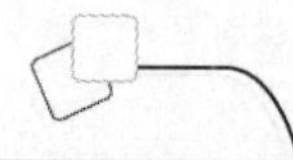

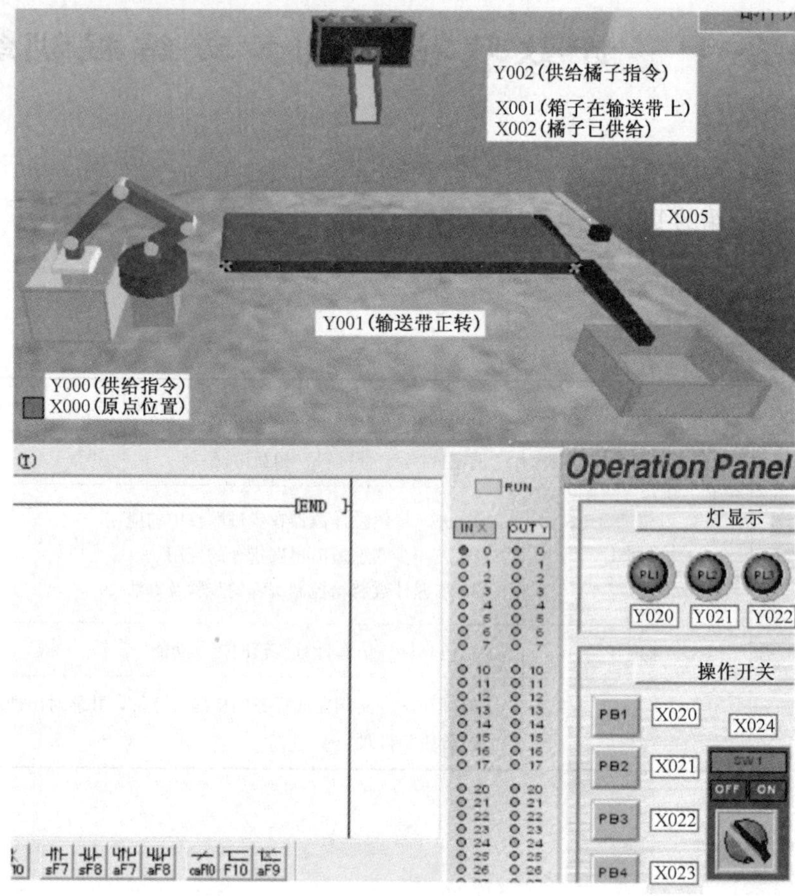

图 5-23　E5 仿真界面

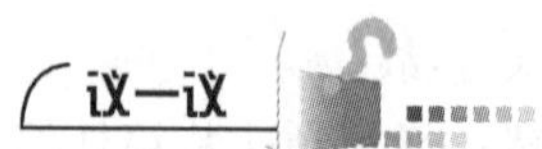

议一议

1）这个程序的计数器清零步骤，可以设在别处吗？请试一试。

2）试将 X002 下降沿触发指令用普通常开触点代替，观察系统运行情况。

评一评

任务检测与分析

检测项目	评分标准	分值	学生自评	教师评分
程序编制	编程正确	30		
程序输入	输入程序熟练、迅速	20		
程序编辑	会编辑、修改梯形图程序	20		
运行调试	如果设备运行错误，会调试、修改	30		
合计		100		

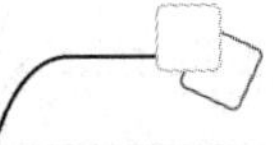

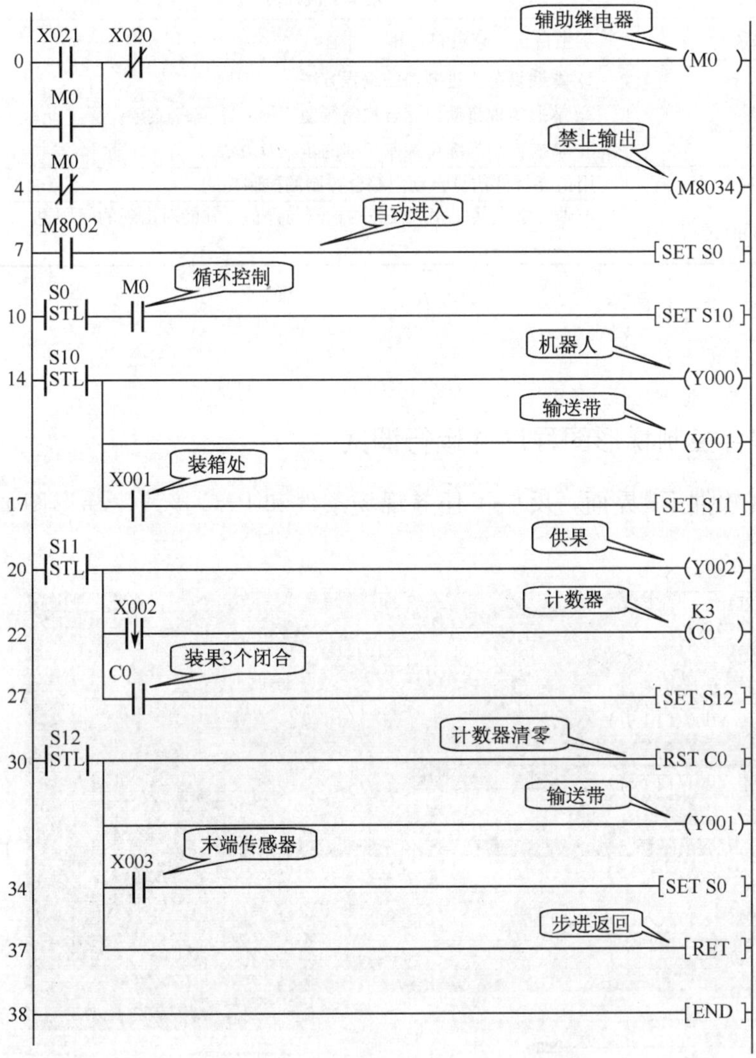

步序	指令	操作数
0	LD	X021
1	OR	M0
2	ANI	X020
3	OUT	M0
4	ANI	M0
5	OUT	M8034
7	LD	M8002
8	SET	S0
10	STL	S0
11	LD	M0
12	SET	S10
14	STL	S10
15	OUT	Y000
16	OUT	Y010
17	LD	T0
18	SET	S11
20	STL	S11
22	LDF	X002
24	OUT	C0 K3
27	LD	C0
28	SET	S12
30	STL	S12
31	OUT	Y002
32	LD	X005
33	RST	C0
34	LD	X003
35	SET	S0
36	RET	
37	END	

a) 梯形图　　　　b) 语句表

图 5-24　计数装箱控制梯形图及语句表

任务十一　自动门综合控制步进编程训练

任务目标

掌握自动门综合控制的 PLC 步进程序。

任务教学方式

教学步骤	时间安排	教学手段及方式
阅读教材	课余	学生自学、查资料、相互讨论
知识点讲授	学时2	1. 掌握复杂步进顺控的编程方法 2. 掌握实现自动门综合控制所使用的元件及编程指令 3. 掌握自动门综合控制编程的步骤及方法
任务操作	学时2	用仿真软件仿真自动门综合控制的控制功能
评估检测	与课堂同时进行	教师与学生共同完成任务的检测与评估，并能对出现的问题进行分析与处理

做一做

实训 编写自动门综合控制梯形图程序并运行调试

图5-25所示为仿真软件F1界面，反应了任务现场条件和PLC接线。梯形图如图5-26所示。

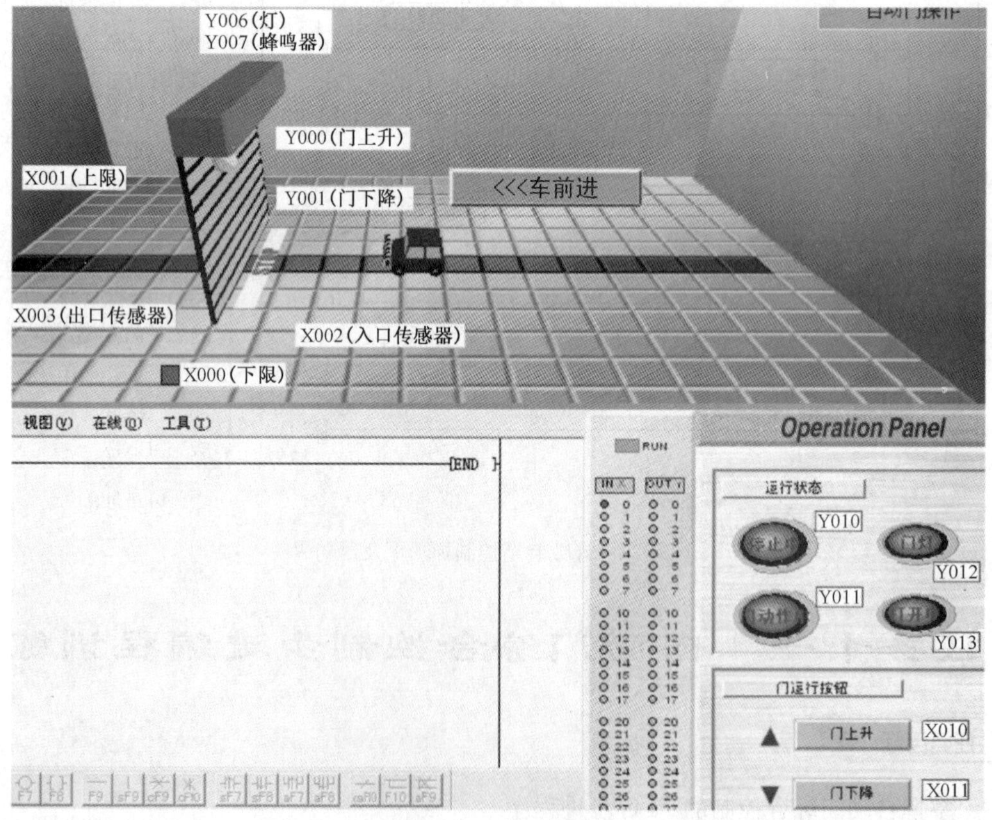

图5-25 F1仿真界面

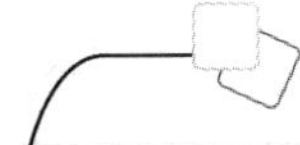

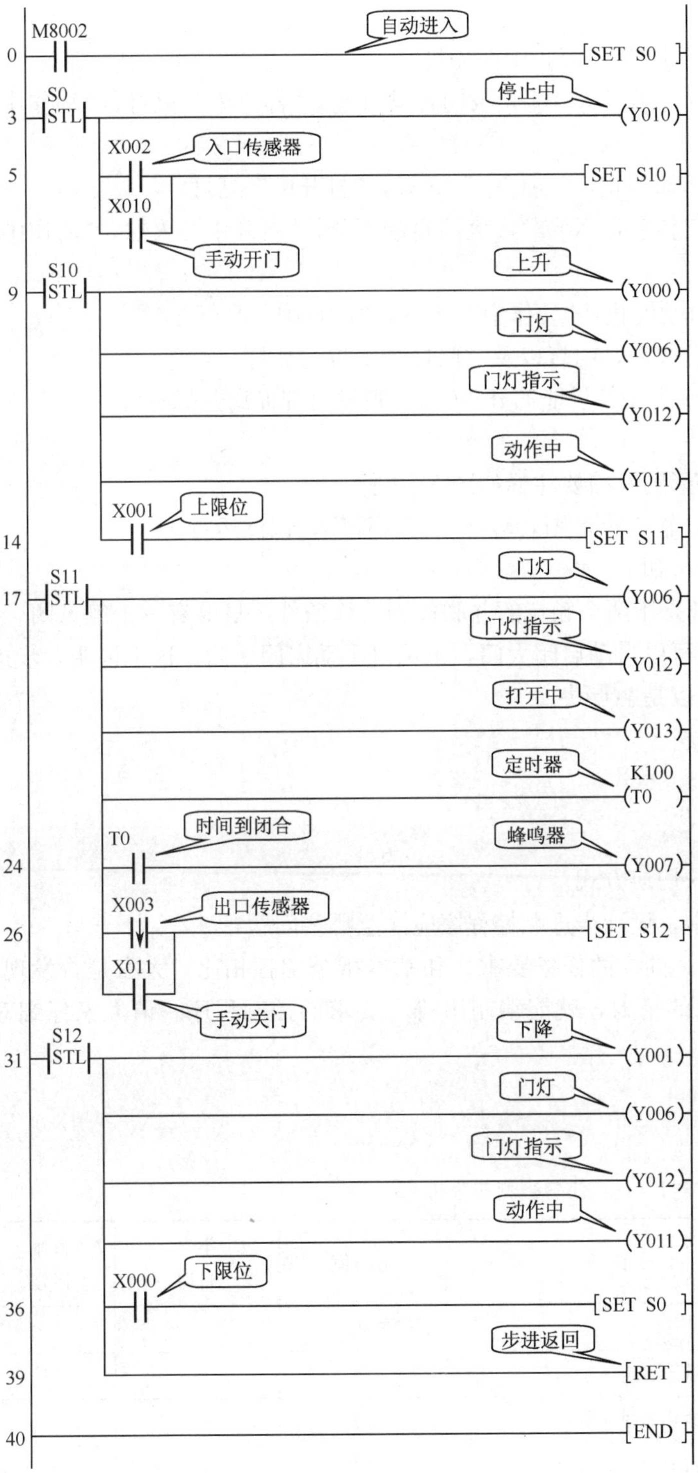

a) 梯形图

步序	指令	操作数
0	LD	M8002
1	SET	S0
3	STL	S0
4	OUT	Y010
5	LD	X002
6	OR	X010
7	SET	S10
9	STL	S10
10	OUT	Y000
11	OUT	Y006
12	OUT	Y012
13	OUT	Y011
14	LD	X001
15	SET	S11
17	STL	S11
18	OUT	Y006
19	OUT	Y012
20	OUT	Y013
21	OUT	T0 K100
24	LD	T0
25	OUT	Y007
26	LDF	X003
28	OR	X0011
29	SET	S12
31	STL	S12
32	OUT	Y001
33	OUT	Y006
34	OUT	Y012
35	OUT	Y011
36	LD	X000
37	SET	S0
39	RET	
40	END	

b) 语句表

图 5-26　自动门综合控制梯形图及语句表

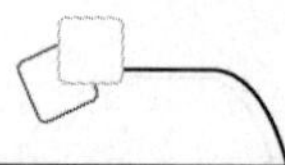

任务要求：

1）大门关闭在最低点待机时，“停止中”亮灯。

2）车辆行驶进入“入口传感器X010”，大门自动升起，“停止中”灭灯，“动作中”亮灯。

3）大门升至最高点，自动停止，“动作中”灭灯，“打开中”亮灯。

4）车辆行驶离开“出口传感器X003”，大门自动下降，“打开中”灭灯，“动作中”亮灯。

5）大门降至最低点，自动停止，“动作中”灭灯，“停止中”亮灯。

6）大门升降动作中和升起后，门灯以及“门灯指示灯”亮灯。

7）如果车辆进入X003后，10s没能离开X003，则发出催促离开蜂鸣音。

8）可以手动升降大门。

根据任务要求，编制梯形图及简要注释如图5-26所示。

在仿真软件F1界面下，输入梯形图，转换、写入程序，调试运行。

梯形图程序特殊之处分析如下。

S0工步和S11工步，都是用两个触点的并联作为转移条件，只要有一个触点闭合，就能实现步进转移，这样既可以自动启闭大门，也可以手动启闭大门。这也说明，步进转移条件可以是触点，也可以是触点块。

程序其他部分请自行分析。

1）试改变自动与手动的切换方式。

2）在较复杂控制系统中，设计步进顺控程序应注意哪些问题？

经过多个步进编程训练，同样的任务要求，和基本指令编程相比，大家是否发现，步进编程可使我们花费较少的精力，就能编制出符合要求的控制程序。请大家仔细对比，认真总结。

任务检测与分析

检测项目	评分标准	分值	学生自评	教师评分
程序编制	编程正确	30		
程序输入	输入程序熟练、迅速	20		
程序编辑	会编辑、修改梯形图程序	20		
运行调试	如果设备运行错误，会调试、修改	30		
合计		100		

复杂程序的设计方法

1. 设计思路与步骤

1）确定程序的总体结构：将系统的程序按工作方式和功能分成若干部分，例如，公共程序、手动程序、自动程序等部分。手动程序和自动程序是不同时执行的，可以用跳转指令将它们分开；用工作方式的选择信号作为跳转的条件。

2）分别设计局部程序：公共程序和手动程序相对较为简单，一般采用经验设计法进行设计；自动程序相对比较复杂，对于顺序控制系统一般采用顺序控制设计法。

3）程序的综合与调试：进一步理顺各部分程序之间的相互关系，并进行程序的调试。

2. PLC程序的内容

1）最大限度地满足控制要求，完成所要求的控制功能。

2）除控制功能外，通常还应包括以下几个方面的内容。

① 初始化程序：在PLC加电后，一般都要做一些初始化的操作。其作用是为启动作必要的准备，并避免系统发生误动作。

② 检测、故障诊断、显示程序：应用程序一般都设有检测、故障诊断和显示程序等内容。

③ 保护、连锁程序：各种应用程序中，保护和连锁是不可缺少的部分。它可以杜绝由于非法操作而引起的控制逻辑混乱，从而保证系统的运行更安全、可靠。

3. PLC程序的质量

程序的质量可以由以下几个方面来衡量。

1）程序的正确性：所谓正确的程序必须能经得起系统运行实践的考验，离开这一条对程序所做的评价都是没有意义的。

2）程序的可靠性：好的应用程序可以保证系统在正常和非正常（如短时断电再复电、某些被控量超标、某个环节有故障）工作条件下都能安全可靠地运行，也能保证在出现非法操作（如按动或误触动了不该动作的按钮）等情况下不至于出现系统控制失误。

3）参数的易调整性：容易通过修改程序或参数而改变系统的某些功能。例如，有的系统在一定情况下需要变动某些控制量的参数（如定时器或计数器的设定值等），在设计程序时必须考虑怎样编写才能易于修改。

4）程序的简洁性：编写的程序应尽可能简练。

5）程序的可读性：程序不仅给设计者自己看，系统的维护人员也要读。另外，为了有利于交流，也要求程序有一定的可读性。

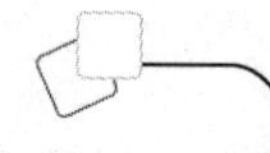

项目小结

1）FX 系列 PLC 除 20 条基本指令外，还有两条功能很强的步进控制指令，简称步进指令。

2）采用步进指令编程时，先要根据控制要求或加工工艺要求，画出顺序控制的状态流程图，再根据状态流程图画出相应的梯形图。

3）状态继电器 S0～S899 只有在使用 SET 指令以后才具有步进控制功能，并提供步进触点。同时，状态继电器还可以提供普通的常开触点和常闭触点。

4）状态继电器也可以作为普通的辅助继电器使用，其功能和辅助继电器完全相同，但这时不提供步进触点。

5）在状态转移过程中，会出现在一个扫描周期的时间内两个状态同时动作的可能。因此，在两个状态中不允许同时动作的负载之间必须加联锁措施。

6）状态继电器使用时可以任意选用，但不允许重复使用。

7）步进触点之后的电路块中不允许使用主控 MC/MCR 指令。

思考与练习

1. 状态流程图中，每个状态包含几个方面，有哪几个方面是必须具备的？

2. FX 系列 PLC 中步进指令有几条，各有什么功能？

3. 使用步进指令应该注意哪些问题？

4. 有 3 个指示灯，点动启动按钮后，要求：

① 第 1 个指示灯亮 10s 后，第 2 个指示灯再亮；

② 第 2 个指示灯亮 10s 后，第 3 个指示灯再亮；

③ 3 个指示灯同时亮 10s 后，全部熄灭。

5. 请在仿真软件 F1 界面下完成以下控制：当有车辆到达车库门前时，电动门开始上升，上升到一定高度后，上限位开关动作，升门动作停止。当汽车完全通过大门时，电动门开始下降，下降到一定高度时，下限位开关动作，降门动作停止。可手动升降电动门。

6. 请在仿真软件 E5 界面下完成以下控制：点动 PB1，机器人把纸箱搬上输送带，输送带正转；纸箱到达供料斗下（箱子在输送带上）停止，装 5 个橘子，输送带再次正转，将纸箱运到托盘。自动重复装箱输送。点动 PB2，停止工作。

7. 请在仿真软件 E6 界面下完成以下控制：点动 PB1，系统开始运行，料斗供料→输送带将工料移至左端→停留 3s→工料移至右端掉落地面→回到初始初始工步→系统停止运行。再次点动 PB1，系统可重复运行。

项目六

选择性分支步进控制编程训练

无分支步进编程具有思路简洁清晰、同一继电器线圈可重复使用等优点。从其工序流程图和梯形图可以看出，其每个工步只能转向一个工步，像是在封闭的环形跑道上跑步。

在实践中，有些控制任务的要求是在不同或相同的条件下转向不同的工作过程，为了完成此类任务，就需要有分支步进编程。有分支步进的编程分为选择性分支与汇合、并行性分支与汇合两种形式。本项目进行选择性分支与汇合步进编程的训练。

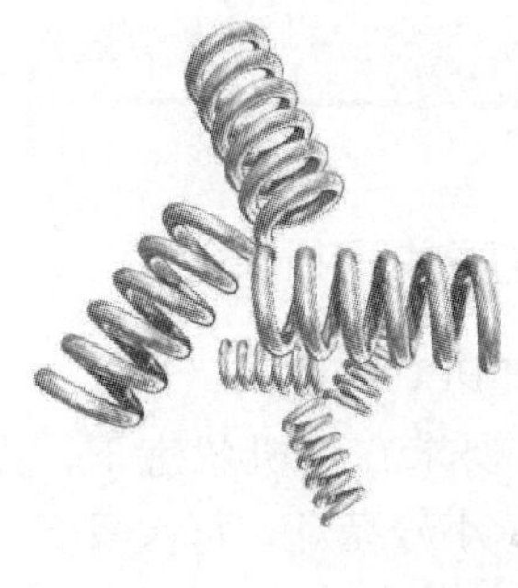

- 了解选择性步进控制的有关知识和使用。
- 掌握选择性分支步进控制程序的编程方法。

- 了解选择性分支步进控制工序流程图。
- 掌握选择性分支步进控制编程的方法。

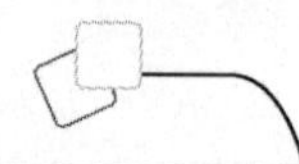

任务一　灯光分别控制步进编程训练

任务目标

1）掌握选择性分支工序流程图的设计方法。

2）掌握灯光分别控制的 PLC 步进控制程序。

任务教学方式

教学步骤	时间安排	教学手段及方式
阅读教材	课余	学生自学、查资料、相互讨论
知识点讲授	学时 2	1. 了解无分支和选择性分支控制的区别 2. 掌握选择性分支工序流程图的设计方法 3. 掌握选择性分支控制编程的步骤及方法
任务操作	学时 2	用仿真软件仿真选择性分支的控制功能
评估检测	与课堂同时进行	教师与学生共同完成任务的检测与评估，并能对出现的问题进行分析与处理

做一做

实训　设计灯光分别控制工序流程图、编写梯形图程序并运行调试

图 6-1 所示为仿真软件 D4 界面，反映了任务现场条件和 PLC 接线。

任务要求：现场有标示为“大 中 小”的 3 个指示灯，要求在待机状态下，点动 PB1，大号亮灯，或者点动 PB2，中号亮灯，或者点动 PB3，小号亮灯，每次只亮一个灯；每个灯亮 3s 后三灯全亮，点动 PB4，三灯全灭，返回待机状态。

根据任务要求，设计工序流程图如图 6-2 所示，再根据工序流程图编制梯形图及简要注释如图 6-3 所示。

在仿真软件 D4 界面下，输入梯形图，转换、写入程序，调试运行。

梯形图程序要点分析如下。

0～2 步序：PLC 加电，M8002 瞬间吸放，其常开触点瞬间通断，以此为条件转向 S0 工步，进入待机状态。

S0 工步：以 X010 为条件，转向 S10 工步；或者以 X011 为条件，转向 S20 工步；或者以 X012 为条件，转向 S30 工步。

S10 工步：驱动 Y010，大号灯亮；T0 开始延时 3s；3s 时间到 T0 吸合，以其常开触点闭合为条件，转向 S40 工步。

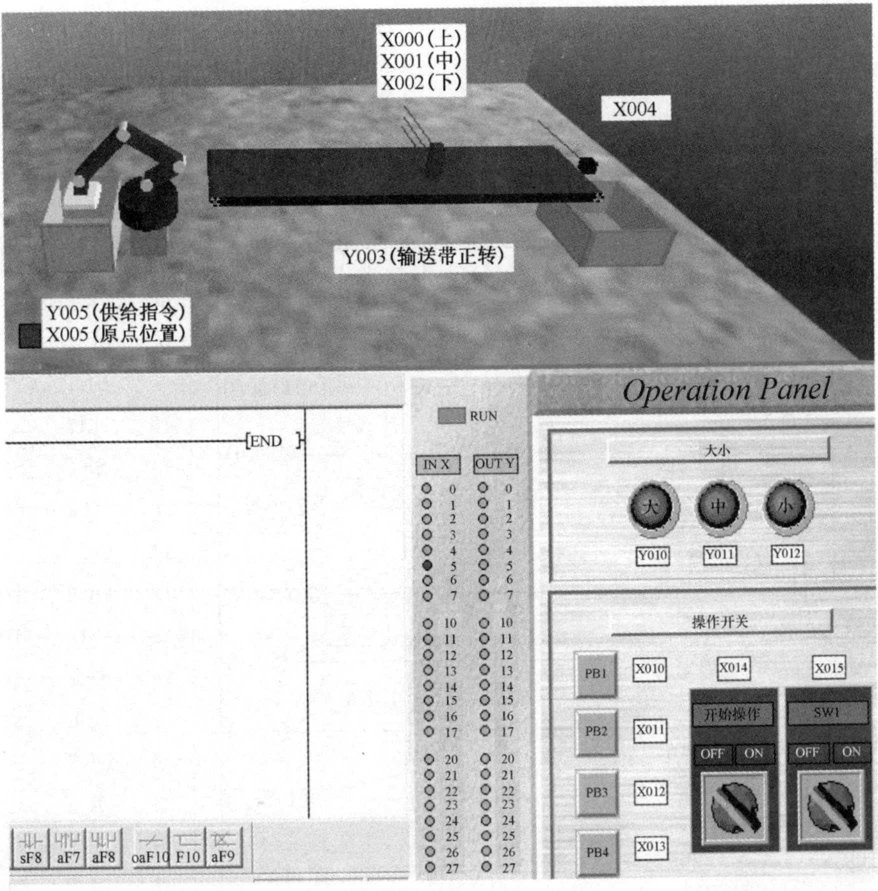

图 6-1　D4 仿真界面

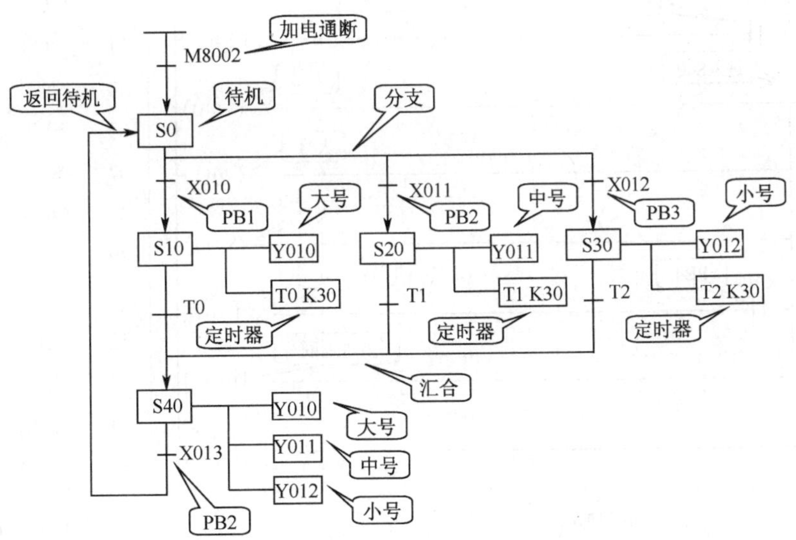

图 6-2　灯光分别控制流程图

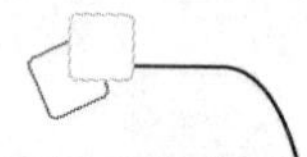

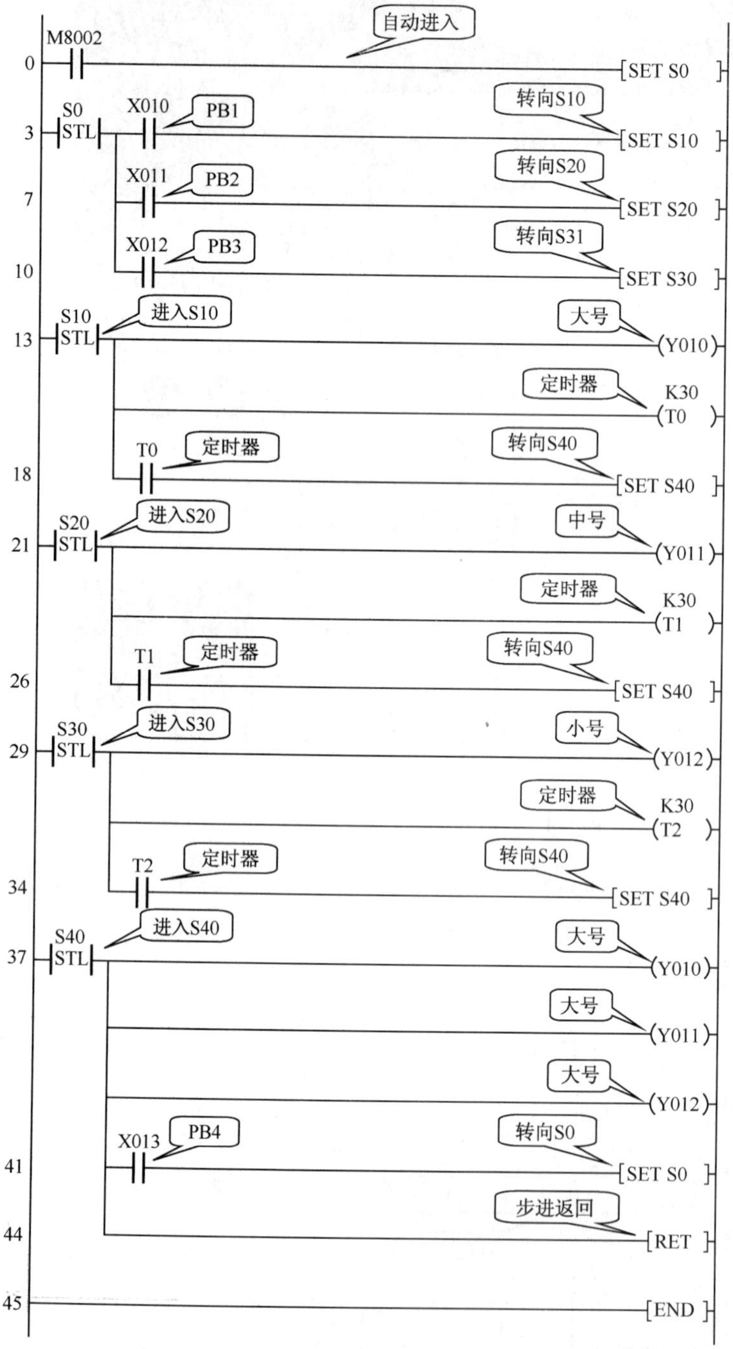

```
0   M8002 ─┤├─ 自动进入 ─ [SET S0]
3   S0 STL ─ X010 ─┤├─ PB1 ─ 转向S10 ─ [SET S10]
7          X011 ─┤├─ PB2 ─ 转向S20 ─ [SET S20]
10         X012 ─┤├─ PB3 ─ 转向S31 ─ [SET S30]
13  S10 STL ─ 进入S10 ─ 大号 ─ (Y010)
           定时器 ─ K30 (T0)
18         T0 ─┤├─ 定时器 ─ 转向S40 ─ [SET S40]
21  S20 STL ─ 进入S20 ─ 中号 ─ (Y011)
           定时器 ─ K30 (T1)
26         T1 ─┤├─ 定时器 ─ 转向S40 ─ [SET S40]
29  S30 STL ─ 进入S30 ─ 小号 ─ (Y012)
           定时器 ─ K30 (T2)
34         T2 ─┤├─ 定时器 ─ 转向S40 ─ [SET S40]
37  S40 STL ─ 进入S40 ─ 大号 ─ (Y010)
           大号 ─ (Y011)
           大号 ─ (Y012)
41         X013 ─┤├─ PB4 ─ 转向S0 ─ [SET S0]
44         步进返回 ─ [RET]
45  ─ [END]
```

a) 梯形图

步序	指令	操作数
0	LD	M8002
1	SET	S0
3	STL	S0
4	LD	X010
5	SET	S10
7	LD	X011
8	SET	S20
10	LD	X012
11	SET	S30
13	STL	S10
14	OUT	Y010
15	OUT	T0 K30
18	LD	T0
19	SET	S40
21	STL	S20
22	OUT	Y011
23	OUT	T1 K30
26	LD	T1
27	SET	S40
29	STL	S30
30	OUT	Y012
31	OUT	T2 K30
34	LD	T2
35	SET	S40
37	STL	S40
38	OUT	Y010
39	OUT	Y011
40	OUT	Y012
41	LD	X013
42	SET	S0
44	RET	
45	END	

b) 语句表

图 6-3 灯光分别控制梯形图及语句表

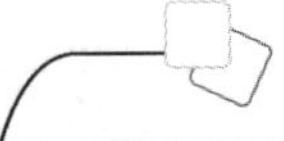

S20 工步：驱动 Y011，中号灯亮；T1 开始延时 3s；3s 时间到 T1 吸合，以其常开触点闭合为条件，转向 S40 工步。

S30 工步：驱动 Y012，小号灯亮；T2 开始延时 3s；3s 时间到 T2 吸合，以其常开触点闭合为条件，转向 S40 工步。

S40 工步：驱动 Y010、Y011、Y012 三灯全亮；以 X013 为条件，转向 S0 工步，返回待机状态；结束步进程序。

注 意

1）观察工序流程图 6-2 和梯形图 6-3，控制过程中有 3 个选择性分支，最终 3 个分支又汇合到一起。把这种步进控制称作选择性分支与汇合步进控制。

2）分析梯形图 6-3 的 S0 工步，选择性分支的程序特征是：在一个工步内，根据不同的转移条件，转向不同的工步。

3）分析梯形图 6-3 的 S10、S20、S30 各工步，选择性分支后汇合的程序特征是：各分支的最后一个工步，会转向一个相同的工步。

1）在本控制任务中，点动 PB1 后，再点动 PB2，系统将如何工作？并分析原因。

2）在本控制任务中，几个灯的停止是如何实现的？

评一评

任务检测与分析

检测项目	评分标准	分值	学生自评	教师评分
程序编制	编程正确	30		
程序输入	输入程序熟练、迅速	20		
程序编辑	会编辑、修改梯形图程序	20		
运行调试	如果设备运行错误，会调试、修改	30		
合计		100		

任务二　工件规格判断步进编程训练

掌握工件规格判断的 PLC 步进控制程序。

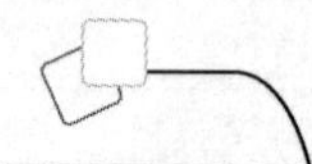

任务教学方式

教学步骤	时间安排	教学手段及方式
阅读教材	课余	学生自学、查资料、相互讨论
知识点讲授	课时2	1. 熟悉光电传感器在工件检测中的使用 2. 掌握带计数有分支步进控制 3. 掌握工件规格判断的PLC步进控制编程的步骤及方法
任务操作	课时2	用仿真软件仿真工件规格判断的PLC步进控制的控制功能
评估检测	与课堂同时进行	教师与学生共同完成任务的检测与评估，并能对出现的问题进行分析与处理

实训　设计工件规格判断工序流程图、编写梯形图程序并运行调试

图6-1所示为仿真软件D4界面，与任务一相同，反映了任务现场条件和PLC接线。

任务要求：点动PB1，机器人随机提供大、中、小号工件，输送带运送工件，工件经过由X000、X001、X002等3个光电传感器组成的光电检测门后，根据工件规格大小，相应信号灯点亮；工件到达末端，设备重复运行，共运送5个工件。PB2为急停按钮。

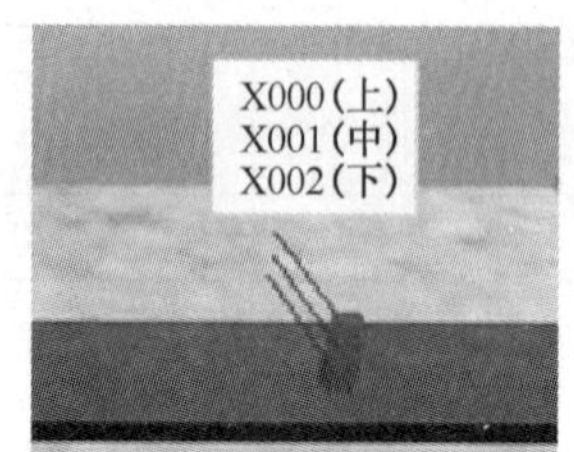

图6-4　光电检测门

任务重点分析：此任务是自动重复循环，带有分支的计数控制过程，可用选择性分支步进程序来解决，其关键是如何判断工件的大小。判断工件大小的光电检测门如图6-4所示，它是由3个高度不同的光电传感器组成。其判断原理和方法如下：

大号工件：大号工件必然扫过X000，所以用X000常开触点确认大号工件。

中号工件：中号工件扫过X001，但要排除大号工件，所以用X001常开触点与X000常闭触点确认中号工件。

小号工件：同样用X002常开触点与X001常闭触点确认小号工件。

根据任务要求和重点分析，设计工序流程图如图6-5（图中“－”表示常闭触点），再根据工序流程图编制梯形图及简要注释如图6-6所示。

在仿真软件D4界面下，输入梯形图，转换、写入程序，调试运行。

梯形图程序要点分析如下。

S0工步：以M0为条件，转向S10工步。

S10工步：驱动Y005，机器人供料；驱动Y003，输送带运转。

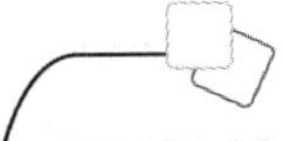

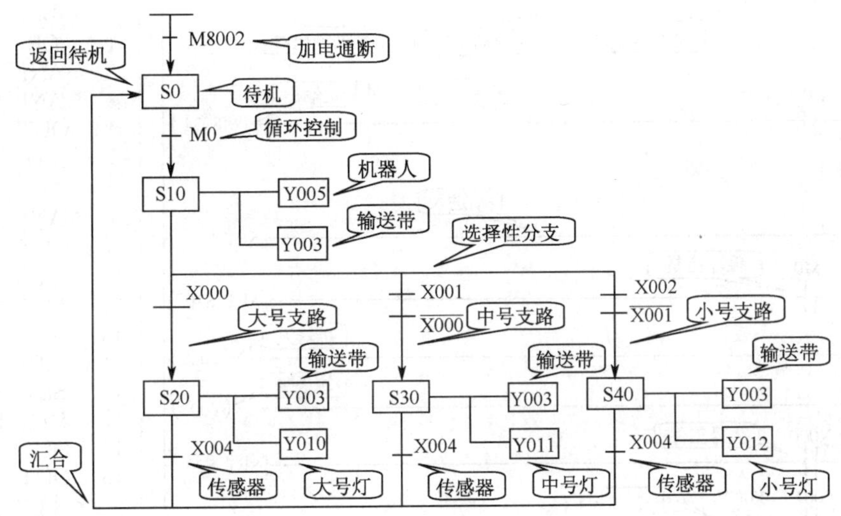

图 6-5　工件规格判断流程图

若是大号工件，以 X000 常开触点为条件，转向 S20 工步；

若是中号工件，以 X001 常开触点与 X000 常闭触点为条件，转向 S30 工步；

若是小号工件，以 X002 常开触点与 X001 常闭触点为条件，转向 S40 工步。

S20 工步：驱动 Y003，输送带运转；驱动 Y010，大号灯亮；以 X004 为条件，转向 S0 工步。

S30 工步：驱动 Y003，输送带运转；驱动 Y011，中号灯亮；以 X004 为条件，转向 S0 工步。

S40 工步：驱动 Y003，输送带运转；驱动 Y012，小号灯亮；以 X003 为条件，转向 S0 工步。

和项目二之任务八的计数控制程序图 5-19 相比，本次任务程序图中，计数自动停机和手动紧急停机是分开的。原因在于，此次计数器统计的是光电门 X002 的常开触点的通断次数，计满 5 次吸合，其常闭触点分断，M0 释放解锁，如果仍像图 5-19 一样，M8034 就会吸合，禁止所有输出，最后一个工件将停留于输送带上。图 6-6 中，将计数自动停机和手动紧急停机是分开，就是为了解决这个问题。

当然，图 6-6 中 C0 计数器改为统计 X004 下降沿触点的通断次数，也能解决自动计数停止和手动紧急停止相冲突的问题。统计 X002 常开触点通断次数，以及两种停止方式分开，是为了学习各种停止方式的编程方法。

程序其他部分，请自行分析。

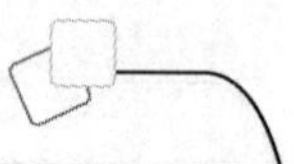

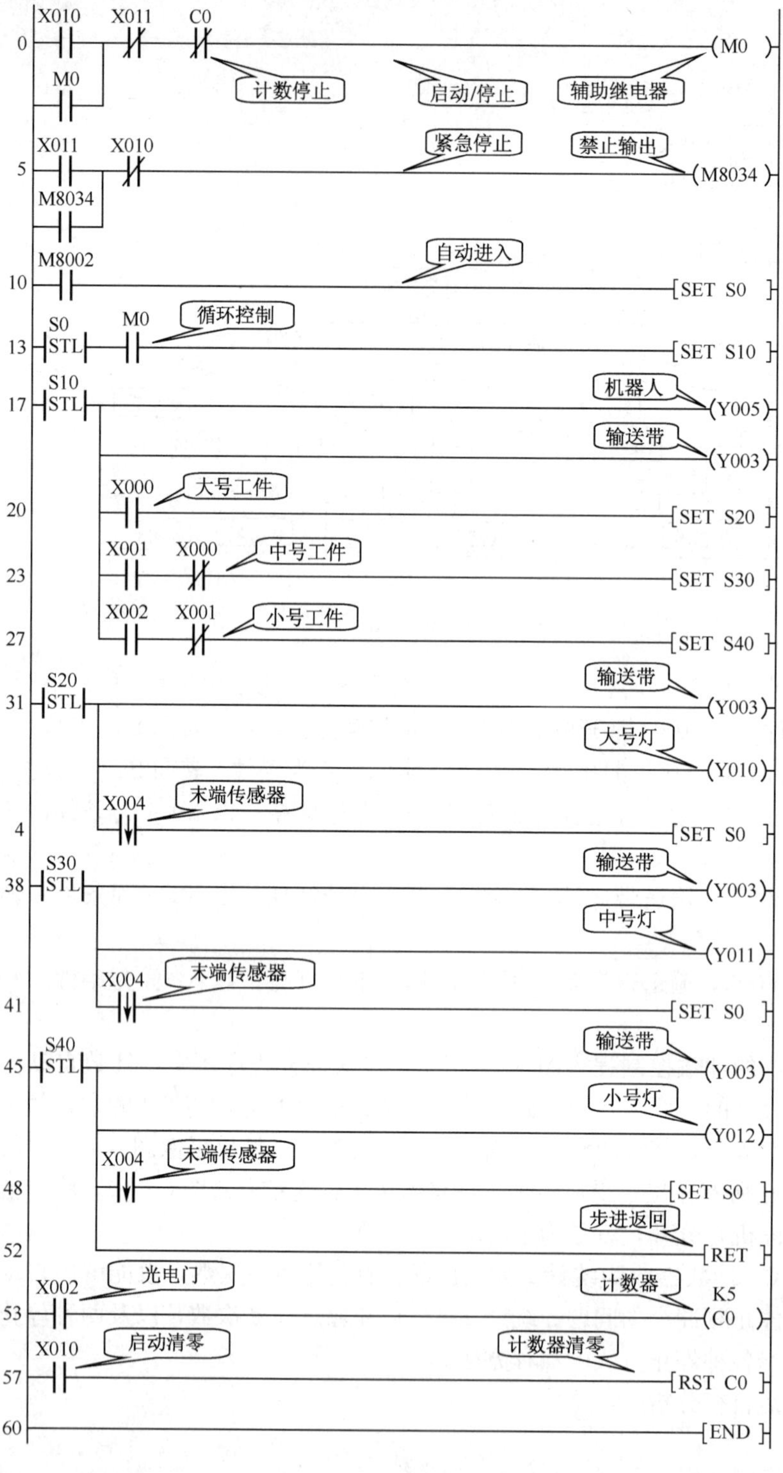

a) 梯形图

步序	指令	操作数
0	LD	X010
1	OR	M0
2	ANI	X011
3	ANI	C0
4	OUT	M0
5	LD	X011
6	OR	M8034
7	ANI	X010
8	OUT	M8034
10	LD	M8002
11	SET	S0
13	STL	S0
14	LD	M0
15	SET	S10
17	STL	S10
18	OUT	Y005
19	OUT	Y003
20	LD	X000
21	SET	S20
23	LD	X001
24	ANI	X000
25	SET	S30
27	LD	X002
28	ANI	X001
29	SET	S40
31	STL	S20
32	OUT	Y003
33	OUT	Y010
34	LDF	X004
36	SET	S0
38	STL	S30
39	OUT	Y003
40	OUT	Y011
41	LDF	X004
43	SET	S0
45	STL	S40
46	OUT	Y003
47	OUT	Y012
48	LDF	X004
50	SET	S0
52	RET	
53	LD	X002
54	OUT	C0 K5
57	LD	X010
58	RST	C0
60	END	

b) 语句表

图 6-6 工件规格判断梯形图及语句表

1）图 6-6 程序，如果要求待工件掉落地面，再重复循环运行，请问如何修改程序？

2）图 6-6 程序，如果要求设备运行中，点动 PB2 后，待工件掉落地面才真正停机，请问如何修改程序？

评一评

任务检测与分析

检测项目	评分标准	分值	学生自评	教师评分
程序编制	编程正确	30		
程序输入	输入程序熟练、迅速	20		
程序编辑	会编辑、修改梯形图程序	20		
运行调试	如果设备运行错误，会调试、修改	30		
合计		100		

任务三　工件分拣输送步进编程训练

掌握工件分拣输送的 PLC 步进控制程序。

任务教学方式

教学步骤	时间安排	教学手段及方式
阅读教材	课余	学生自学、查资料、相互讨论
知识点讲授	学时 2	1. 进一步熟悉工件分拣控制过程 2. 掌握工件分拣输送的 PLC 步进控制编程
任务操作	学时 2	用仿真软件仿真工件分拣输送的 PLC 步进控制的控制功能
评估检测	与课堂同时进行	教师与学生共同完成任务的检测与评估，并能对出现的问题进行分析与处理

实训　编写工件分拣输送梯形图程序并运行调试

图 6-7 所示为仿真软件 E2 界面，反映了任务现场条件和 PLC 接线。

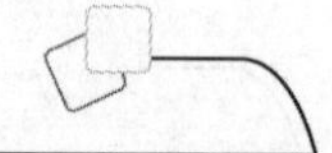

任务要求：点动PB1，机器人随机提供大号和小号工件，输送带正转；将大部件输送到后部托盘，将小部件输送到前部托盘，循环工作。点动PB2，停止工作。

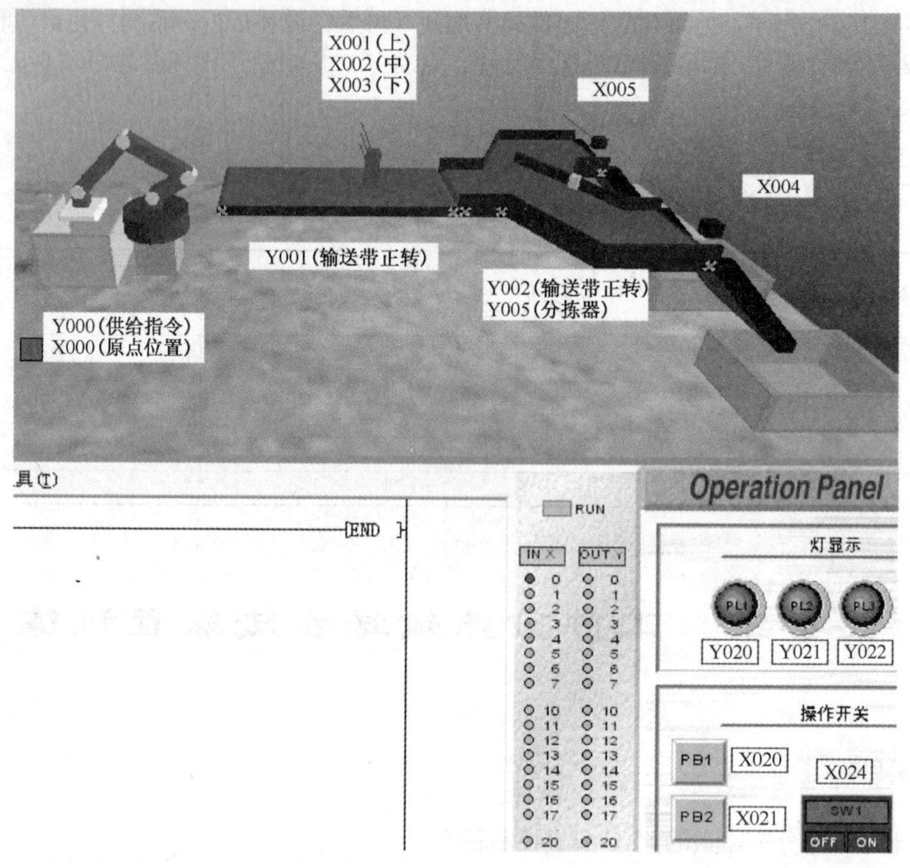

图6-7　E2仿真界面

根据现场条件和任务要求，直接编制梯形图及简要注释，如图6-8所示。

在仿真软件E2界面下，输入梯形图，转换、写入程序，调试运行。

议一议

1）请根据任务要求、现场条件、梯形图及注释，对照仿真运行效果，自行进行程序分析。

2）图6-8梯形程序使用了两个下降沿触点，试分析若将它们换成常开触点会出现什么问题？请上机试运行。

3）原任务增加“共运送5个工件”要求，并将PB2改为急停按钮，请试用多种计数方式编制程序，并上机试运行。

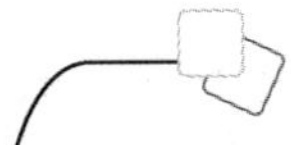

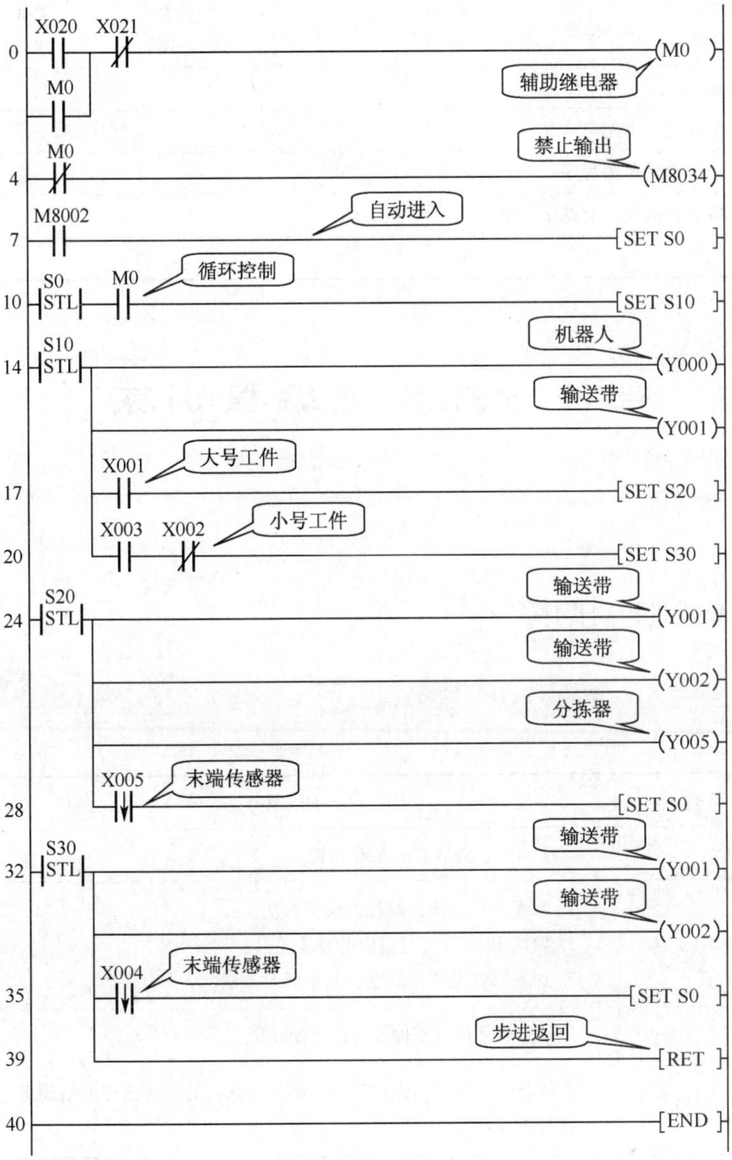

a) 梯形图

步序	指令	操作数
0	LD	X020
1	OR	M0
2	ANI	X021
3	OUT	M0
4	ANI	M0
5	OUT	M8034
7	LD	M8002
8	SET	S0
10	STL	S0
11	LD	M0
12	SET	S10
14	STL	S10
15	OUT	Y000
16	OUT	Y001
17	LD	X001
18	SET	S20
20	LD	X003
21	ANI	X002
22	SET	S30
24	STL	S20
25	OUT	Y001
26	OUT	Y002
27	OUT	Y005
28	LDF	X005
30	SET	S0
32	STL	S30
33	OUT	Y001
34	OUT	Y002
35	LDF	X004
37	SET	S0
39	RET	
40	END	

b) 语句表

图 6-8　工件分拣输送梯形图及语句表

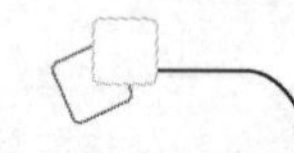

任务检测与分析

检测项目	评分标准	分值	学生自评	教师评分
程序编制	编程正确	30		
程序输入	输入程序熟练、迅速	20		
程序编辑	会编辑、修改梯形图程序	20		
运行调试	如果设备运行错误，会调试、修改	30		
合计		100		

任务四　部件分拣步进编程训练

掌握部件分拣的 PLC 步进控制程序。

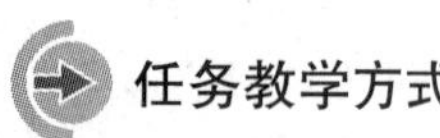

教学步骤	时间安排	教学手段及方式
阅读教材	课余	学生自学、查资料、相互讨论
知识点讲授	学时 2	1. 掌握多分支步进顺控的编程方法 2. 熟悉 PLC 输入与输出的对应关系 3. 讨论部件分拣控制编程的步骤及方法
任务操作	学时 2	用仿真软件仿真部件分拣的控制功能
评估检测	与课堂同时进行	教师与学生共同完成任务的检测与评估，并能对出现的问题进行分析与处理

实训　编写部件分拣梯形图程序并运行调试

图 6-9 所示为仿真软件 F3 界面，反映了任务现场条件和 PLC 接线。

任务要求：点动 PB2，机器人随机提供大、中、小 3 种部件，输送带输送；根据部件大小，启功不同的输送带及推杆，将大小不同部件，推入各自的托盘，循环工作。点动 PB1，停止工作。

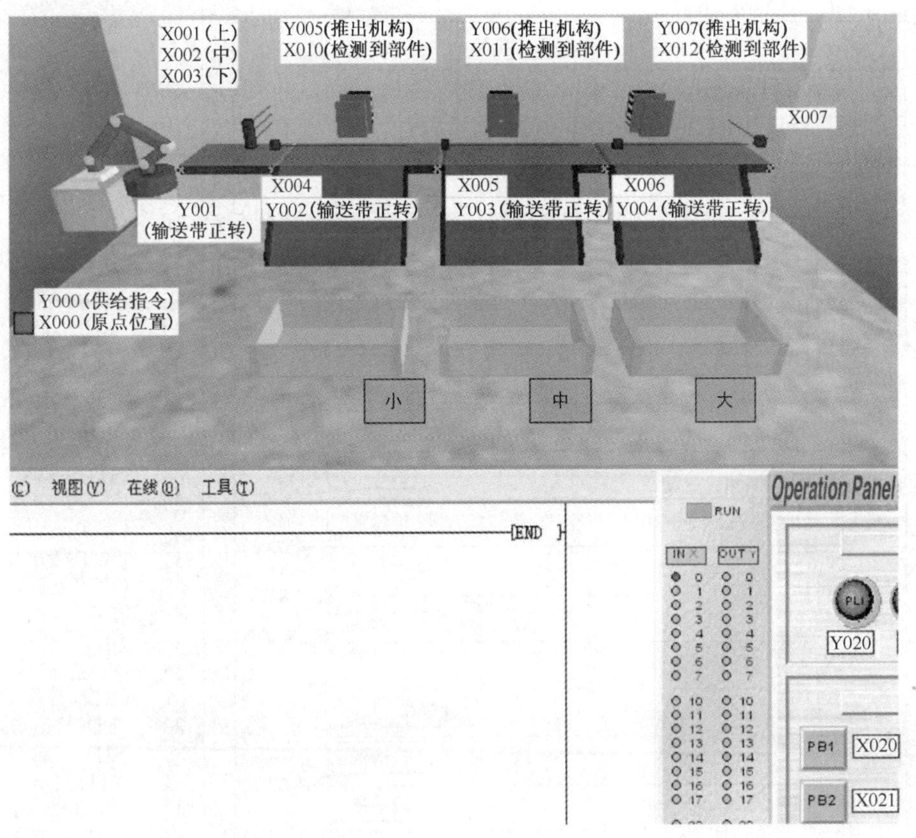

图 6-9　F3 仿真界面

根据现场条件和任务要求，直接编制梯形图及简要注释，如图 6-10 所示。

在仿真软件 F3 界面下，输入梯形图，转换、写入程序，调试运行。

梯形图程序中，S30 工步到 S31 工步、S40 工步到 S41 工步、S50 工步到 S51 工步，每个支路有两个工步。实际应用中，每个支路的工步数量不受限制，要根据实际情况确定。

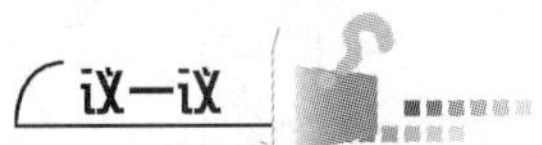

议一议

1）请根据任务要求、现场条件、梯形图及注释，对照仿真运行效果，自行进行程序分析。

2）图 6-10 程序，是用 X004、X005、X006 三个边沿传感器反映部件被推出，还可以用其他触点来反映部件被推出吗？请上机试一试。

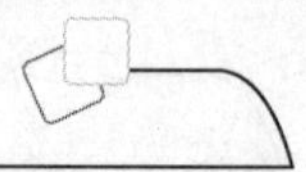

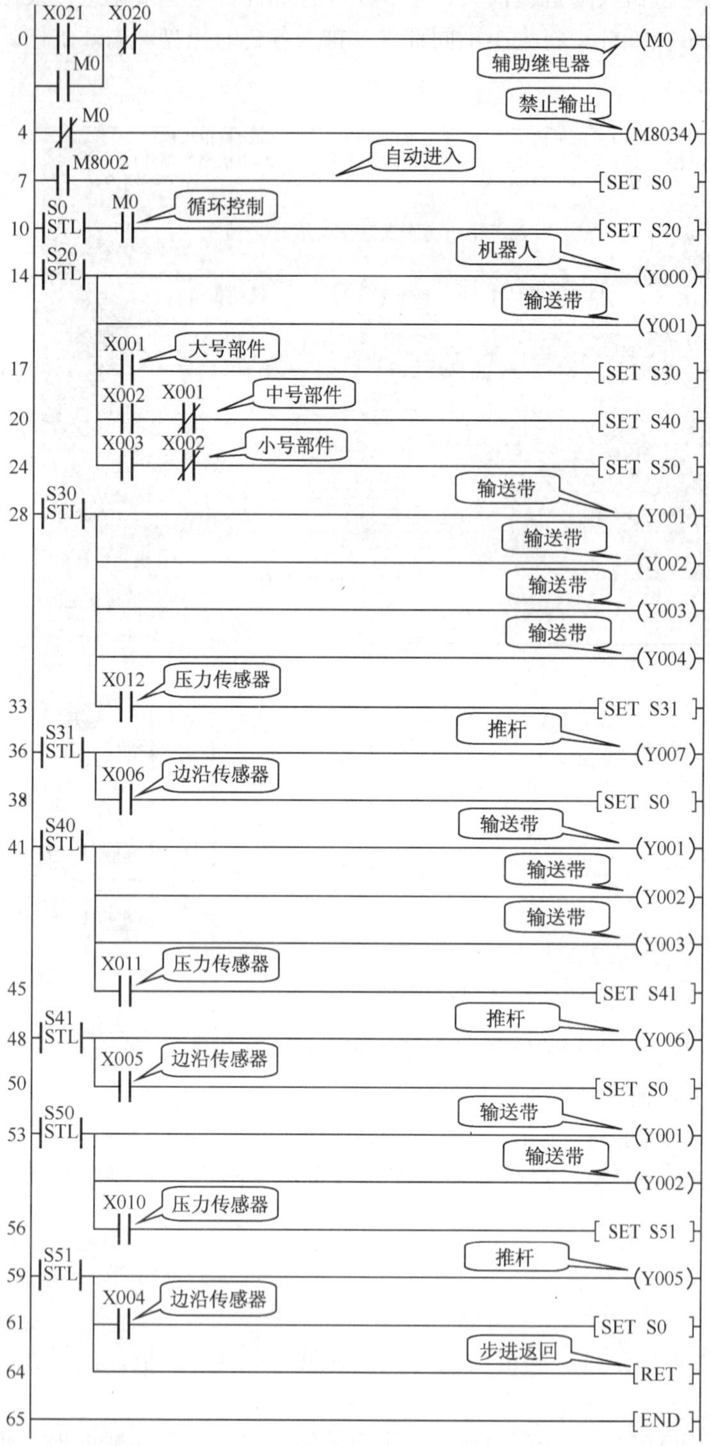

a) 梯形图

步序	指令	操作数
0	LD	X021
1	OR	M0
2	ANI	X020
3	OUT	M0
4	ANI	M0
5	OUT	M8034
7	LD	M8002
8	SET	S0
10	STL	S0
11	LD	M0
12	SET	S20
14	STL	S20
15	OUT	Y000
16	OUT	Y001
17	LD	X001
18	SET	S30
20	LD	X002
21	ANI	X001
22	SET	S40
24	LD	X003
25	ANI	X002
26	SET	S50
28	STL	S30
29	OUT	Y001
30	OUT	Y002
31	OUT	Y003
32	OUT	Y004
33	LD	X012
34	SET	S31
36	STL	S31
37	OUT	Y007
38	LD	X006
39	SET	S0
41	STL	S40
42	OUT	Y001
43	OUT	Y002
44	OUT	Y003
45	LD	X011
46	SET	S41
48	STL	S41
49	OUT	Y006
50	LD	X005
51	SET	S0
53	STL	S50
54	OUT	Y001
55	OUT	Y002
56	LD	X010
57	SET	S51
59	STL	S51
60	OUT	Y005
61	LD	X004
62	SET	S0
64	RET	
65	END	

b) 语句表

图 6-10　部件分拣梯形图及语句表

任务检测与分析

检测项目	评分标准	分值	学生自评	教师评分
程序编制	编程正确	30		
程序输入	输入程序熟练、迅速	20		
程序编辑	会编辑、修改梯形图程序	20		
运行调试	如果设备运行错误，会调试、修改	30		
合计		100		

任务五　工件分配步进编程训练

掌握工件分配的PLC步进控制程序。

任务教学方式

教学步骤	时间安排	教学手段及方式
阅读教材	课余	学生自学、查资料、相互讨论
知识点讲授	学时2	1. 掌握多工步控制的编程方法 2. 熟悉边沿触发指令的应用 3. 讨论工件分配的PLC步进控制编程的步骤及方法
任务操作	学时2	用仿真软件仿真工件分配的PLC步进的控制功能
评估检测	与课堂同时进行	教师与学生共同完成任务的检测与评估，并能对出现的问题进行分析与处理

实训　编写工件分配梯形图程序并运行调试

图6-11所示为仿真软件F5界面，反映了任务现场条件和PLC接线。

任务要求：点动PB2，料斗随机提供大、中、小3种部件，输送带输送；根据部件大小，启动不同的输送带、推杆及机器人，将大小不同部件，放入各自的托盘，循环工

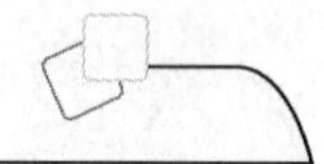

作。点动PB1，停止工作。

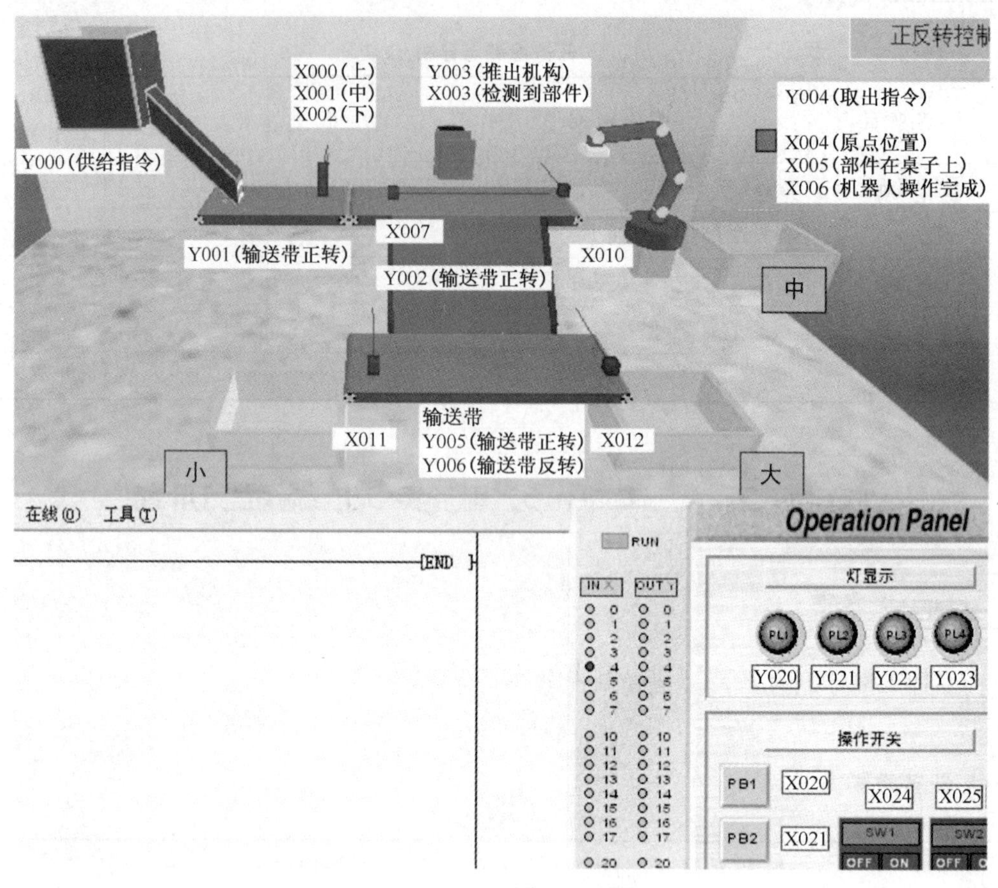

图 6-11　F5 仿真界面

根据现场条件和任务要求，直接编制梯形图及简要注释，如图 6-12 所示。

在仿真软件 F5 界面下，输入梯形图，转换、写入程序，调试运行。

在梯形图程序中 S41 工步的转移条件是 X005 的下降沿触点。当工件被机器人取走离开桌面时，X005 的下降沿触点瞬间通断，提供转移条件，这样做的目的是为了提高整个系统的运行速度。

议一议

1）请根据任务要求、现场条件、梯形图及注释，对照仿真运行效果，自行进行程序分析。

2）图 6-12 程序中，S41 工步还可以使用其他转移条件吗？如果使用其他转移条件，请上机试一试系统的运行速度有何改变？

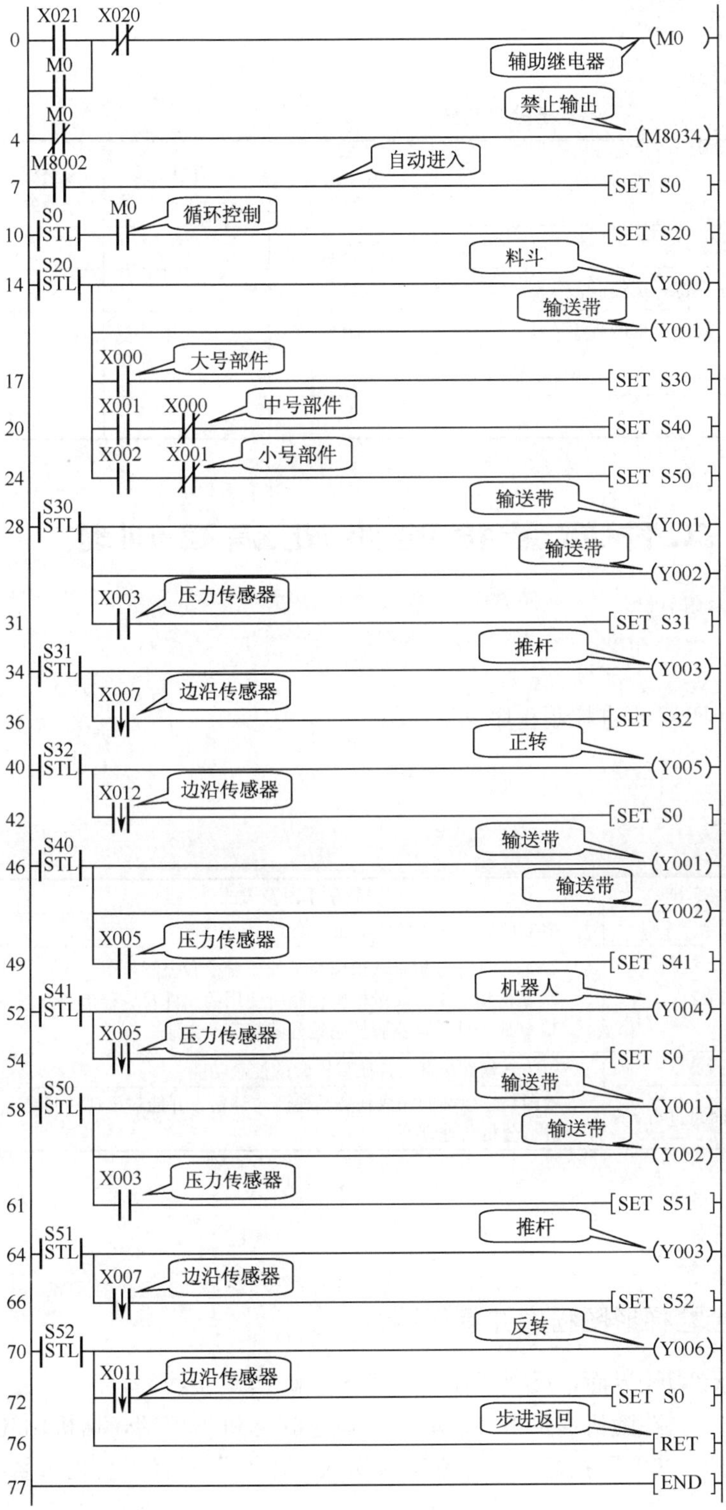

a) 梯形图

步序	指令	操作数
0	LD	X021
1	OR	M0
2	ANI	X020
3	OUT	M0
4	ANI	M0
5	OUT	M8034
7	LD	M8002
8	SET	S0
10	STL	S0
11	LD	M0
12	SET	S20
14	STL	S20
15	OUT	Y000
16	OUT	Y001
17	LD	X000
18	SET	S30
20	LD	X001
21	ANI	X000
22	SET	S40
24	LD	X002
25	ANI	X001
26	SET	S50
28	STL	S30
29	OUT	Y001
30	OUT	Y002
31	LD	X003
32	SET	S31
34	STL	S31
35	OUT	Y003
36	LDF	X007
38	SET	S32
40	STL	S32
41	OUT	Y005
42	LDF	X012
44	SET	S0
46	STL	S40
47	OUT	Y001
48	OUT	Y002
49	LD	X005
50	SET	S41
52	STL	S41
53	OUT	Y004
54	LDF	X005
56	SET	S0
58	STL	S50
59	OUT	Y001
60	OUT	Y002
61	LD	X003
62	SET	S51
64	STL	S51
65	OUT	Y003
66	LDF	X007
68	SET	S52
70	STL	S52
71	OUT	Y006
72	LDF	X011
74	SET	S0
76	RET	
77	END	

b) 语句表

图 6-12　工件分配梯形图及语句表

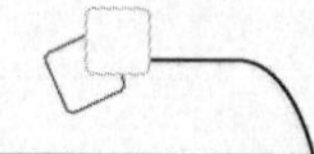

任务检测与分析

检测项目	评分标准	分值	学生自评	教师评分
程序编制	编程正确	30		
程序输入	输入程序熟练、迅速	20		
程序编辑	会编辑、修改梯形图程序	20		
运行调试	如果设备运行错误，会调试、修改	30		
合计		100		

任务六　工件质量检验步进编程训练

掌握工件质量检验的 PLC 步进控制程序。

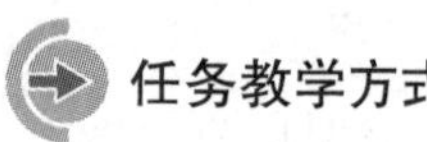

任务教学方式

教学步骤	时间安排	教学手段及方式
阅读教材	课余	学生自学、查资料、相互讨论
知识点讲授	学时 2	1. 通过任务分析来认识何为工件质量检验控制 2. 掌握实现工件质量检验控制所使用的元件及编程指令 3. 掌握工件质量检验控制编程的步骤及方法
任务操作	学时 2	用仿真软件仿真工件质量检验的控制功能
评估检测	与课堂同时进行	教师与学生共同完成任务的检测与评估，并能对出现的问题进行分析与处理

实训　编写工件质量检验梯形图程序并运行调试

图 6-13 所示为仿真软件 F4 界面，反映了任务现场条件和 PLC 接线。

任务要求：点动 PB2，料斗随机提供工件，输送带输送到钻机下停留，钻机钻孔；钻孔完成，将正常工件送入“OK”托盘，将异常工件送入“不行”托盘。自动重复工作，点动 PB1，停止工作。

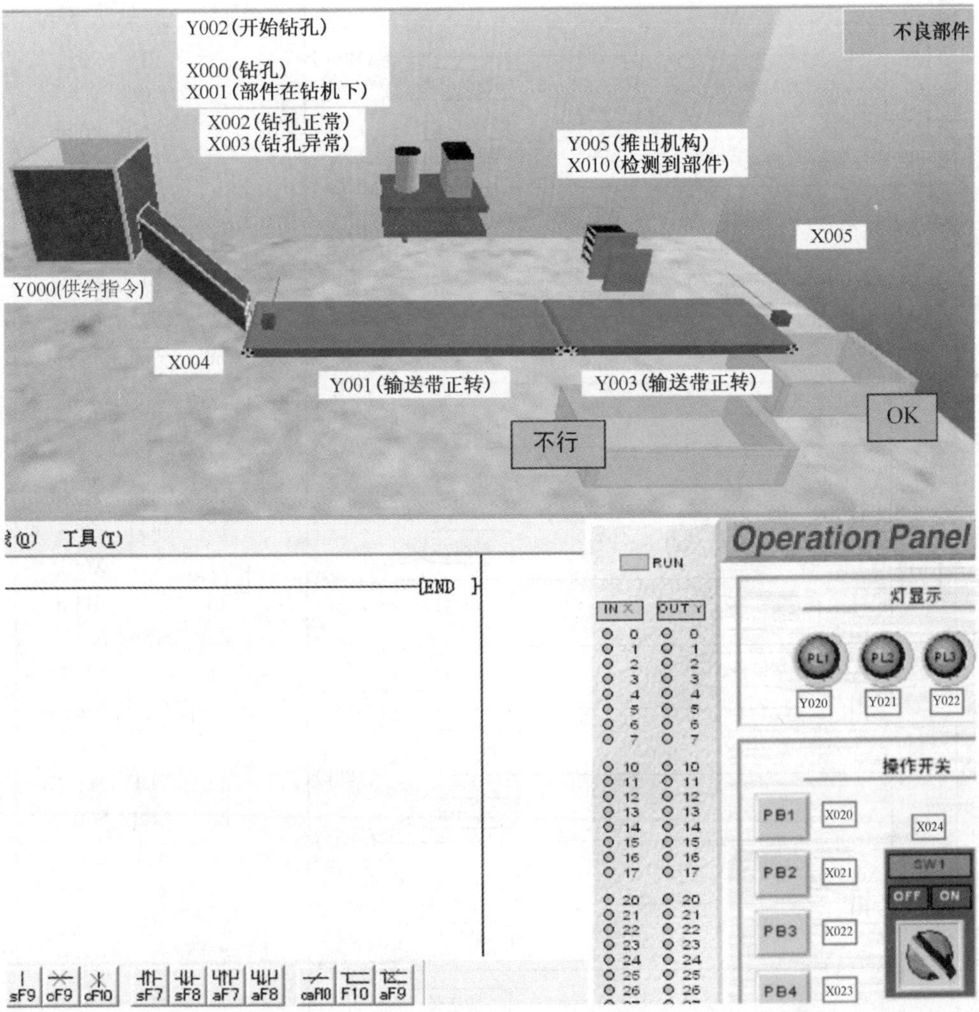

图 6-13　F4 仿真界面

根据现场条件和任务要求，直接编制梯形图及简要注释，如图 6-14 所示。

在仿真软件 F4 界面下，输入梯形图，转换、写入程序，调试运行。

在图 6-13 中表面看不到表示工件推出的标志，但可以用表示检测到工件的压力传感器 X010 的常闭触点来反映工件是否被推出，如图 6-14 程序的 S30 工步所示。当然也可以用 X010 的下降沿触点来表示工件被推出。

在图 6-13 中，“钻孔正常”和“钻孔异常”两个传感器动作以后，要保持动作状态到下次钻孔完成，为了不影响后续程序的正常运行，在图 6-14 程序中，S11 工步分别使用了这两个传感器的上升沿触点。

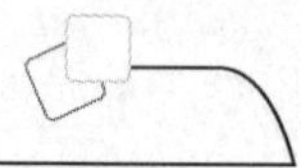

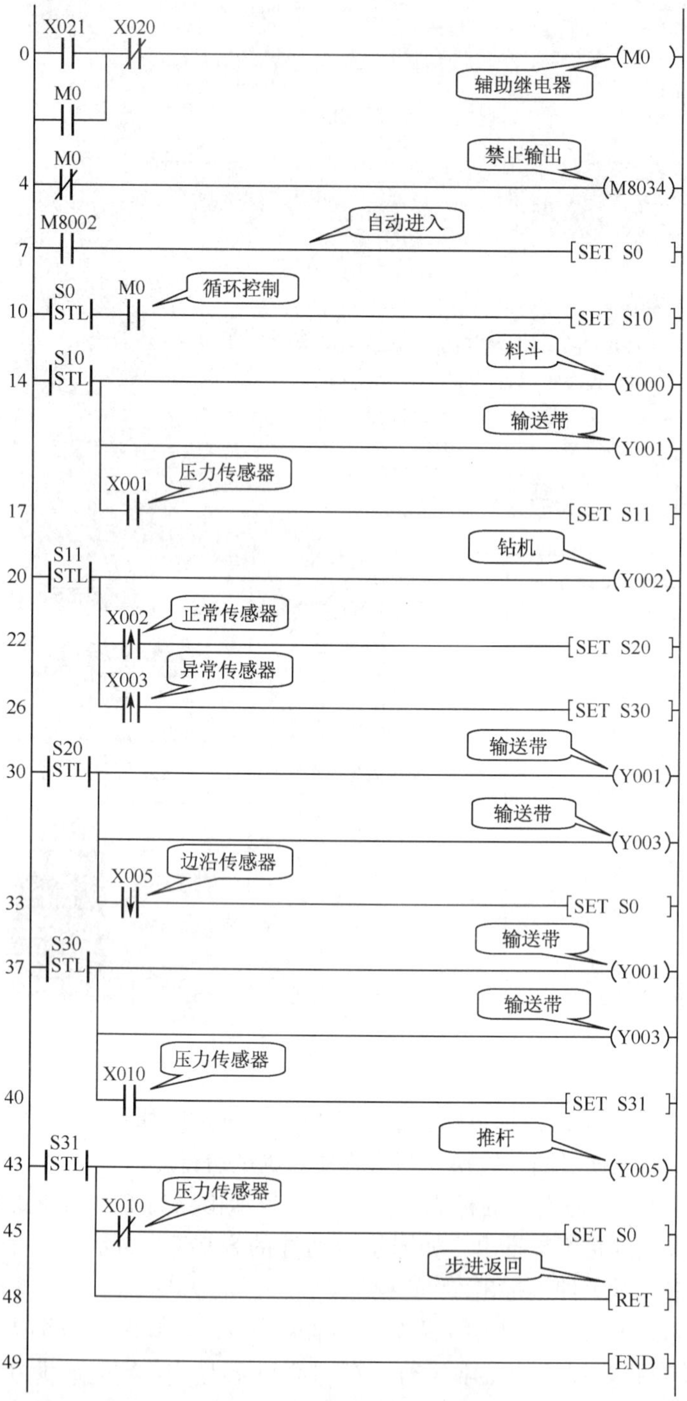

a) 梯形图

步序	指令	操作数
0	LD	X021
1	OR	M0
2	ANI	X020
3	OUT	M0
4	ANI	M0
5	OUT	M8034
7	LD	M8002
8	SET	S0
10	STL	S0
11	LD	M0
12	SET	S10
14	STL	S10
15	OUT	Y000
16	OUT	Y001
17	LD	X001
18	SET	S11
20	STL	S11
21	OUT	Y002
22	LDP	X002
24	SET	S20
26	LDP	X003
28	SET	S30
30	STL	S20
31	OUT	Y001
32	OUT	Y003
33	LDF	X005
35	SET	S0
37	STL	S30
38	OUT	Y001
39	OUT	Y003
40	LD	X010
41	SET	S31
43	STL	S31
44	OUT	Y005
45	LDI	X010
46	SET	S0
48	RET	
49	END	

b) 语句表

图 6-14　工件质量检验梯形图及语句表

1）请根据任务要求、现场条件、梯形图及注释，对照仿真运行效果，自行进行程序分析。

2）图 6-14 程序中，S11 工步转移条件的两个上升沿触点能改为常开触点吗？请试一试运行效果。

3）原任务增加“当转换开关 SW1 置于 OFF 时，统计正常工件 5 个自动停机；当转换开关 SW1 置于 ON 时，统计异常工件 5 个自动停机”的要求，请编制程序，上机试运行。

任务检测与分析

检测项目	评分标准	分值	学生自评	教师评分
程序编制	编程正确	30		
程序输入	输入程序熟练、迅速	20		
程序编辑	会编辑、修改梯形图程序	20		
运行调试	如果设备运行错误，会调试、修改	30		
合计		100		

任务七　升降机控制步进编程训练

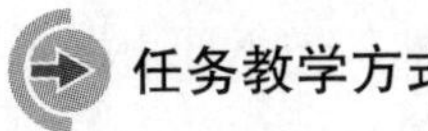

掌握升降机控制的 PLC 步进控制程序。

任务教学方式

教学步骤	时间安排	教学手段及方式
阅读教材	课余	学生自学、查资料、相互讨论
知识点讲授	学时 2	1. 通过任务分析来认识何为升降机控制的步进控制 2. 掌握升降机控制控制所使用的元件及编程指令 3. 掌握升降机控制编程的步骤及方法
任务操作	学时 2	用仿真软件仿真升降机控制的步进控制功能
评估检测	与课堂同时进行	教师与学生共同完成任务的检测与评估，并能对出现的问题进行分析与处理

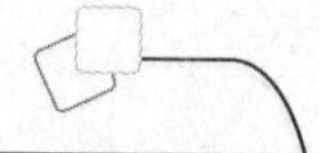

做一做

实训　编写升降机控制梯形图程序并运行调试

图 6-15 所示为仿真软件 F6 界面，反映了任务现场条件和 PLC 接线。

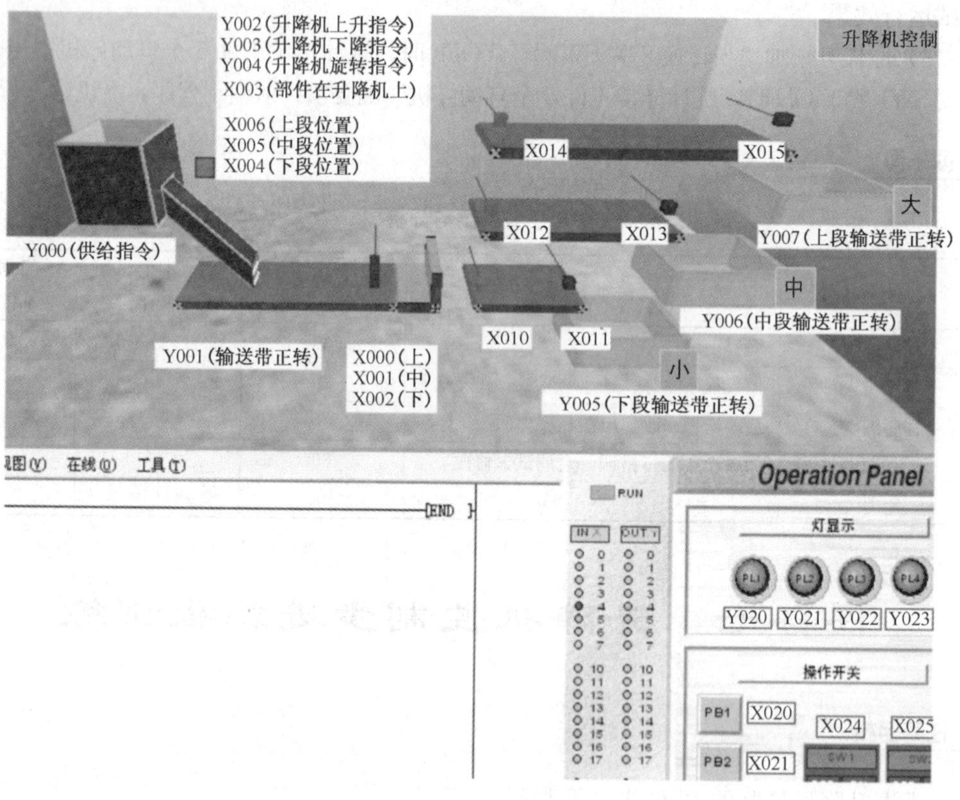

图 6-15　F6 仿真界面

任务要求：点动 PB2，料斗随机提供大、中、小 3 种部件，根据部件大小，启动不同设备，将大小不同部件，放入各自的托盘，循环工作。点动 PB1，停止工作。

根据现场条件和任务要求，直接编制梯形图及简要注释，如图 6-16 所示。

在仿真软件 F6 界面下，输入梯形图，转换、写入程序，调试运行。

在梯形图中，S23 和 S33 两个有关升降机下降和输送带传送的工步，都使用下段传感器作为转移条件，而没有使用输送带末端传感器作为转移条件，其目的是为了提高系统运行速度。

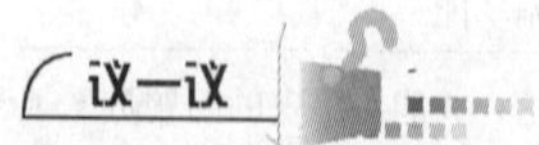
议一议

1）请根据任务要求、现场条件、梯形图及注释，对照仿真运行效果，自行进行程序分析。

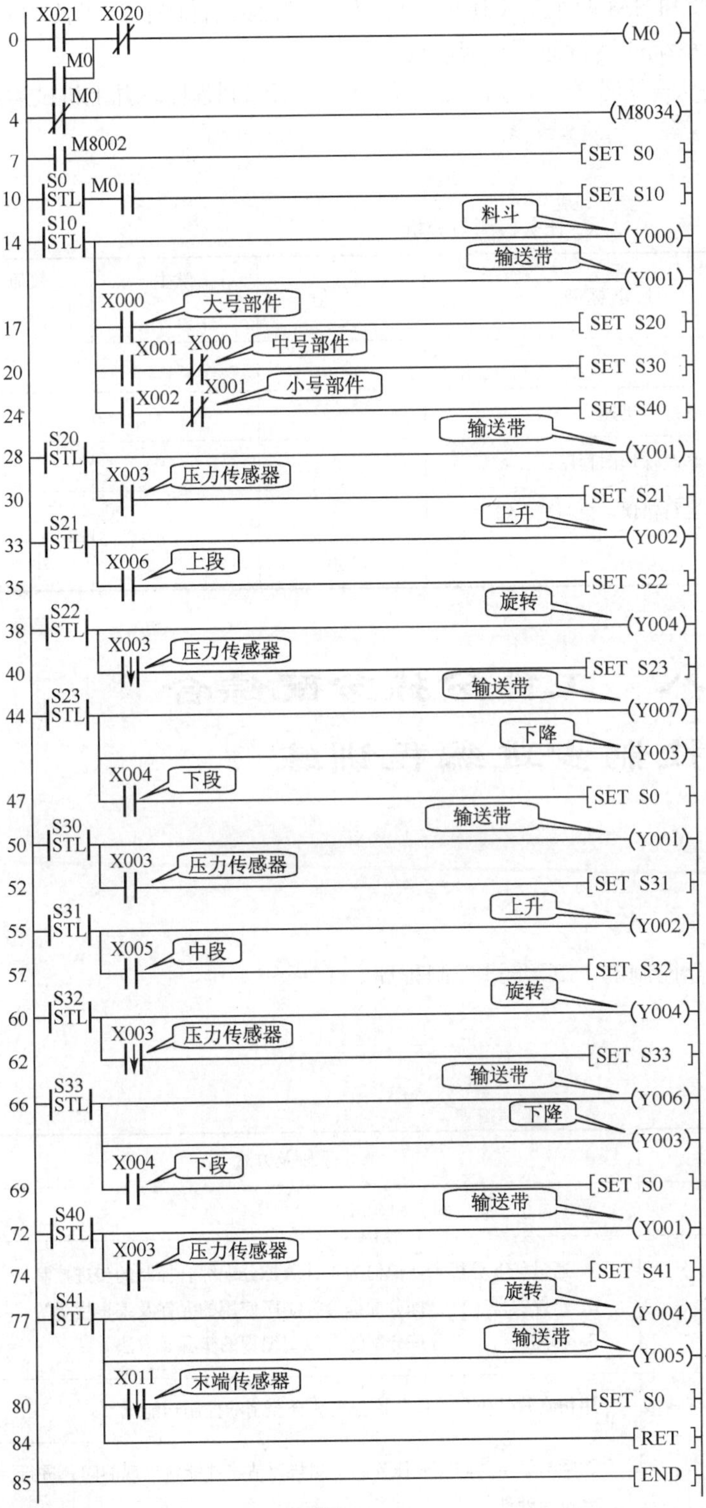

a) 梯形图

步序	指令	操作数
0	LD	X021
1	OR	M0
2	ANI	X020
3	OUT	M0
4	ANI	M0
5	OUT	M8034
7	LD	M8002
8	SET	S0
10	STL	S0
11	LD	M0
12	SET	S10
14	STL	S10
15	OUT	Y000
16	OUT	Y001
17	LD	X000
18	SET	S20
20	LD	X001
21	ANI	X000
22	SET	S30
24	LD	X002
25	ANI	X001
26	SET	S40
28	STL	S20
29	OUT	Y001
30	LD	X003
31	SET	S21
32	STL	S21
34	OUT	Y002
35	LD	X006
36	SET	S22
38	STL	S22
39	OUT	Y004
40	LDF	X003
42	SET	S23
44	STL	S23
45	OUT	Y007
46	OUT	Y003
47	LD	X004
48	SET	S0
50	STL	S30
51	OUT	Y001
52	LD	X003
53	SET	S31
55	STL	S31
56	OUT	Y002
57	LD	X005
58	SET	S32
60	STL	S32
61	OUT	Y004
62	LDF	X003
64	SET	S33
66	STL	S33
67	OUT	Y006
68	OUT	Y003
69	LD	X004
70	SET	S0
72	STL	S40
73	OUT	Y001
74	LD	X003
75	SET	S41
77	STL	S41
78	OUT	Y004
79	OUT	Y005
80	LDF	X011
82	SET	S0
84	RET	
85	END	

b) 语句表

图 6-16　升降机控制梯形图及语句表

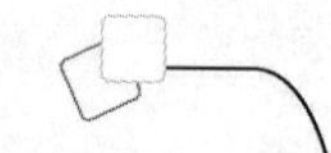

2）图 6-16 程序，S23 和 S33 两个工步还可以使用其他转移条件吗？如果使用其他转移条件，请上机试一试系统的运行速度有何改变？

3）如果原任务改为将大号和小号工件送达的位置交换，请编制程序，并上机试运行。

任务检测与分析

检测项目	评分标准	分值	学生自评	教师评分
程序编制	编程正确	30		
程序输入	输入程序熟练、迅速	20		
程序编辑	会编辑、修改梯形图程序	20		
运行调试	如果设备运行错误，会调试、修改	30		
合计		100		

任务八　工件分拣分配综合控制步进编程训练

掌握工件分拣分配综合控制的 PLC 步进控制程序。

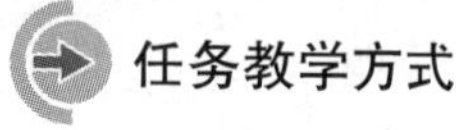

任务教学方式

教学步骤	时间安排	教学手段及方式
阅读教材	课余	学生自学、查资料、相互讨论
知识点讲授	学时 2	1. 通过任务分析来认识何为工件分拣分配综合控制的步进控制 2. 掌握实现工件分拣分配综合控制所使用的元件及编程指令 3. 掌握进行工件分拣分配综合控制编程的步骤及方法
任务操作	学时 2	用仿真软件仿真工件分拣分配综合控制的控制功能
评估检测	与课堂同时进行	教师与学生共同完成任务的检测与评估，并能对出现的问题进行分析与处理

做一做

实训　编写工件分拣分配综合控制梯形图程序并运行调试

图 6-17 所示为仿真软件 F7 界面，反映了任务现场条件和 PLC 接线。

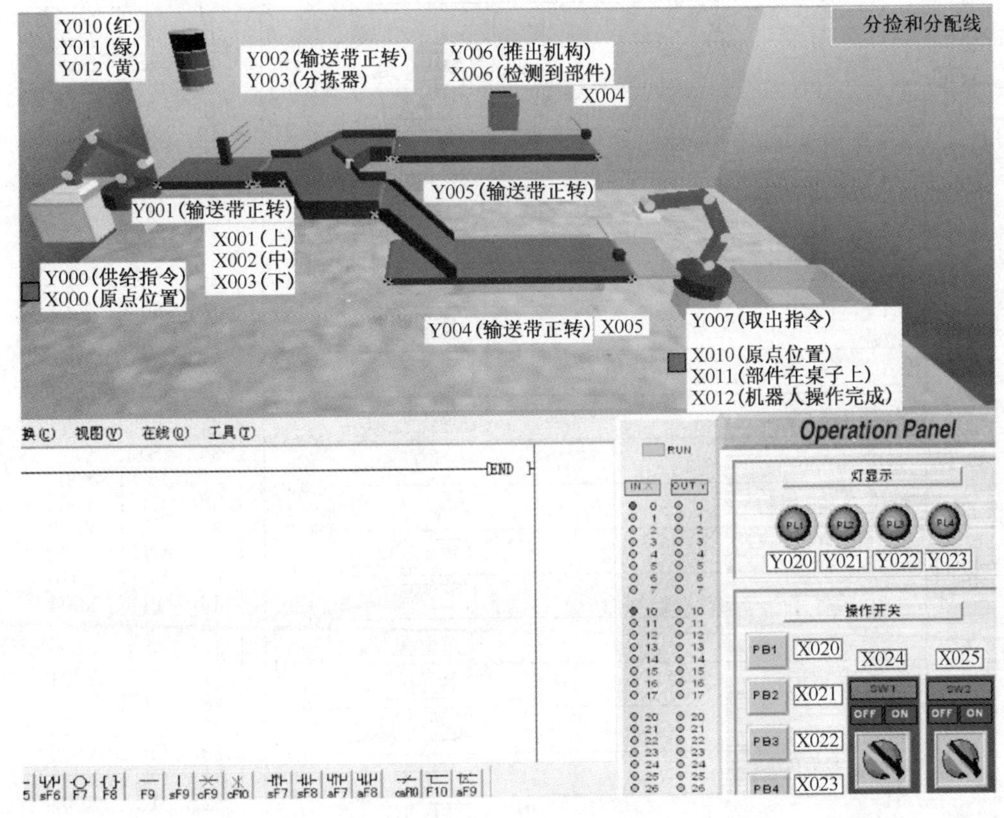

图 6-17　F7 仿真界面

任务要求：点动 PB2，供料机器人供料，Y001 输送带传送；检测到大号部件红灯亮，中号部件绿灯亮，小号部件黄灯亮；大号部件经 Y005 输送带被传送到地面；中号部件被推入托盘；小号部件被取料机器人放入托盘；供料 5 个停止工作。系统启动，计数器清零。点动 PB1 紧急停止。

根据现场条件和任务要求，直接编制梯形图及简要注释，如图 6-18 所示。

在仿真软件 F7 界面下，输入梯形图，转换、写入程序，调试运行。

在梯形图程序中，计数停止 C0 的常闭触点，设在 S0 工步，而没有与手动停止 X020 的常闭触点相串联，是为了避免启动 M8034 所带来的相互冲突。

任务二“工件规格判断步进编程训练”梯形图 6-6 中的计数停止，也考虑了上述冲突的问题，但是解决的方法不同，请比较这两种解决方法的不同之处，灵活运用。

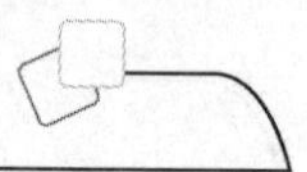

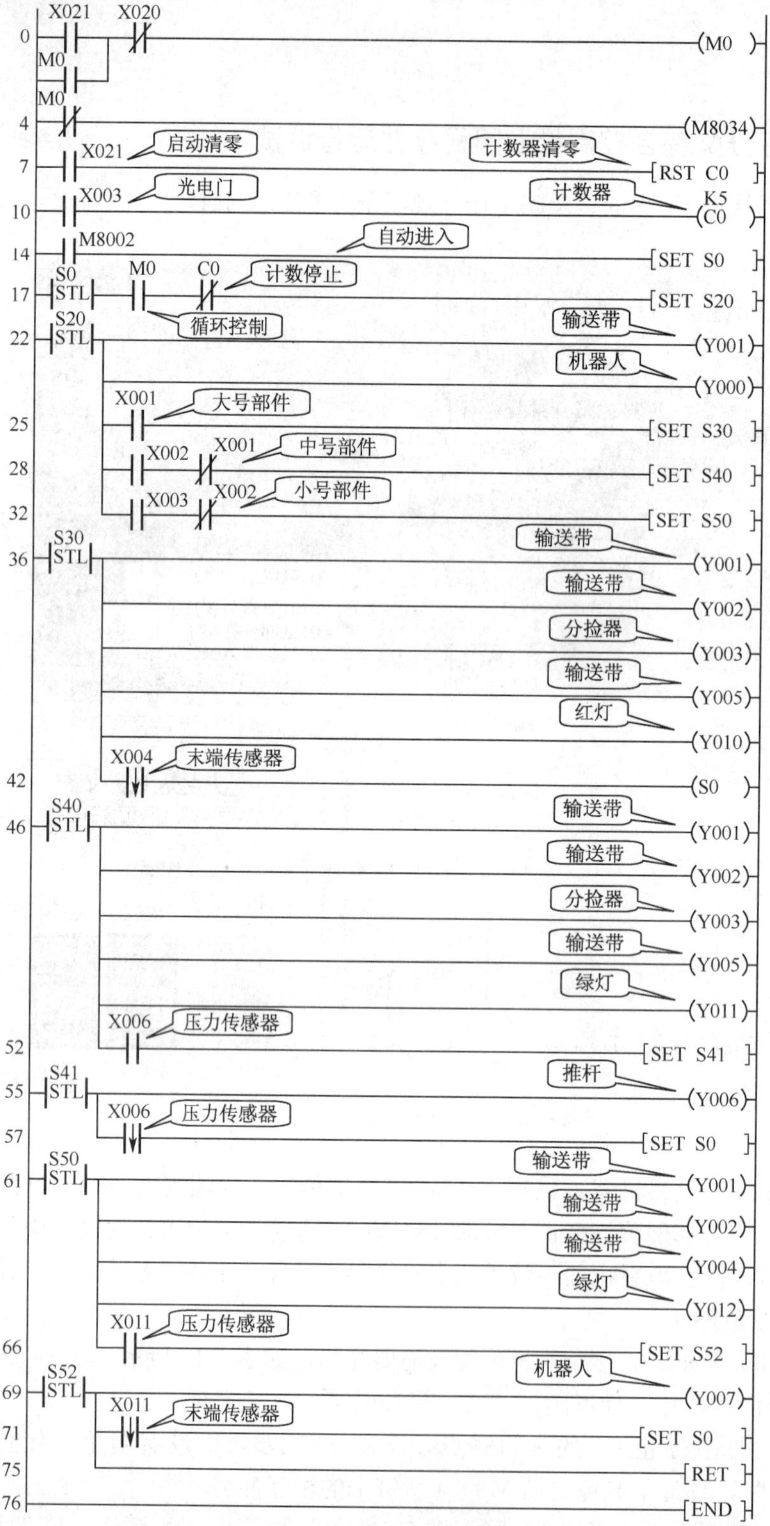

a) 梯形图

步序	指令	操作数
0	LD	X021
1	OR	M0
2	ANI	X020
3	OUT	M0
4	ANI	M0
5	OUT	M8034
7	LD	X021
8	RST	C0
10	LD	X003
11	OUT	C0 K5
14	LD	M8002
15	SET	S0
17	STL	S0
18	LD	M0
19	ANI	C0
20	SET	S20
22	STL	S20
23	OUT	Y001
24	OUT	Y000
25	LD	X001
26	SET	S30
28	LD	X002
29	ANI	X001
30	SET	S40
32	LD	X003
33	ANI	X002
34	SET	S50
36	STL	S30
37	OUT	Y001
38	OUT	Y002
39	OUT	Y003
40	OUT	Y005
41	OUT	Y010
42	LDF	X004
44	SET	S0
46	STL	S40
47	OUT	Y001
48	OUT	Y002
49	OUT	Y003
50	OUT	Y005
51	OUT	Y011
52	LD	X006
53	SET	S41
55	STL	S41
56	OUT	Y006
57	LDF	X006
59	SET	S0
61	STL	S50
62	OUT	Y001
63	OUT	Y002
64	OUT	Y004
65	OUT	Y012
66	LD	X011
67	SET	S52
69	STL	S52
70	OUT	Y007
71	LDF	X011
73	SET	S0
75	RET	
76	END	

b) 语句表

图 6-18 工件分拣分配综合控制梯形图及语句表

议一议

1）请根据任务要求、现场条件、梯形图及注释，对照仿真运行效果，自行进行程序分析。

2）图 6-18 程序中，计数器 C0 统计的是 X003 常开触点的通断次数，可以改为统计其他触点通断次数吗？请编制程序，上机试运行。

3）原任务增加“由 SW1 选择统计工件类型，当 SW1 置于 OFF 时统计所有工件数量，当 SW1 置于 ON 时统计不同工件数量。统计不同工件数量时，再由 SW2 选择统计哪种工件，当 SW2 置于 OFF 时统计大号工件，当 SW2 置于 ON 时统计小号工件，每种情况都是运送 5 件工件，系统自动停止”，请编制程序，并上机试运行。

评一评

任务检测与分析

检 测 项 目	评 分 标 准	分 值	学生自评	教师评分
程序编制	编程正确	30		
程序输入	输入程序熟练、迅速	20		
程序编辑	会编辑、修改梯形图程序	20		
运行调试	如果设备运行错误，会调试、修改	30		
合 计		100		

项 目 小 结

1）边沿触发指令在实际的程序控制中非常有用，通过本项目几个任务的练习，掌握边沿触点和常规触点的区别。

2）使用步进顺控指令时应该注意以下一些问题：

① 与 STL 步进触点相连的触点应使用 LD 或 LDI 指令。各个 STL 步进触点驱动的电路一般放在一起，最后一个电路结束时一定要使用 RET 指令。

② STL 步进触点断开时，CPU 不执行该触点驱动的电路块。

③ CPU 只执行活动步对应的电路块，因此允许双线圈输出。

④ STL 步进触点驱动的电路块中不能使用 MC 和 MCR 指令，但可用 CJP 和 EJP 指令。

⑤ 使状态器置位的指令如果不在 STL 触点驱动的电路块内，执行置位指令时系统程序不会自动将前级步对应的状态器复位。

3）在步进流程图设计过程中，要充分考虑分支的转移条件和汇合条件、分支内的输出情况，巧妙利用现场传感器或其他触点的分、合状态，保证程序的高效运行。

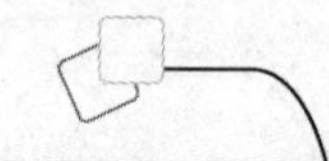

思考与练习

1. 请在仿真软件 F4 界面下完成以下控制：点动 PB1，料斗供料后，Y001 传送；工件到钻机下停止，钻机钻孔；钻孔完成，Y001、Y004 同时传送；钻孔正常工件送入“OK”托盘，异常工件停在推杆处，推入“不行”托盘；自动重复运行，点动 PB2 停止。

2. 全自动洗衣机的模拟控制：接通电源，系统进入初始状态，准备启动。点动启动按钮，开始进水，水位到达高水位时停止进水，并开始洗涤正转；正转 3s 后，暂停；暂停 2s 后，开始洗涤反转；反洗 3s 后，暂停；暂停 2s 后，如果正、反洗没满 10 次，则返回正洗；如果正、反洗满 10 次，则开始排水；水位下降到低水位时，开始脱水并继续排水；脱水 20s，即完成一次大循环。大循环每满 3 次，则返回进水开始的全部动作，进行下一次大循环。如果完成 3 次大循环，则进行洗完报警。报警 10s 后，结束全部过程，自动停机。请试编程实现。

3. 请在仿真软件 F5 界面下完成以下控制：点动 PB1，料斗供给指令接通供给部件；松开 PB1，料斗供给指令断开。料斗供给部件后 Y001 输送带接通正转，并根据部件的大小将部件输送到大、中、小 3 个箱子里。

项目七

功能指令的应用训练

FX系列PLC除了基本指令、步进指令外，还有一系列功能指令。PLC的生产厂家为了充分利用PLC中单片机的功能，开发了一系列完成不同功能的子程序，功能指令就是调用这些子程序的指令。FX系列PLC的功能指令分为程序控制、传送与比较、算术与逻辑运算、移位与循环、数据处理、输入与输出处理、设备通信等几类。

在对控制系统进行程序设计时，充分利用功能指令，可大大缩小程序的步数，提高PLC的利用率，降低整个控制系统的成本。同时，使用功能指令还能完成基本指令不容易实现的控制功能，提高PLC的应用价值。

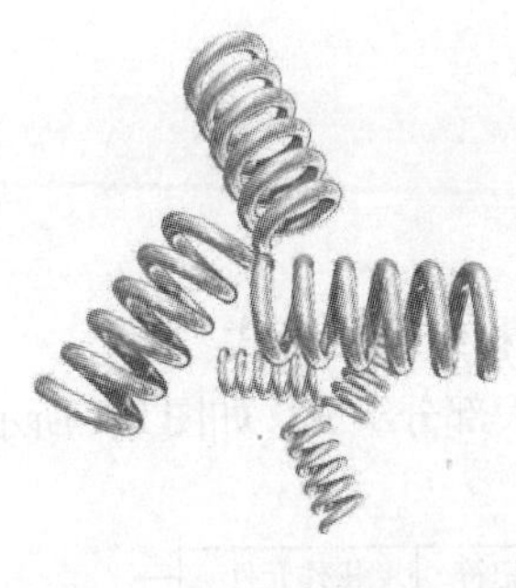

- 学习三菱系列PLC的功能指令。
- 掌握常用功能指令的基本使用规则及应用。

- 掌握功能指令的编程方法。
- 初步了解复杂的功能指令。

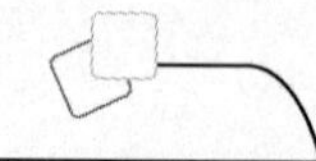

任务一　认识功能指令

1）了解功能指令的格式。

2）熟悉功能指令的操作元件。

3）熟悉功能指令的使用规则。

任务教学方式

教学步骤	时间安排	教学手段及方式
阅读教材	课余	学生自学、查资料、相互讨论
知识点讲授	学时1	1. 分析认识功能指令的格式 2. 熟悉功能指令对应指令语句表的表示方法 3. 讲解功能指令中的字元件、位元件
任务操作	学时1	通过仿真软件练习功能指令的使用方法
评估检测	与课堂同时进行	教师与学生共同完成任务的检测与评估，并能对出现的问题进行分析与处理

知识1　功能指令的格式

FX系列PLC的功能指令格式采用梯形图和指令助记符相结合的形式。

一般来说，功能指令主要由功能指令助记符和操作元件两大部分组成，如图7-1所示。

图7-1　功能指令的构成

1. 功能指令助记符

功能指令助记符在很大程度上反映该指令的功能特征，一般取其英文的简写字母。FX系列PLC的功能指令按功能号FNC00～FNC99编排，每条功能指令都有一个指令助记符。图7-1所示助记符为MOV的功能指令，其功能号为FNC12，这是一条传送（movement）指令。

2. 功能指令的操作元件

有的功能指令只需要指定功能编号，如WDT指令，这是一条警戒时钟功能指令，程序中只需要标出其功能号FNC07即可。但大部分功能指令在指定其编号的同时，还需要指定操作元件。

操作元件分为以下几种。

1）源操作元件：用［S］表示。有时源操作元件不止一个，可以用［S1.］、［S2.］、［S3.］表示。

2）目标操作元件：用［D］表示。目标操作元件不止一个时，用［D1.］、［D2.］、［D3.］表示。

3）其他操作元件 n 或 m，用来表示常数。常数前冠以 K 表示十进制数，常数前冠以 H 表示十六进制数。

其他操作元件也可以作为源操作元件或目标操作元件的补充说明。图 7-2 所示为传送指令示例。

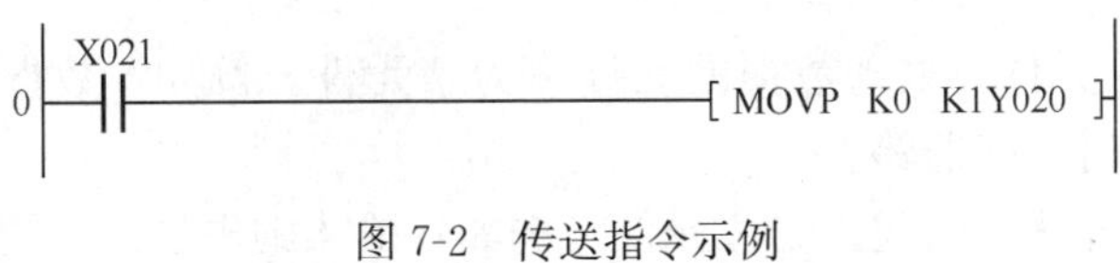

图 7-2　传送指令示例

3. 功能指令对应的指令语句表

在指令语句表中，每条功能指令的助记符、功能号和操作元件都被表示出来。

图 7-2 所示传送指令对应的指令语句表如下：

0　LD　X021
1　MOV（P）　12
　　K　0
　　K1Y020

其中，MOV（P）指令的功能号（FNC）为 12。

知识 2　功能指令的规则

1）指令执行形式。FX 系列 PLC 的功能指令有连续执行型和脉冲执行型两种。例如，MOV（P）功能指令为脉冲执行型，助记符后面的符号 P 表示脉冲执行；MEAN 指令为连续执行型，当驱动触点闭合时，该条指令在每个扫描周期都被重复执行。

2）数据长度。功能指令可以处理 16 位和 32 位数据。

16 位数据：FX 系列 PLC 中数据寄存器 D、计数器 C0～C199 的当前值寄存器存储的都是 16 位的数据。在图 7-3 中，数据寄存器 D0 共有 16 位，每位都只有“0”或“1”两个数值。

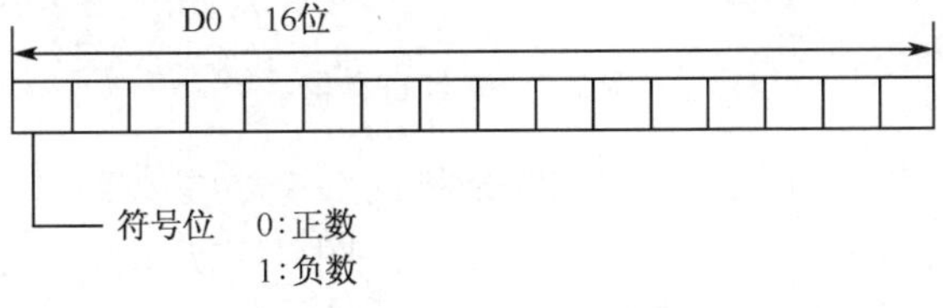

图 7-3　16 位寄存器

32 位数据：FX 系列 PLC 中，相邻两个数据寄存器可以组合起来，存储 32 位的数据，如图 7-4 所示。

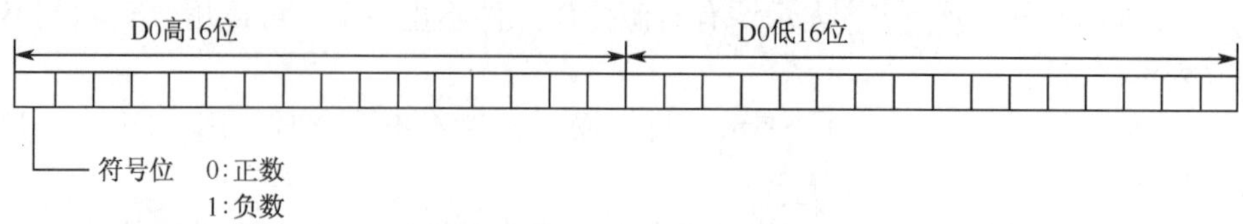

图 7-4 32 位寄存器

功能指令中符号 D 表示处理的是 32 位数据。处理 32 位数据时，用元件号相邻的两元件组成元件对。元件对的首元件建议统一用偶数标号，以避免错误。脉冲执行符号 P 和 32 位数据处理符号 D 可以同时使用。

3）字元件、位元件。处理数据的元件称为字元件。例如，数据寄存器 D、定时器 T 和计数器中当前值寄存器等。

处理闭合和断开状态的元件为位元件。例如，输入继电器 X、输出继电器 Y、辅助继电器 M 和状态寄存器 S 等。但由位元件组合起来，也可以组成字元件，进行数据处理。位元件的组合由 Kn 加首元件来表示。

每 4 个位元件为一组，组合成一个单元。KnM0 中，n 为单元组数，M0 为由位元件组合构成字元件的首元件编号。例如，K4M0 表示由 M0～M15 组成的 16 位字元件，最低位是 M0，最高位是 M15；K8M0 表示由 M0～M31 组合成的 32 位字元件，最高位是 M31，最低位是 M0。由位元件组合成的字元件格式还有 K3X000、K2Y010、K1S10 等。

在进行 16 位数据处理操作时，参与操作的位元件由 Kn 中的 n 指定，n 的取值为 1～3。如果 n=1，则参与操作的位元件只有 4 位；如果 n=2，则参与操作的位元件有 8 位；如果 n=3，则参与操作的位元件有 12 位。这时，不足部分的高位均做零处理。这意味着只能处理正数（符号位为“0”表示正数）。同样，在进行 32 位数据操作时，Kn 中 n 的取值为 1～7，不足部分的高位均做零处理。

被组合的位元件的首元件编号可以任选，但为避免混乱，建议采用以 0 结尾的元件，如 M0、M10、M20 等。

4）变址寄存器 。FX 系列 PLC 内部有两个变址寄存器 V 和 Z，都是 16 位数据寄存器，可以像其他数据寄存器一样进行数据的读写。变址寄存器在传送、比较等功能指令中，用来修改操作对象的元件号，如图 7-5 所示。

图 7-5 变址寄存器

如果 V=20，Z=25，则 D5V 与 D25 是指同一个数据寄存器（5+20=25），D10Z 与 D35 是指同一个数据寄存器（10+25=35）。图 7-5 所示功能指令执行的操作是将 D25 中的数据传送至 D35 中。

可以用变址寄存器进行变址操作的元件有输入继电器 X、输出继电器 Y、辅助继电器 M、状态寄存器 S、分支指令用指针 P 和由位元件组合而成的字元件首地址，如 KnM10Z。但应注意，n 不能用变址寄存器改变其值，即不允许出现 K1ZM10。

某些情况下使用变址寄存器 V 和 Z，将使程序简化，编程灵活。

任务二　彩灯循环控制训练

1）熟悉传送指令（MOV）和位右移指令（SFTR）、位左移指令（SFTL）；了解循环右移（ROR）和循环左移（ROL）指令、取反传送指令 CML、块传送指令 BMOV、多点传送指令 FMOV。

2）掌握这几种功能指令的基本使用方法。

任务教学方式

教学步骤	时间安排	教学手段及方式
阅读教材	课余	学生自学、查资料、相互讨论
知识点讲授	学时 2	1. 通过任务分析来认识怎样使用功能指令进行过程控制 2. 熟悉功能控制所使用的操作元件及编程指令 3. 掌握使用功能指令进行控制编程的步骤及方法
任务操作	学时 2	用仿真软件仿真循环运行的控制功能
评估检测	与课堂同时进行	教师与学生共同完成任务的检测与评估，并能对出现的问题进行分析与处理

知识　认识传送指令和位移指令

1. 传送指令

传送指令的助记符、指令代码及操作数见表 7-1。

表 7-1　传送指令

指令名称	助记符	代码	操作数		指令功能	指令用途
			S.	D.		
传送	MOV	FNC12	K、H、T、C、D、V、Z、KnX、KnY、KnM、KnS	T、C、D、V、Z、KnY、KnM、KnS	将源操作数传送到目标操作数	定时器、计数器当前值的读出，或者定时器、计数器设定值的间接设置

传送指令的使用方法如图 7-6 所示，当 X000 为 ON 时，源操作数 K100 自动转换

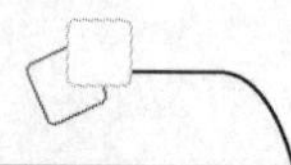

为二进制数传送到目标操作数 D10 中。

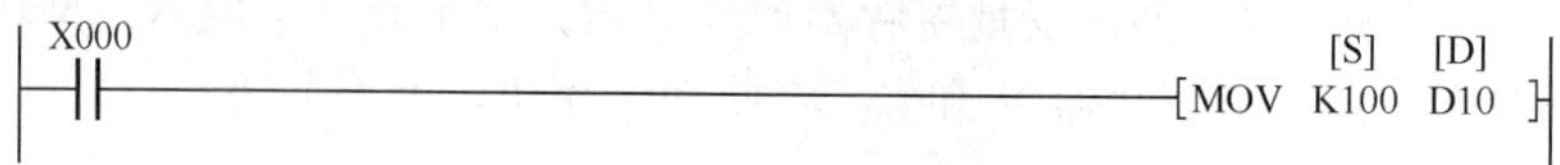

图 7-6 传送指令应用

MOV 指令能将十进制常数传送到字元件中。例如，“MOV K12 C1”的含义是：将数字 12 传送到计数器 C1 中。

MOV 指令也能将十进制常数转换成二进制码，传送到位元件组中。例如，“MOV K12 K1Y000”含义是：将数字 12 转换成二进制码 1100，并对应转移到 Y003、Y002、Y001、Y000 中，使 Y003=1、Y002=1、Y001=0、Y000=0。

MOV 指令还能将字元件中的十进制数据转换成二进制码，传送到位元件组中。例如，在计数器 C1 中已有数据 12，执行“MOV C1 K1Y0”后，会将十进制数据 12 转换成二进制码 1100，并对应转移到 Y003、Y002、Y001、Y000 中，使 Y003=1、Y002=1、Y001=0、Y000=0。

2. 位移指令

位移指令的助记符、指令代码及操作数见表 7-2。

表 7-2 位移指令

指令名称	助记符	代码	操作数				指令功能
			S.	D.	n1	n2	
位右移	SFTR	FNC 34	X、Y、M、S	Y、M、S	K、H		对 n1 位［D.］所指定的位元件进行 n2 位［S.］所指定位元件的位进行左移（右移）
位左移	SFTL	FNC 35					

位右移指令的使用方法如图 7-7 所示。

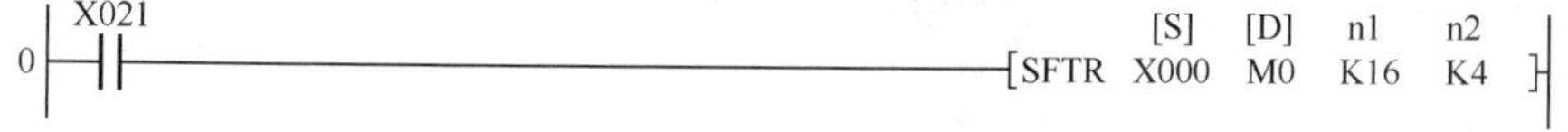

图 7-7 位右移指令应用

在图 7-7 中，当 X021 为 ON 时，［D］指定的位元件 M0～M15 各位数据连同［S］内的 X000～X003（4 位数据）向右移动 4 位，X000～X003（4 位数据）从高位移入，M0～M3（4 位数据）从低位移出。

机械手控制是典型的单流程控制程序，如何用位移指令编写程序？

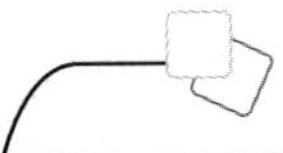

实训　彩灯循环控制练习

1. 明确控制要求

控制要求：点动 PB1，PL1 红灯点亮→1s 后 PL2 蓝灯点亮→1s 后 PL3 黄灯点亮→1s 后 PL4 绿灯点亮→重复循环。PB2 为停止按钮。

2. 分析现场条件

图 7-8 所示为仿真软件 C3 界面，反映了现场条件和 PLC 接线。

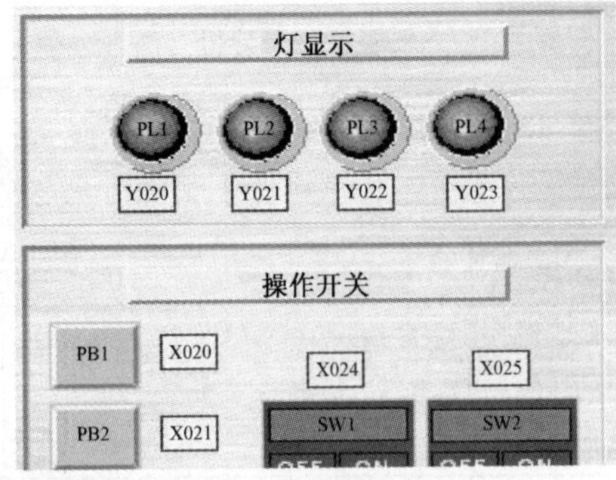

图 7-8　C3 仿真界面

3. 编写彩灯循环控制梯形图和调试程序

在仿真软件 C3 界面下，输入梯形图，转换、写入程序，调试运行（图 7-9）。

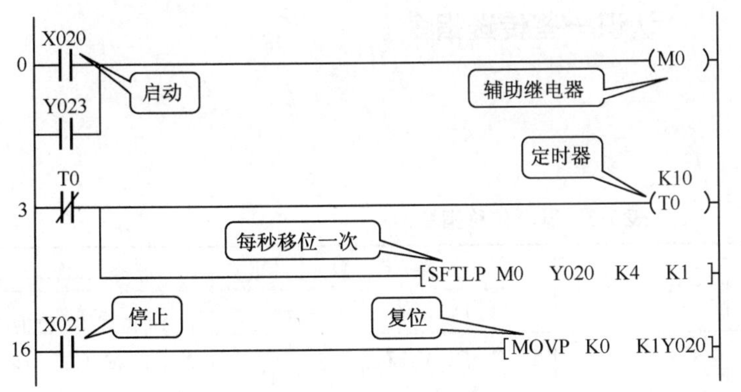

a) 梯形图

步序	指令	操作数
0	LD	X020
1	OR	Y023
2	OUT	M0
3	LDI	T0
4	OUT	T0 K10
7	SFTLP	M0 Y020 K4 K1
16	LD	X021
17	MOVP	K0 K1Y020
22	END	

b) 语句表

图 7-9　彩灯循环控制梯形图及语句表

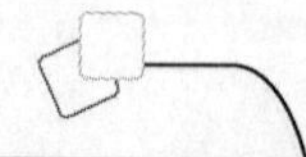

4. 程序要点分析

点动 PB1，辅助继电器 M0 线圈得电，其逻辑值为 1，定时器 T0 的常闭触点和其线圈构成振荡器，提供脉宽为 1s 的矩形波，每个脉冲对 Y020 开始的位元件进行移位；点动 PB2，对 Y020 开始的位元件进行赋值，全部置 0，系统停止工作。

1）如果不使用功能指令，只使用基本指令能否实现此控制？如何实现？

2）如果要求彩灯点亮顺序方向相反，请问应如何修改程序？

任务检测与分析

检测项目	评分标准	分值	学生自评	教师评分
程序编制	编程正确	30		
程序输入	输入程序熟练、迅速	10		
程序编辑	会编辑、修改梯形图程序	20		
文件操作	掌握程序的转换、存盘和写入操作	10		
调试运行	能使设备按照要求运行	30		
合计		100		

认识一些传送指令

1. 认识循环位移指令

循环位移指令见表 7-3。

表 7-3 循环位移指令

指令名称	助记符	代码	操作数		指令功能
			D.	n	
循环右移	ROR	FNC 30	T、C、D、V、Z、KnY、KnM、KnS	K、H	将 16 位或 32 位的数据向右（左）移动 n 位
循环左移	ROL	FNC 31			

循环右移指令的使用方法如图 7-10 所示。当 X000 为 ON 时，[D] 指定的元件 D0 内各位数据向右移动 4 位（n=4），将最低位的数据存放于进位标志位 M8022 中。

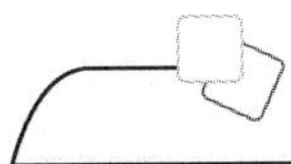

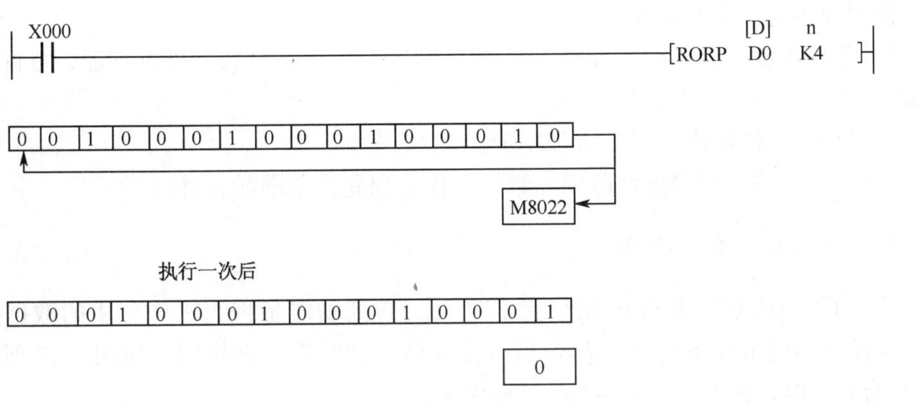

图 7-10　循环位移指令的应用

2. 取反传送指令 CML

(D) CML (P) 指令的编号为 FNC14。它是将源操作数元件的数据逐位取反并传送到指定目标的。如图 7-11 所示，当 X000 为 ON 时，执行 CML，将 D0 的低 4 位取反后传送到 Y003～Y000 中。

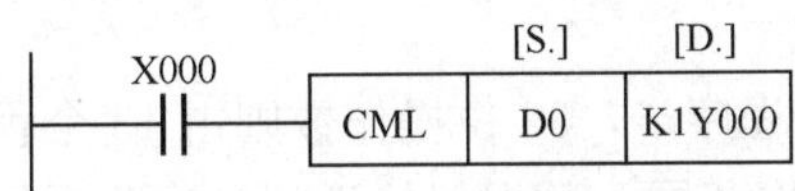

图 7-11　取反传送指令的使用

使用取反传送指令 CML 时应注意：

1）源操作数可取所有数据类型，目标操作数可取 KnY、KnM、KnS、T、C、D、V、Z，若源操作数为常数 K，则该数据会自动转换为二进制数。

2）16 位运算占 5 个程序步，32 位运算占 9 个程序步。

3. 块传送指令 BMOV

BMOV (P) 指令的编号为 FNC15，是将源操作数指定元件开始的 n 个数据组成数据块传送到指定的目标操作数中。如图 7-12 所示，传送顺序既可从高元件号开始，也可从低元件号开始，传送顺序自动决定。若用到需要指定位数的位元件，则源操作数和目标操作数的指定位数应相同。

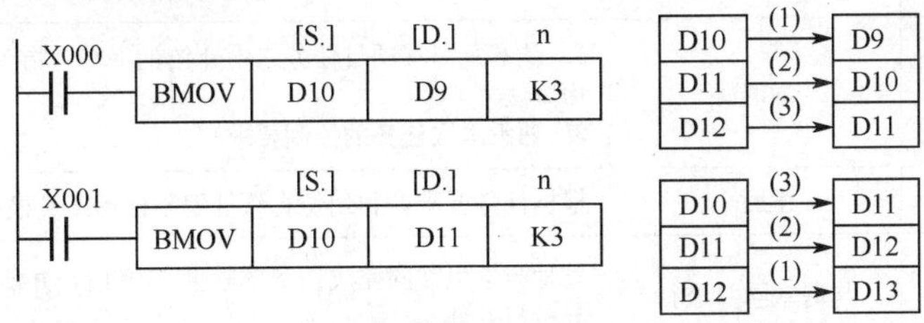

图 7-12　块传送指令的应用

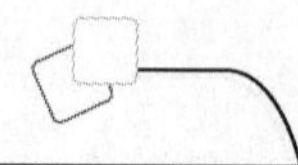

使用块传送指令时应注意：

1）源操作数可取 KnX、KnY、KnM、KnS、T、C、D 和文件寄存器，目标操作数可取 KnT、KnM、KnS、T、C 和 D。

2）只有 16 位操作，占 7 个程序步。

3）如果元件号超出允许范围，数据仅传送到允许范围的元件。

4. 多点传送指令 FMOV

（D）FMOV（P）指令的编号为 FNC16。它的功能是将源操作数中的数据传送到指定目标开始的 n 个元件中，传送后 n 个元件中的数据完全相同。如图 7-13 所示，当 X000 为 ON 时，把 K0 传送到 D0～D9 中。

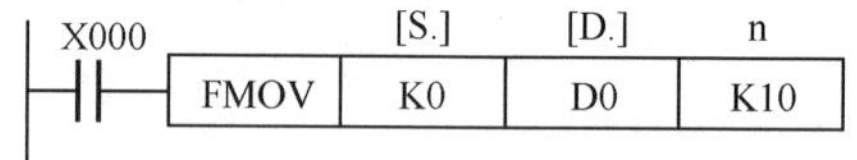

图 7-13　多点传送指令的应用

使用多点传送指令 FMOV 时应注意：

1）源操作数可以是所有数据类型，目标操作数可取 KnX、KnM、KnS、T、C 和 D，n≤512。

2）16 位操作数占 7 个程序步，32 位操作数则占 13 个程序步。

3）如果元件号超出允许范围，数据仅传送到允许范围的元件中。

任务三　一位数码管控制训练（MOV 指令应用）

进一步熟悉、掌握传送指令（MOV）的应用。

任务教学方式

教学步骤	时间安排	教学手段及方式
阅读教材	学时 1	1. 认真复习本项目任务二中介绍的 MOV 指令的格式、功能和应用方法 2. 熟悉本次任务的控制要求
知识点讲授		
任务操作	学时 1	根据任务要求，利用仿真软件编制梯形图、模拟运行
评估检测	与课堂同时进行	教师与学生共同完成任务的检测与评估，并能对出现的问题进行分析与处理

复习本项目任务二中介绍的 MOV 指令的格式、功能和应用方法。重点理解“MOV 指令也能将十进制常数转换成二进制码，传送到位元件组中”一句。

实训　利用 MOV 指令控制一位数码管显示

1. 明确控制要求

在仿真软件 E6 界面，利用 MOV 指令编程，由一位数码管重复显示 PB2 自 0 至 9 的点动次数。

2. 分析现场条件

图 7-14 所示为仿真软件 E6 界面，反映了现场条件和 PLC 接线。

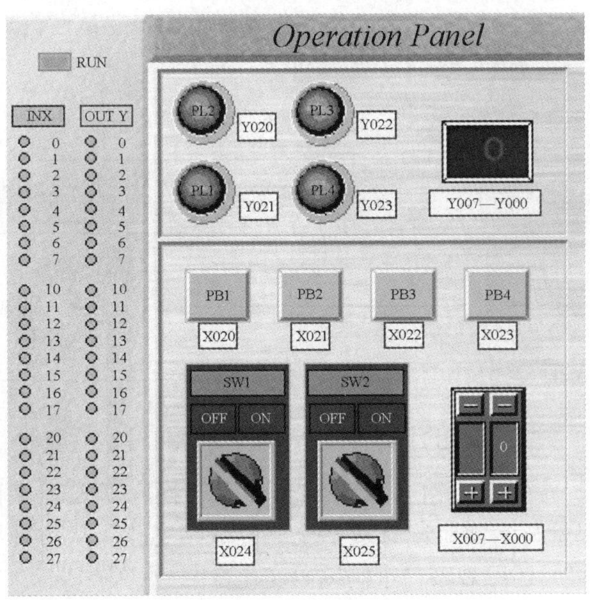

图 7-14　E6 界面

图 7-14 右上角有两位数码管，其中个位数码管由 PLC 的 Y000～Y003 位元件组控制显示，十位数码管由 PLC 的 Y004～Y007 位元件组控制显示。

该两位数码管采用二进制编码方式驱动，与十进制数及 Y000～Y003、Y004～Y007 的对应编码方式见表 7-4。

表 7-4　数码管驱动编码表

十进制 \ 二进制	Y003/Y007	Y002/Y006	Y001/Y005	Y000/Y004
	8	4	2	1
0	0	0	0	0
1	0	0	0	1
2	0	0	1	0
3	0	0	1	1
4	0	1	0	0
5	0	1	0	1
6	0	1	1	0
7	0	1	1	1
8	1	0	0	0
9	1	0	0	1

3. 编写控制梯形图

根据任务要求，利用MOV指令，编写控制梯形图，并试运行、调试程序。梯形图如图7-15所示。

```
    X021                                                   K10
0 ──┤↑├──────────────────────────────────────────────────(C0      )─
    C0
5 ──┤ ├─────────────────────────────────────────────[RST      C0  ]─
    M8000
8 ──┤ ├───────────────────────────────────────[MOV    C0    K1Y000]─

14 ─────────────────────────────────────────────────────[END       ]─
```

图7-15　一位数码管控制梯形图

在仿真软件E6界面下，输入以上梯形图，转换、写入程序试运行，连续点动PB2，观察个位数码管显示，应该有从0至9的数字变化。从仿真界面的PLC“OUT Y”（Y继电器指示灯）还可观察二进制编码变化。

梯形图程序，简要分析如下。

0～4步序：由计数值为“10”的计数器C0统计保存受按钮PB2控制的X021上升沿触点的闭合次数。

5～7步序：C0每次计数至“10”，为C0复位清零，以便循环显示。

8～13步序：因为线圈和功能指令不得直接连接于左母线，特设PLC加电运行后即刻闭合的M8000常开触点。

指令“MOV C0 K1 Y000”含义：将C0中的参数转换成四位二进制码（1代表加电，0代表失电），并相应地传送到以Y000为最低位的位元件组Y003、Y002、Y001、

Y000 中。遵循表 7-4 编码表，数码管显示相应数字。

当 C0=1 时，二进制码为 0001，数码管显示 1；

当 C0=2 时，二进制码为 0010，数码管显示 2；

当 C0=3 时，二进制码为 0011，数码管显示 3；

当 C0=4 时，二进制码为 0100，数码管显示 4；

当 C0=5 时，二进制码为 0101，数码管显示 5；

当 C0=6 时，二进制码为 0110，数码管显示 6；

当 C0=7 时，二进制码为 0111，数码管显示 7；

当 C0=8 时，二进制码为 1000，数码管显示 8；

当 C0=9 时，二进制码为 1001，数码管显示 9。

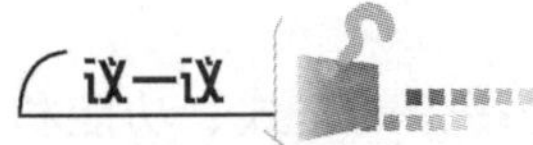

1）上述程序，如果不设计数器清零环节，会出现什么情况？

2）上述程序中，如果将“MOV C0 K1 Y000”改为“MOV C0 K1 Y004”，运行结果会是怎样？

任务检测与分析

检测项目	评分标准	分值	学生自评	教师评分
程序编制	编程正确	30		
程序输入	输入程序熟练、迅速	10		
程序编辑	会编辑、修改梯形图程序	20		
文件操作	掌握程序的转换、存盘和写入操作	10		
调试运行	能使数码管正确显示	30		
合计		100		

任务四　单键控制三灯训练（MOV 等指令应用）

任务目标

1）进一步熟悉、掌握传送指令（MOV）的应用。

2）进一步熟悉、掌握置位指令、复位指令和区间复位指令的应用。

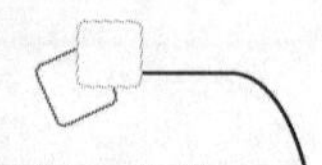

任务教学方式

教学步骤	时间安排	教学手段及方式
阅读教材	学时 1	1. 复习 MOV、SET、RST、ZRST 等指令的格式、功能和应用方法 2. 熟悉本次任务的控制要求
知识点讲授		
任务操作	学时 1	根据任务要求，利用仿真软件编制梯形图、模拟运行
评估检测	与课堂同时进行	教师与学生共同完成任务的检测与评估，并能对出现的问题进行分析与处理

教材前面各相关任务所介绍的 MOV、SET、RST、ZRST 等指令的格式、功能和应用方法。

实训　单个按键控制三盏电灯练习

1. 明确控制要求

在仿真软件 E1 界面，利用 MOV 指令编程，由单个按键控制三盏电灯。首次点动按钮，红灯亮；再次点动按钮，黄灯亮；第三次点动按钮，绿灯亮；第四次点动按钮，三灯全灭。

2. 分析现场条件

图 7-16 所示为仿真软件 E1 界面，反映了现场条件和 PLC 接线。

3. 编写控制梯形图

根据任务要求，利用 MOV、SET、RST、ZRST 等指令，编写控制梯形图，并试运行，调试程序。梯形图如图 7-17 所示。

在仿真软件 E1 界面下，输入图 7-17 所示梯形图，转换、写入程序试运行，连续点动红色按钮，观察绿、黄、红三盏电灯的点亮、熄灭变化，是否符合任务要求。

从仿真界面的 PLC“OUT Y”(Y 继电器指示灯) 可观察二进制编码变化。

梯形图程序，简要分析如下。

0～3 步序：由计数值为“4”的计数器 C0，统计保存受按钮控制的 X010 常开触点的闭合次数。

4～9 步序：因为线圈和功能指令不得直接连接于左母线，特设 PLC 加电运行后即刻闭合的 M8000 常开触点。

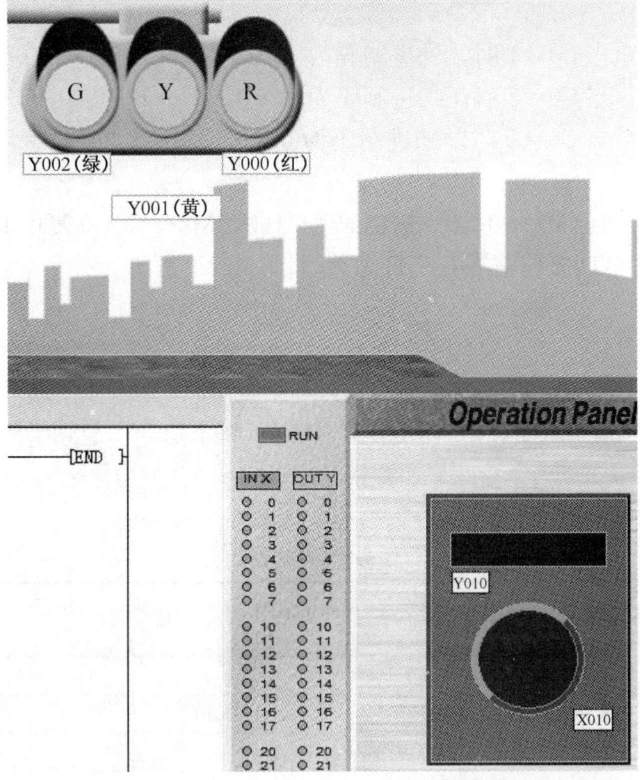

图 7-16　E1 界面

```
   X010                                                     K4
0 ─┤├──────────────────────────────────────────────────────(C0    )─
   M8000
4 ─┤├──────────────────────────────────────────[MOV    C0    K1M0 ]─
   M0
10 ─┤├─────────────────────────────────────────────[SET       Y000]─
   M1
12 ─┤├─────────────────────────────────────────────[SET       Y001]─
   M0      M1
14 ─┤├──────┤├─────────────────────────────────────[SET       Y002]─
   M2
17 ─┤├──┬──────────────────────────────────────────[RST    C0     ]─
        └──────────────────────────────────────────[ZRST   Y000   Y002 ]─
25 ─────────────────────────────────────────────────────────[END   ]─
```

图 7-17　单键控制三灯梯形图

指令“MOV C0 K1M0”含义：将 C0 中的参数转换成四位二进制码，并相应地传送到以 M0 为最低位的位元件组 M3、M2、M1、M0（本任务仅用到 M2、M1、M0 三

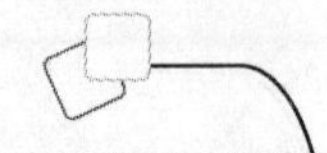

个辅助继电器）中。

10～11 步序：当 C0=1 时，二进制码为 0001，M0=1，置位 Y000，红灯点亮。

12～13 步序：当 C0=2 时，二进制码为 0010，M1=1，置位 Y001，黄灯点亮。

14～16 步序：当 C0=3 时，二进制码为 0011，M0=1 与 M1=1，置位 Y002，绿灯点亮。

17～24 步序：当 C0=4 时，二进制码为 0100，M2=1，C0 复位清零，准备重复运行；Y000～Y002 区间复位清零，三灯熄灭。

1）上述程序中，M0 常开触点与 M1 常开触点串联，是何用意？

2）上述程序中，“ZRST Y000 Y002”使用了哪个指令？起到了何种作用？

任务检测与分析

项目检测	评分标准	分值	学生自评	教师评分
程序编制	编程正确	30		
程序输入	输入程序熟练、迅速	10		
程序编辑	会编辑、修改梯形图程序	20		
文件操作	掌握程序的转换、存盘和写入操作	10		
调试运行	能使三盏电灯按照要求正确显示	30		
合计		100		

任务五　加热箱控制训练（MOV 等指令应用）

任务目标

1）进一步熟悉、掌握传送指令（MOV）的应用。

2）进一步熟悉、掌握二进制编码。

任务教学方式

教学步骤	时间安排	教学手段及方式
阅读教材	学时 1	1. 复习 MOV 指令的格式、功能和应用方法 2. 复习二进制编码 3. 熟悉本次任务的控制要求
知识点讲授		

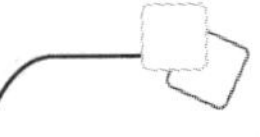

续表

教学步骤	时间安排	教学手段及方式
任务操作	学时 1	根据任务要求，利用仿真软件编制梯形图、模拟运行
评估检测	与课堂同时进行	教师与学生共同完成任务的检测与评估，并能对出现的问题进行分析与处理

1）教材前面各相关任务所介绍的 MOV 指令的格式、功能和应用方法。

2）结合表 7-4，熟记二进制编码方案。

实训　加热箱控制练习

1. 明确控制要求

在仿真软件 B1 界面，一台小型电加热箱采用四盏电灯加热，加热功率分别为 PL1 50W、PL2 100W、PL3 200W、PL4 400W。

利用 MOV 指令编程，多次点动 PB2，可选择点亮不同的电灯，得到不同的加热功率，依次为 0W、50W、100W、150W、200W、250W、300W、350W、400W、450W、500W、550W、600W、650W、700W、750W。PB1 为急停按钮。

2. 分析现场条件

图 7-18 所示为仿真软件 B1 界面，反映了现场条件和 PLC 接线。

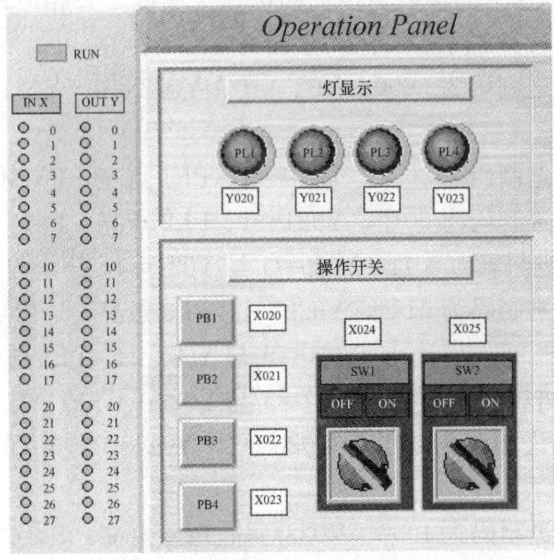

图 7-18　B1 界面

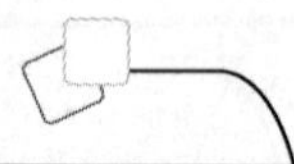

3. 编写控制梯形图

根据任务要求，利用MOV指令，编写控制梯形图，并试运行，调试程序。梯形图如图7-19所示。

图7-19　加热箱控制梯形图

在仿真软件B1界面下，输入以上梯形图，转换、写入程序试运行，连续点动PB2，观察PL1、PL2、PL3和PL4四盏电灯的点亮、熄灭组合变化，功率变化是否符合任务要求；任意时刻试按PB1，观察四盏电灯可否同时熄灭。

梯形图程序，简要分析如下。

0～4步序：由计数值为“16”的计数器C0，统计保存受按钮PB2控制的X021上升沿触点的闭合次数。

5～8步序：C0每次计数至“16”，为C0复位清零，以便循环显示；受PB1控制的X020常开触点，实现任意时刻对C0复位清零，紧急停机。

9～14步序：将C0中的参数转换成四位二进制码，并相应地传送到以Y020为最低位的位元件组Y023、Y022、Y021、Y020中。

当C0=0时，二进制码为0000，Y023=0、Y022=0、Y021=0、Y020=0，各灯熄灭，P=0。

当C0=1时，二进制码为0001，Y020=1，PL1点亮，P=50W。

当C0=2时，二进制码为0010，Y021=1，PL2点亮，P=100W。

当C0=3时，二进制码为0011，Y020=1与Y021=1，PL1与PL2点亮，P=150W。

当C0=4时，二进制码为0100，Y022=1，PL3点亮，P=200W。

当C0=5时，二进制码为0101，Y020=1与Y022=1，PL1与PL3点亮，P=250W。

当C0=6时，二进制码为0110，Y021=1与Y022=1，PL2与PL3点亮，P=300W。

当C0=7时，二进制码为0111，Y020=1、Y021=1与Y022=1，PL1、PL2与PL3点亮，P=350W。

当C0=8时，二进制码为1000，Y023=1，PL4点亮，P=400W。

当C0=9时，二进制码为1001，Y020=1与Y023=1，PL1与PL4点亮，P=450W。

当 C0＝10 时，二进制码为 1010，Y021＝1 与 Y023＝1，PL2 与 PL4 点亮，P＝500W。

当 C0＝11 时，二进制码为 1011，Y020＝1 与 Y021＝1 与 Y023＝1，PL1、PL2 与 PL4 点亮，P＝550W。

当 C0＝12 时，二进制码为 1100，Y022＝1 与 Y023＝1，PL3 与 PL4 点亮，P＝600W。

当 C0＝13 时，二进制码为 1101，Y020＝1、Y022＝1 与 Y023＝1，PL1、PL3 与 PL4 点亮，P＝650W。

当 C0＝14 时，二进制码为 1110，Y021＝1、Y022＝1 与 Y023＝1，PL2、PL3 与 PL4 点亮，P＝700W。

当 C0＝15 时，二进制码为 1111，Y020、Y021＝1、Y022＝1 与 Y023＝1，PL1、PL2、PL3 与 PL4 点亮，P＝750W。

当 C0＝16 时，5 步序的 C0 常开触点闭合，C0 复位清零，以备重复运行。

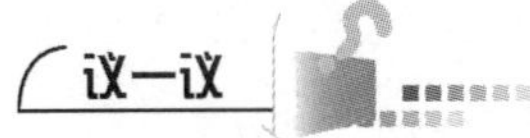

讨论、体会利用 MOV 指令和二进制编码，简单而巧妙地解决比较复杂的控制问题。

任务检测与分析

项目检测	评分标准	分　值	学生自评	教师评分
程序编制	编程正确	30		
程序输入	输入程序熟练、迅速	10		
程序编辑	会编辑、修改梯形图程序	20		
文件操作	掌握程序的转换、存盘和写入操作	10		
调试运行	能使三盏电灯正确显示	30		
合计		100		

任务六　认识 BCD 变换指令

1）熟悉 BCD 变换指令（BCD）的功能、格式和应用方法。

2）了解 BCD 指令和 MOV 指令的区别。

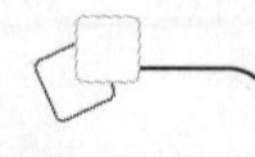

任务教学方式

教学步骤	时间安排	教学手段及方式
阅读教材	课余	学生自学、查阅资料，相互讨论
知识点讲授	学时1	1. 熟悉变换指令（BCD）的功能、格式和应用方法 2. 了解BCD指令和MOV指令的区别 3. 熟悉本次任务的控制要求
任务操作	学时1	根据任务要求，利用仿真软件编制梯形图、模拟运行
评估检测	与课堂同时进行	教师与学生共同完成任务的检测与评估，并能对出现的问题进行分析与处理

知识　认识BCD变换指令

BCD变换指令的助记符和操作数见表7-5。

表7-5　BCD变换指令

指令名称	助记符	操作数	
		S.（源操作元件）	D.（目标操作元件）
BCD变换指令	BCD	KnX、 KnY、 KnM、 T、C、D、V、Z	

BCD码是二—十进制转换码的一种，在PLC中的转换要点：每一位十进制数，用一个位元件组表达，即用一组四位二进制数表达。

二进制数、十进制数及BCD码之间的关系，示例如下：

$(11101011)_2=235_{10}=(0010\ 0011\ 0101)_{BCD}$。

BCD变换指令的功能：将位元件或者位元件组等源操作元件［S］中的二进制数转换成BCD码后，再送到目标元件［D］中。

MOV指令与BCD指令比较，二者明显的区别在于：MOV指令的源操作元件有十进制常数K和十六进制常数H，而BCD指令的源操作元件没有这两个常数。即MOV指令可以将常数转换成二进制码，并传送到目标操作元件；而BCD指令只能将二进制码转换成BCD码，再传送到目标操作元件。

需要注意，对于0～9范围内的十进制数而言，二进制码和BCD码表达是相同的。

BCD指令格式及应用示例如图7-20所示。

图7-20所示梯形图程序的含义是：X020常开触点闭合后，以M0为最低位的三个位元件组中的二进制码（12位二进制码）被变换成BCD码，传送到以Y000为最低位的三个位元件组中。

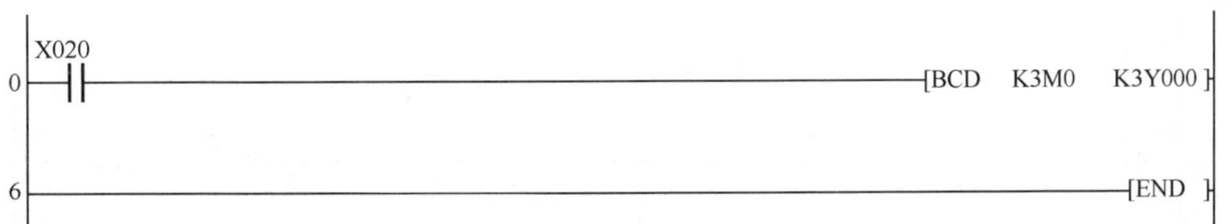

图 7-20　BCD 指令格式与应用

实训　比较 BCD 指令和 MOV 指令的功能

1. 明确控制要求

在仿真软件 B1 界面，利用 MOV 指令和 BCD 指令编程，将与十进制数 235 对应的二进制码传送到 Y013～Y010、Y007～Y004 和 Y003～Y000 三个位元件组；同时将十进制数 235 对应的 BCD 码传送到 Y027～Y024、Y023～Y020 和 Y017～Y014 三个位元件组。

程序运行以后，观察仿真界面的 PLC “OUT Y”（Y 继电器指示灯状态）是否符合十进制数 235 的二进制编码和 BCD 码。

程序由按钮 PB1 启动，由按钮 PB2 复位。

2. 分析现场条件

图 7-21 所示为仿真软件 B1 界面，反映了现场条件和 PLC 接线。

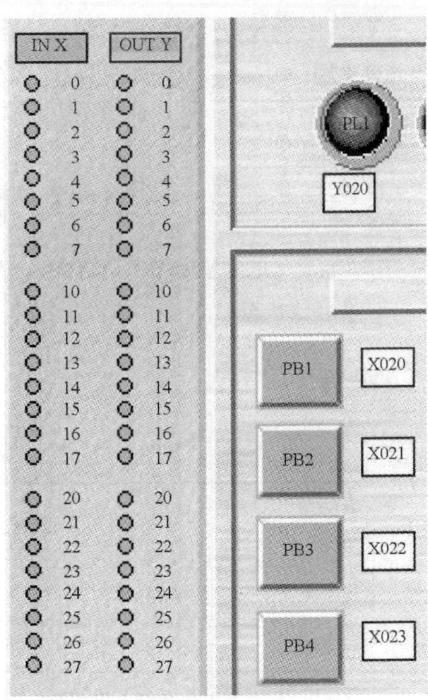

图 7-21　B1 界面

3. 编写控制梯形图

根据任务要求，利用 MOV 指令和 BCD 指令编写控制梯形图，并试运行，调试程序。梯形图见图 7-22。

在仿真软件 B1 界面下，输入以上梯形图，转换、写入程序试运行。点动 PB1，仿真界面 PLC “OUT Y”（Y 继电器指示灯）显示的状态如图 7-23 所示。

由图 7-22 可知，被 BCD 指令传送数据的 Y027～Y014，表达的三组 BCD 码为

$$(0010\ 0011\ 0101)_{BCD}=235_{10}$$

被 MOV 指令传送数据的 Y013～Y000，表达的二进制码为

$$(000011101011)_2=235_{10}$$

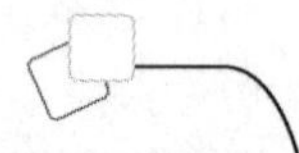

图 7-22　利用 MOV 指令和 BCD 指令编写的梯形图

由上述梯形图程序和运行结果，可以看出 BCD 指令和 MOV 指令的不同之处。

梯形图程序，简要分析如下。

0～5 步序：利用 MOV 指令，将十进制数 235 转换成二进制数 11101011，传送到字元件 C0。

6～16 步序：利用 MOV 指令，将 C0 中的二进制数，传送到 Y000 等三个位元件组。利用 BCD 指令，将 C0 中的二进制数，转换成 BCD 码，传送到 Y014 等三个位元件组。

17～24 步序：复位各元件。

在 6～16 步序中，源操作元件相同、目标操作元件格式相同，只因 BCD 指令和 MOV 指令不同，则运行结果不同，详见图 7-22。

图 7-23　“OUT Y”指示灯状态

讨论、体会 BCD 指令和 MOV 指令的不同之处。

任务检测与分析

检测项目	评分标准	分　值	学生自评	教师评分
程序编制	编程正确	30		
程序输入	输入程序熟练、迅速	10		
程序编辑	会编辑、修改梯形图程序	20		

续表

检测项目	评分标准	分　值	学生自评	教师评分
文件操作	掌握程序的转换、存盘和写入操作	10		
调试运行	能使Y继电器指示灯正确显示	30		
合计		100		

任务七　两位数码管控制训练（BCD指令应用）

任务目标

1）进一步熟悉、掌握BCD指令的应用。

2）进一步熟悉、掌握BCD码。

任务教学方式

教学步骤	时间安排	教学手段及方式
阅读教材 知识点讲授	学时1	1. 复习BCD指令的格式、功能和应用方法 2. 复习BCD码 4. 熟悉本次任务的控制要求
任务操作	学时1	根据任务要求，利用仿真软件编制梯形图、模拟运行
评估检测	与课堂同时进行	教师与学生共同完成任务的检测与评估，并能对出现的问题进行分析与处理

读一读

1）BCD指令的格式、功能和应用方法。

2）结合表7-4，熟记BCD码编码方案。

做一做

实训　利用BCD指令控制两位数码管显示

1. 明确控制要求

在仿真软件E6界面，利用BCD指令编程，由两位数码管重复显示PB2自0至99的点动次数。

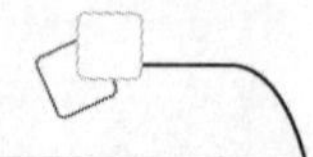

2. 分析现场条件

图 7-24 所示为仿真软件 E6 界面，反映了现场条件和 PLC 接线。

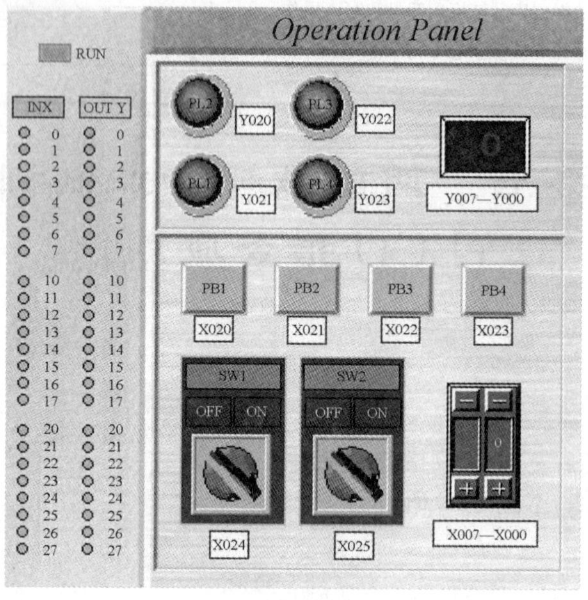

图 7-24 E6 界面

图 7-24 右上角有两位数码管，由 PLC 的 Y000～Y003 和 Y004～Y007 两个位元件组构成的 BCD 码控制显示。编码方案见表 7-4。

3. 编写控制梯形图

根据任务要求，利用 MOV 指令编写控制梯形图，并试运行、调试程序。梯形图如图 7-25 所示。

```
    X021                                          K100
0  ─┤↑├──────────────────────────────────────────(C0    )─
    C0
5  ─┤ ├──────────────────────────────────[RST    C0     ]─
    M8000
8  ─┤ ├─────────────────────────────[BCD    C0    K2Y000]─
14 ──────────────────────────────────────────────[END   ]─
```

图 7-25 两位数码管控制梯形图

在仿真软件 E6 界面下，输入以上梯形图，转换、写入程序试运行，连续点动 PB2，观察两位数码管显示，应该有从 0 至 99 的数字变化。从仿真界面的 PLC“OUT Y”（Y 继电器指示灯）还可观察 BCD 码变化。

梯形图程序，简要分析如下。

0～4 步序：由计数值为“100”的计数器 C0，统计保存受按钮 PB2 控制的 X021 上升沿触点的闭合次数。

5～7 步序：C0 每次计数至“100”，为 C0 复位清零，以便循环显示。

8～13 步序：将 C0 中的参数，转换成两组 BCD 码，并相应的传送到以 Y000、Y004 为最低位的两个位元件组 Y007、Y006、Y005、Y004 和 Y003、Y002、Y001、Y000 中。遵循表 7-4 编码表，数码管显示相应数字。

当 C0=0 时，BCD 码为 00000000，数码管显示 00。

当 C0=1 时，BCD 码为 00000001，数码管显示 01。

当 C0=2 时，BCD 码为 00000010，数码管显示 02。

当 C0=3 时，BCD 码为 00000011，数码管显示 03。

当 C0=4 时，BCD 码为 00000100，数码管显示 04。

当 C0=5 时，BCD 码为 00000101，数码管显示 05。

当 C0=6 时，BCD 码为 00000110，数码管显示 06。

当 C0=7 时，BCD 码为 00000111，数码管显示 07。

当 C0=8 时，BCD 码为 00001000，数码管显示 08。

当 C0=9 时，BCD 码为 00001001，数码管显示 09。

当 C0=10 时，BCD 码为 00010000，数码管显示 10。

当 C0=11 时，BCD 码为00010001，数码管显示 11。

⋮

当 C0=99 时，BCD 码为 10011001，数码管显示 99。

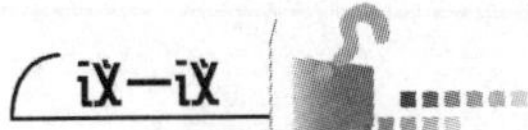

1）能用 MOV 指令控制 E6 界面的两位数码管么？请尝试。

2）能用 BCD 指令控制 E6 界面的一位数码管么？请尝试。

任务检测与分析

检测项目	评分标准	分值	学生自评	教师评分
程序编制	编程正确	30		
程序输入	输入程序熟练、迅速	10		
程序编辑	会编辑、修改梯形图程序	20		
文件操作	掌握程序的转换、存盘和写入操作	10		
调试运行	能使两位数码管正确显示	30		
合计		100		

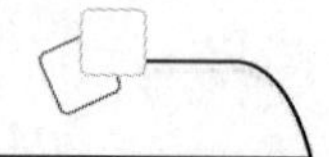

任务八　计数显示、控制训练（BCD 指令应用）

1）进一步熟悉、掌握 BCD 指令的应用。
2）掌握步进指令编程和 BCD 指令编程的结合运用。

任务教学方式

教学步骤	时间安排	教学手段及方式
阅读教材	学时 1	1. 复习 BCD 指令的格式、功能和应用方法 2. 复习步进指令编程方法 3. 熟悉本次任务的控制要求
知识点讲授		
任务操作	学时 1	根据任务要求，利用仿真软件编制梯形图、模拟运行
评估检测	与课堂同时进行	教师与学生共同完成任务的检测与评估，并能对出现的问题进行分析与处理

1）BCD 指令的格式、功能和应用方法。
2）步进指令编程方法。

实训　计数显示、控制训练

1. 明确控制要求

在仿真软件 E6 界面，点动 PB2，开始供料、运料，最多 100 个，数码管显示运料数目。点动 PB1 暂停。

2. 分析现场条件

图 7-26 所示为仿真软件 E6 界面，反映了现场条件和 PLC 接线。

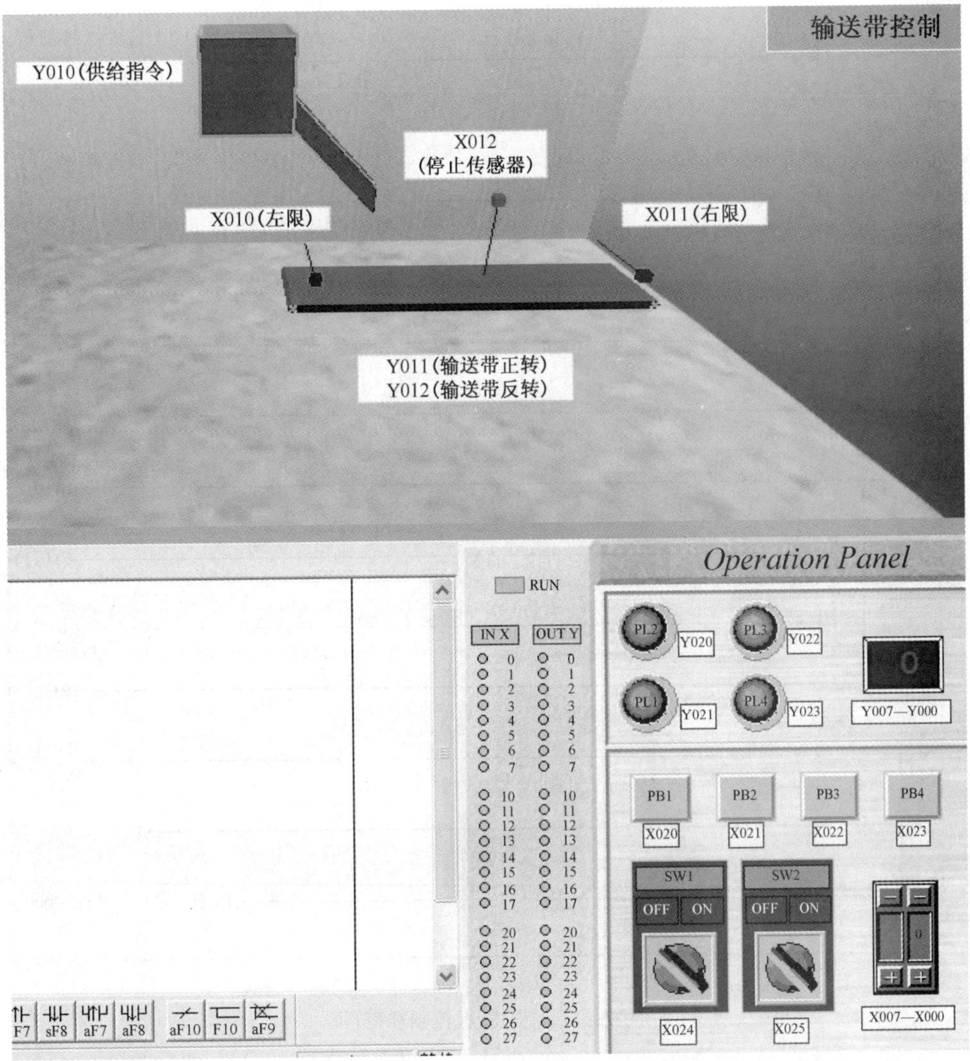

图 7-26　E6 界面

3. 编写控制梯形图

根据任务要求，利用步进编程指令和 BCD 指令编写控制梯形图，并试运行、调试程序。梯形图如图 7-27 所示。

在仿真软件 E6 界面下，输入以上梯形图，转换、写入程序试运行，点动 PB2，观察设备运行及数码管显示情况。

梯形图程序，简要分析如下。

0～24 步序：设备控制步进程序。分析方法详见本教材项目五的介绍。

25～37 步序：两位数码管显示控制程序。分析方法详见本项目任务七的介绍。

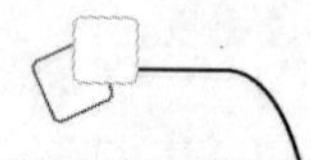

```
    X021    X020    C0
0  ─┤├──┬──┤/├────┤/├──────────────────────(M0    )
    M0  │
   ─┤├──┘
    X020    X021
5  ─┤├──┬──┤/├─────────────────────────────(M8034)
    M8034│
   ─┤├──┘
    M8002
10 ─┤├─────────────────────────────────────[SET   S0   ]
    S0      M0
13 ─┤STL├──┤├──────────────────────────────[SET   S20  ]
    S20
17 ─┤STL├──┬───────────────────────────────(Y010)
           │
           ├───────────────────────────────(Y011)
           │ X011
20         ├─┤↓├───────────────────────────[SET   S0   ]
           │
24         └───────────────────────────────[RET ]
    X011                                     K100
25 ─┤├─────────────────────────────────────(C0    )
    C0
29 ─┤├─────────────────────────────────────[SET   C0   ]
    M8000
32 ─┤├─────────────────────────────────────[BCD   C0   K2Y000]

38 ────────────────────────────────────────[END ]
```

图 7-27　计数显示控制梯形图

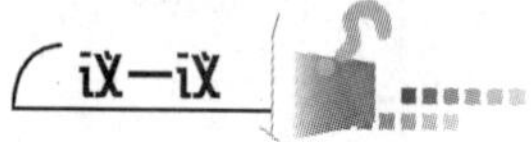

本任务中，如果要求用图 7-26 所示界面的 PL1、PL2、PL3、PL4 四个信号灯分别表示工件数目的百分数，应如何修改程序？

任务检测与分析

检测项目	评分标准	分值	学生自评	教师评分
程序编制	编程正确	30		
程序输入	输入程序熟练、迅速	10		
程序编辑	会编辑、修改梯形图程序	20		

续表

检测项目	评分标准	分值	学生自评	教师评分
文件操作	掌握程序的转换、存盘和写入操作	10		
调试运行	能使两位数码管正确显示	30		
合计		100		

任务九　不同尺寸部件分拣控制训练

任务目标

1）掌握区间复位指令（ZRST）。

2）熟悉区间复位（ZRST）指令的基本使用方法。

任务教学方式

教学步骤	时间安排	教学手段及方式
阅读教材	课余	学生自学、查资料、相互讨论
知识点讲授	学时 2	1. 通过任务分析来进一步学习怎样使用功能指令进行过程控制 2. 掌握实现功能控制所使用的操作元件及编程指令 3. 掌握使用功能指令进行控制编程的步骤及方法 4. 熟悉功能指令和基本指令的区别
任务操作	学时 2	用仿真软件仿真循环运行的控制功能
评估检测	与课堂同时进行	教师与学生共同完成任务的检测与评估，并能对出现的问题进行分析与处理

读一读

知识　认识区间复位指令

区间复位指令的助记符、指令代码及操作数见表 7-6。

表 7-6　区间复位指令

指令名称	助记符	代码	操作数		指令功能	指令补充
			D1.	D2.		
区间复位	ZRST	FNC40	T、C、D、Y、M、S		将目标操作元件［D1.］指定元件与［D2.］指定元件之间的所有元件同时复位	区间复位指令也称成批复位指令（D1.≤D2.）

区间复位指令的应用举例如图 7-28 所示。

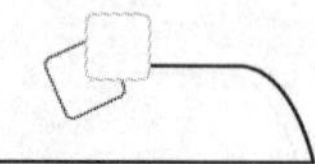

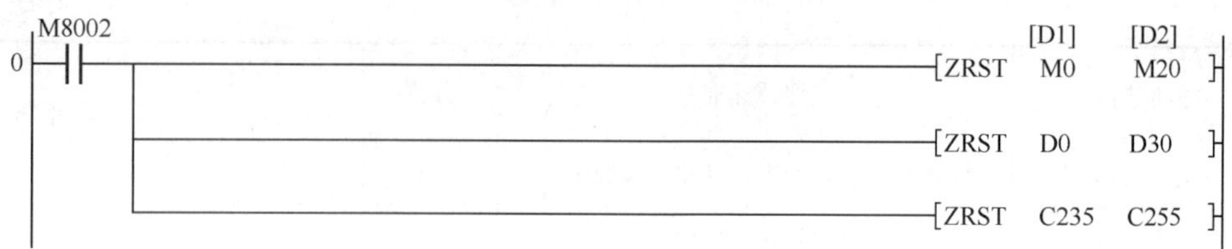

图 7-28 区间复位指令应用

当系统通电运行时，M8002 接通，区间复位指令执行，位元件 M0～M20 成批复位，字元件 D0～D30、C235～C255 成批复位。

区间复位指令和普通的复位指令有什么不同之处?

实训 不同尺寸部件分拣控制练习

1. 明确控制要求

控制要求：点动 PB1，供给指令 Y005 接通提供部件，上、中、下 3 个传感器分别拣选大、中、小部件，部件通过传感器 X004 后，X004 断开，并将所有指示灯复位，为下一次部件的分拣做好准备。

2. 分析现场条件

图 7-29 所示为仿真软件 D4 界面，反映了现场条件和 PLC 接线。

3. 编写控制梯形图

编写不同尺寸部件分拣控制梯形图和调试程序（见图 7-30）。

在仿真软件 E6 界面下，输入梯形图，转换、写入程序，调试运行。

4. 程序要点分析

1）点动 PB1 后，机器人的供给指令 Y005 被驱动。

2）当操作面板上的开始操作（X014）被驱动后，输送带正转（Y003）被驱动。

3）在传送带上的大、中或者小的部件被传感器上（X000）、中（X001）和下（X002）分别检测，那么相应的一个指示灯被点亮。

4）当传感器检测到部件后，相应指示灯立即点亮，然后在部件通过传感器（X004）后熄灭。

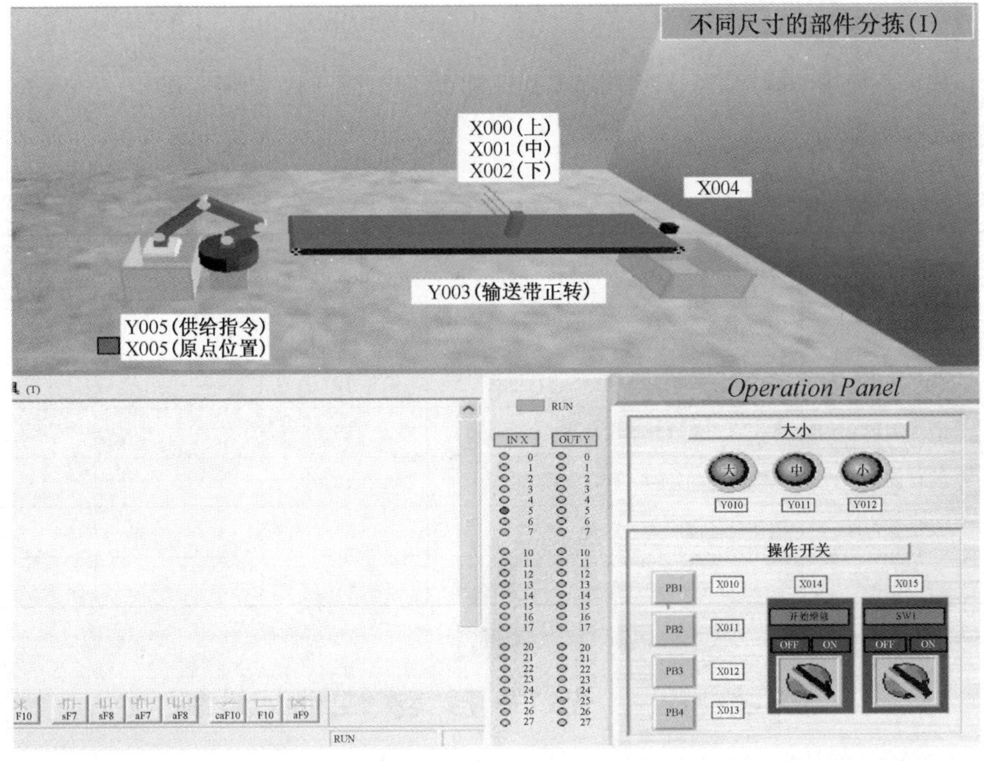

图 7-29　D4 仿真界面

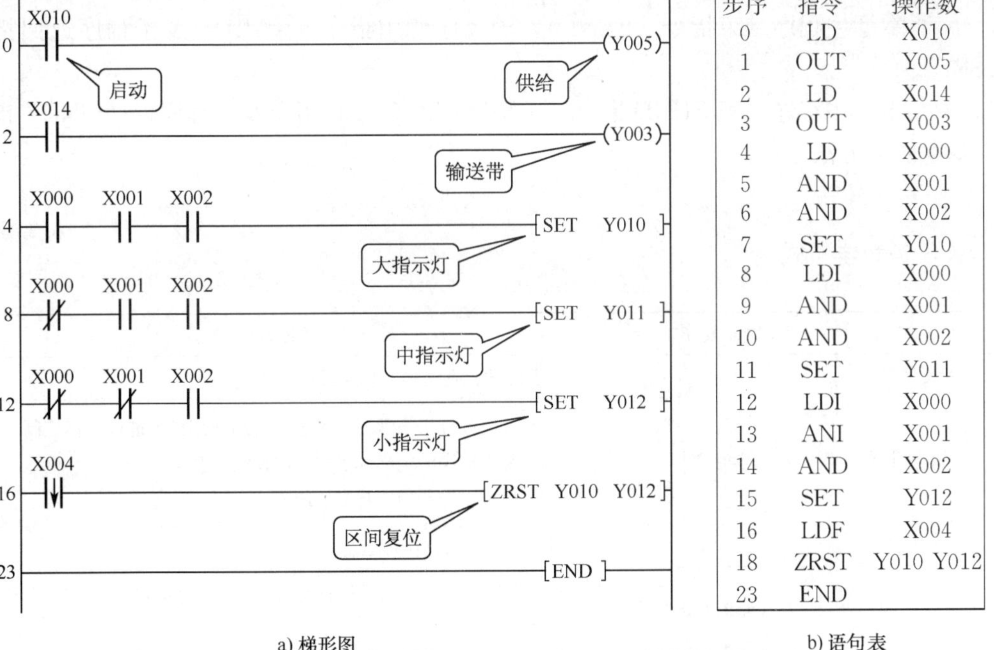

步序	指令	操作数
0	LD	X010
1	OUT	Y005
2	LD	X014
3	OUT	Y003
4	LD	X000
5	AND	X001
6	AND	X002
7	SET	Y010
8	LDI	X000
9	AND	X001
10	AND	X002
11	SET	Y011
12	LDI	X000
13	ANI	X001
14	AND	X002
15	SET	Y012
16	LDF	X004
18	ZRST	Y010 Y012
23	END	

a) 梯形图　　　　b) 语句表

图 7-30　不同尺寸部件分拣控制梯形图及语句表

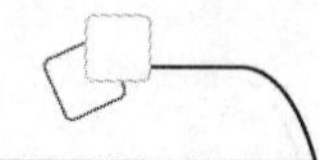

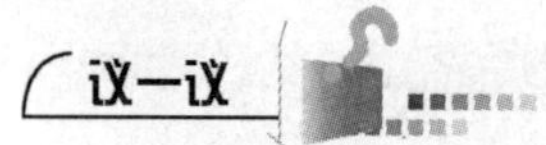

如果不使用功能指令，只使用基本指令能否实现此控制？如何实现？

任务检测与分析

检测项目	评分标准	分 值	学生自评	教师评分
程序编制	编程正确	30		
程序输入	输入程序熟练、迅速	10		
程序编辑	会编辑、修改梯形图程序	20		
文件操作	掌握程序的转换、存盘、写入操作	10		
调试运行	能使设备按照要求运行	30		
合 计		100		

任务十　部件移动控制训练

1）掌握主程序结束指令（FEND），子程序调用指令（CALL）及子程序返回指令（SRET）。

2）学习主程序结束FEND指令、子程序调用CALL指令及子程序返回SRET指令的基本使用方法。

任务教学方式

教学步骤	时间安排	教学手段及方式
阅读教材	课余	学生自学、查资料、相互讨论
知识点讲授	学时2	1. 通过任务分析来学习掌握怎样使用功能指令进行过程控制 2. 掌握子程序的定义和子程序的使用场合 3. 学会子程序调用的基本使用方法
任务操作	学时2	用仿真软件仿真循环运行的控制功能
评估检测	与课堂同时进行	教师与学生共同完成任务的检测与评估，并能对出现的问题进行分析与处理

知识　认识主程序结束指令、子程序调用指令和子程序返回指令

1）主程序结束指令的助记符、指令代码及操作数见表 7-7。

表 7-7　主程序结束指令

指令名称	助记符	代码	操作数	指令功能
主程序结束	FEND	FNC06	无	将主程序和子程序隔开

2）子程序调用指令和子程序返回指令。子程序调用和子程序返回指令的助记符、指令代码和操作数见表 7-8。

表 7-8　子程序调用和返回指令

指令名称	助记符	代码	操作数	指令功能
子程序调用	CALL	FNC01	P0～P63	对 n1 位［D.］所指定的位元件进行 n2 位［S.］所指定位元件的位进行左移（右移）
用子程序返回	SRET	FNC02	无	

子程序是为一些特定的控制编制的相对独立的程序。程序在编排时，主程序排在前，子程序排在后，并以主程序结束指令 FEND 将两部分分开。子程序指令在梯形图中的使用情况如图 7-31 所示，子程序调用指令安排在主程序段，X000 是子程序调用的条件，当 X000 为 ON 时，CALL 指令使标号为 P1 的子程序得以执行。子程序 P1 安排在主程序结束指令 FEND 之后，标号 P1 和子程序返回 SRET 之间的程序构成了 P1 子程序的内容。当有多个子程序时，子程序可以依次列在主程序结束指令之后，并以不同的标号区别。

图 7-31　子程序应用情况

点动起动按钮，3 台电动机瞬时起动，同时每台电动机都有各自的起动按钮能够实现点动控制，试使用子程序调用和子程序返回指令编写。

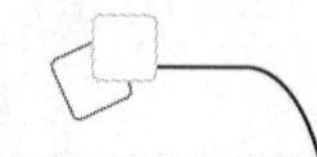

实训　部件移动控制练习

1. 明确控制要求

自动控制过程：点动PB1，供给指令Y000接通提供部件，同时输送带正转；部件输送到原点位置且还在输送带上时，取指令Y002接通，将部件移动到另一个位置。

点动控制过程：点动PB1，供给指令Y000接通提供部件；点动PB2，输送带正转；点动PB3，取指令Y002接通，将部件移动到另一个位置。

2. 分析现场条件

图7-32所示为仿真软件E3界面，反映了现场条件和PLC接线。

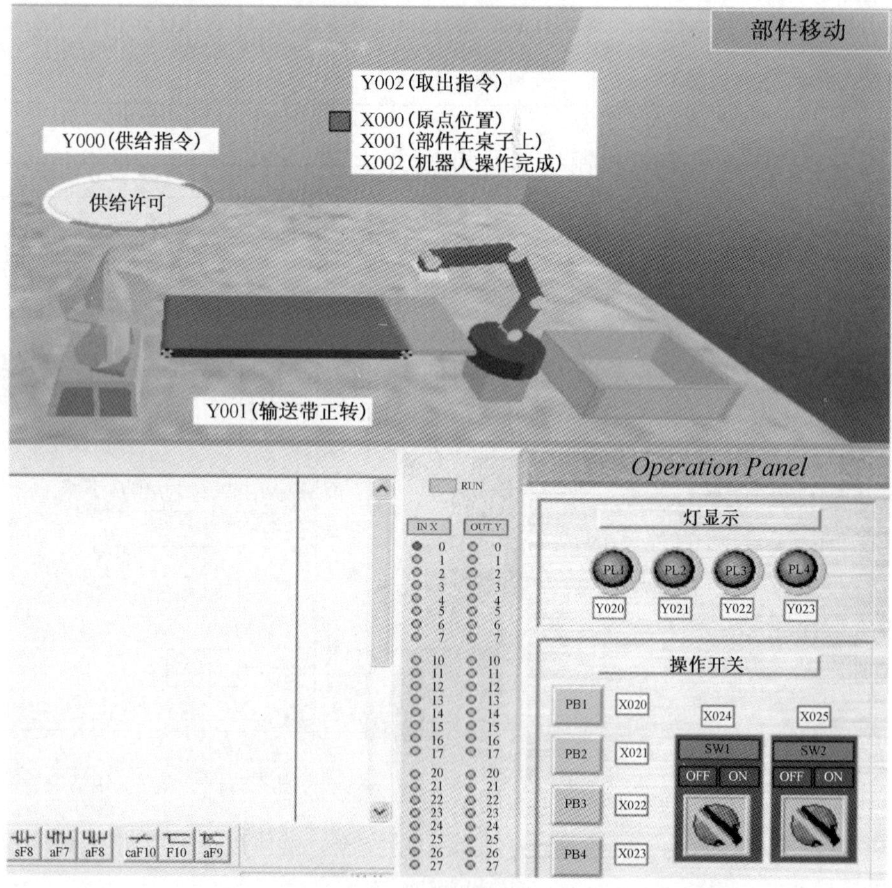

图7-32　E3仿真界面

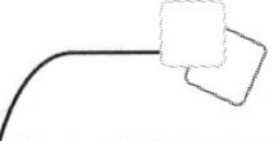

3. 编写部件移动控制梯形图和调试程序

部件移动控制梯形图与调试程序如图 7-33 所示。

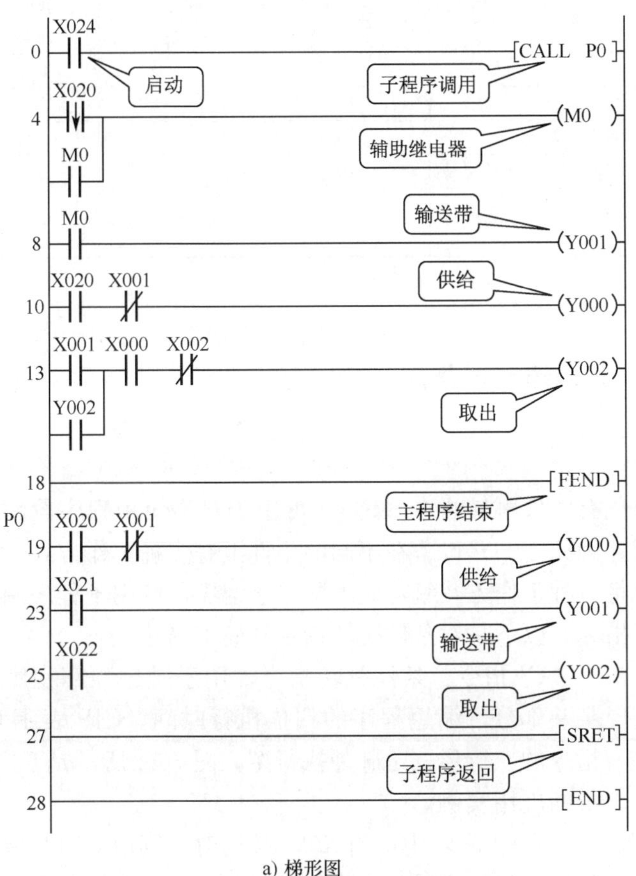

a) 梯形图

步序	指令	操作数
0	LD	X024
1	CALL	P0
4	LDF	X020
6	OR	M0
7	OUT	M0
8	LD	M0
9	OUT	Y001
10	LD	X020
11	ANI	X001
12	OUT	Y000
13	LD	X001
14	OR	Y002
15	AND	X000
16	ANI	X002
17	OUT	Y002
18	FEND	
19	LD	X020
20	ANI	X001
21	OUT	Y000
23	LD	X021
24	OUT	Y001
25	LD	X022
26	OUT	Y002
27	SRET	
28	END	

b) 语句表

图 7-33　部件移动控制梯形图及语句表

4. 程序要点分析

本程序实现的自动控制和点动控制两种功能，控制过程一致，都是采用子程序调用来实现的。将自动控制编写成主程序，点动控制编写成子程序，使用选择开关 X024 来实现。当 X024 断开时，程序执行自动控制程序后结束；当 X024 闭合时，程序跳过自动控制程序调用点动控制子程序实现点动控制。具体自动控制过程和点动控制过程见控制要求。

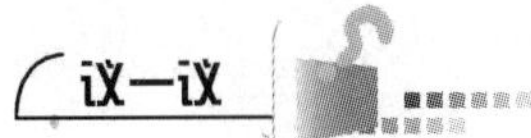

1）如果将自动控制程序改为子程序，把点动控制程序改为主程序，可以实现控制要求吗？

2）如果采用跳转指令，如何修改程序才能实现该控制？

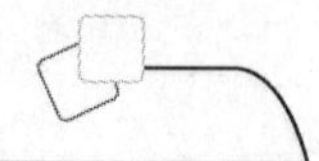

任务检测与分析

检测项目	评分标准	分值	学生自评	教师评分
程序编制	编程正确	30		
程序输入	输入程序熟练、迅速	10		
程序编辑	会编辑、修改梯形图程序	20		
文件操作	掌握程序的转换、存盘、写入操作	10		
调试运行	能使设备按照要求运行	30		
合计		100		

认识另外一些常用指令

1. CJ（P）指令使用

用于程序流控制的常用指令还有条件跳转指令（CJ），可用于对不使用程序段的跳越执行，在工业控制中经常使用。例如，一套设备在不同的条件下有多种工作方式，根据条件选择工作方式时除了可以将每种工作方式编写成不同的子程序，使用子程序调用指令以外，还可以使用条件跳转指令。以下是对条件跳转指令的简单描述。

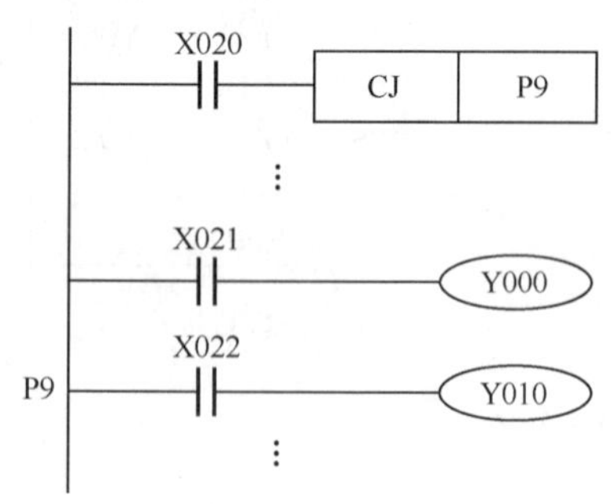

图 7-34　CJ 指令应用

CJ 指令：条件跳转指令，用于跳过顺序程序的某一部分，缩短程序的扫描执行时间。CJP 表示 CJ 指令的执行形式是脉冲执行型。图 7-34 所示是 CJ 指令的应用实例。

在图 7-34 中，当 X020 接通时，则由 CJ P9 指令跳到标号为 P9 的指令处开始执行，跳过了程序的一部分，缩短了扫描周期。如果 X020 断开，跳转不会执行，程序按原顺序执行。

使用跳转指令时应注意：

1）CJP 指令为跳转指令的脉冲执行方式。

2）一个程序中同一个标号只能出现一次，多条跳转指令可以使用同一个标号。

3）处于被跳过的程序段中的输出继电器、辅助继电器、状态元件等，由于该段程序不再执行，即使涉及的工作条件有变化，它们仍然保持跳转发生前的工作状态。

4）跳转条件若为 M8000，则称为无条件跳转。

2. 与中断有关的指令

与中断有关的 3 条功能指令是：中断返回指令 IRET，编号为 FNC03；中断允许指令 EI，编号为 FNC04；中断禁止指令 DI，编号为 FNC05。它们均无操作数，占用一个程序步。

PLC通常处于禁止中断状态，由EI和DI指令组成允许中断范围。在执行到该区间时，如有中断源产生中断，CPU将暂停主程序的执行转而去执行中断服务程序。当遇到IRET时，返回断点继续执行主程序。如图7-35所示，允许中断范围中，若中断源X000有一个下降沿，则转入以I000为标号的中断服务程序，但X000可否引起中断还受M8050的控制。当X020有效时，则M8050控制X000无法中断。

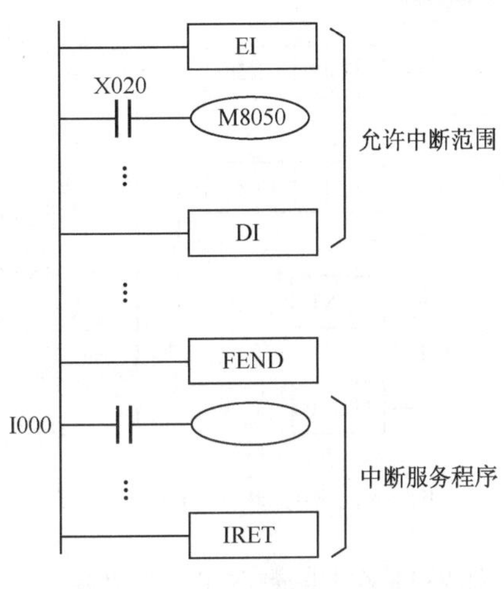

图7-35 中断指令的应用

使用中断相关指令时应注意：

1）中断的优先级排队为：如果多个中断依次发生，则以发生先后为序，即发生越早级别越高；如果多个中断源同时发出信号，则中断指针号越小优先级越高。

2）当M8050～M8058为ON时，禁止执行相应I0□□～I8□□的中断，M8059为ON时，则禁止所有计数器中断。

3）无需中断禁止时，可只用EI指令，不必用DI指令。

4）执行一个中断服务程序时，如果在中断服务程序中有EI和DI，可实现二级中断嵌套，否则禁止其他中断。

3. 监视定时器指令

监视定时器指令WDT（P）编号为FNC07，没有操作数，占1个程序步。WDT指令的功能是对PLC的监视定时器进行刷新。

FX系列PLC的监视定时器默认值为200ms（可用D8000来设定），正常情况下PLC扫描周期小于此定时时间。如果由于有外界干扰或程序本身的原因使扫描周期大于监视定时器的设定值，使PLC的CPU出错灯亮并停止工作时，可通过在适当位置添加WDT指令复位监视定时器，以使程序能继续执行到END。

如图7-36所示，利用一个WDT指令将一个240ms的程序一分为二，使它们都小于200ms，则不会再出现报警停。

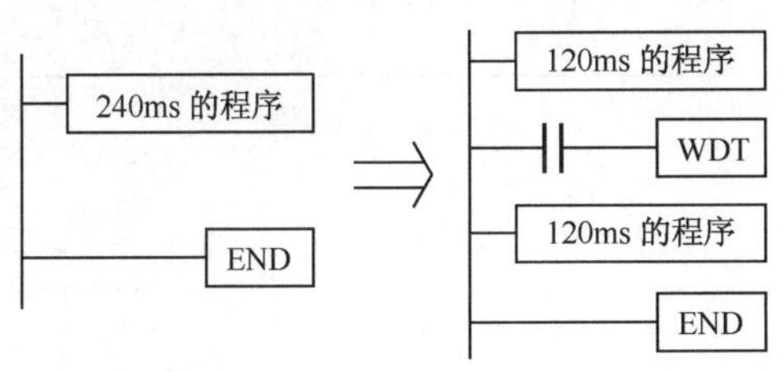

图7-36 监控定时器指令的使用

使用WDT指令时应注意：

1）如果在后续的FOR-NEXT循环中，执行时间可能超过监控定时器的定时时间，可将WDT插入循环程序中。

2）当与条件跳转指令CJ对应的指针标号在CJ指令之前时（即程序往回跳），就有可能连续反复跳步使它们之间的程序反复执行，使执行时间超过监控时间。可在CJ指令与对应

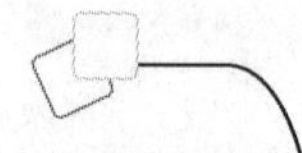

标号之间插入 WDT 指令。

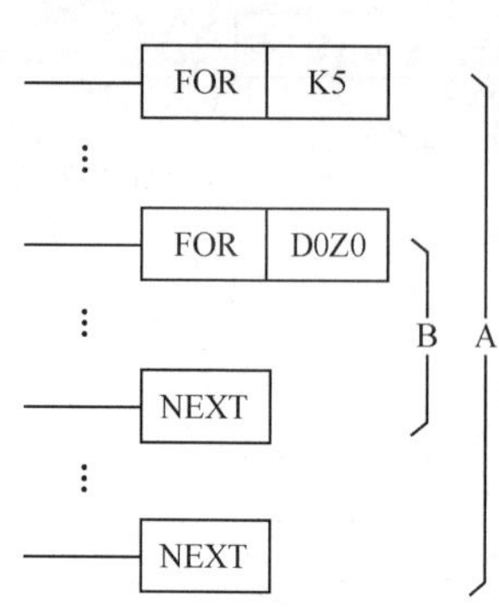

图 7-37 循环指令的使用

4. 循环指令

循环指令共有两条：循环区起点指令 FOR，编号为 FNC08，占 3 个程序步；循环结束指令 NEXT，编号为 FNC09，占 1 个程序步，无操作数。

在程序运行时，位于 FOR～NEXT 间的程序反复执行 n 次（由操作数决定）后再继续执行后续程序。循环的次数 n=1～32767。如果 n=－32767～0，则当作 n=1 处理。

图 7-37 所示为一个二重嵌套循环，外层执行 5 次。如果 D0Z 中的数为 6，则外层 A 每执行一次，内层 B 将执行 6 次。

使用循环指令时应注意：

1）FOR 和 NEXT 必须成对使用。

2）FX2N 系列 PLC 可循环嵌套 5 层。

3）在循环中可利用 CJ 指令在循环没结束时跳出循环体。

4）FOR 应放在 NEXT 之前，NEXT 应在 FEND 和 END 之前，否则均会出错。

任务十一　输送带驱动控制训练

1）掌握编码指令（ENCO）和解码指令（DECO）。

2）学习编码指令（ENCO）和解码指令（DECO）的基本使用方法。

任务教学方式

教学步骤	时间安排	教学手段及方式
阅读教材	课余	学生自学、查资料、相互讨论
知识点讲授	学时 2	1. 了解数据处理指令的分类 2. 掌握编码指令和解码指令的使用功能及使用规则
任务操作	学时 2	用仿真软件仿真循环运行的控制功能
评估检测	与课堂同时进行	教师与学生共同完成任务的检测与评估，并能对出现的问题进行分析与处理

知识　认识编码指令和解码指令

1. 编码指令

编码指令的助记符、指令代码及操作数见表 7-9。

表 7-9　编码指令

指令名称	助记符	代码	操作数			指令功能
			S.	D.	n	
编码指令	ENCO	FNC42	K、H、Y、M、S、T、C、D、V、Z	Y、M、S、T、C、D	K、H、(1～8)	将源元件最高置 1 的位置数存放到目标元件中

编码指令的使用说明如图 7-38 所示。

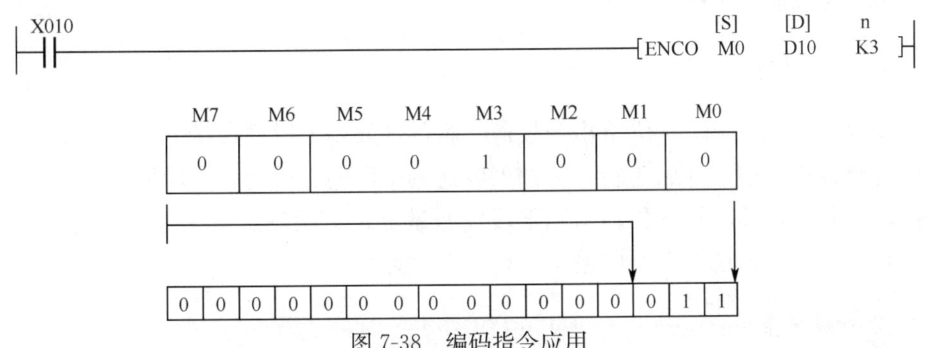

图 7-38　编码指令应用

若 n=0，不做处理。当 X000=ON 时，编码指令执行；当 X000=OFF 时，编码指令不执行。编码输出中被置 1 的元件，其状态保持不变。

2. 解码指令

解码指令的助记符、指令代码及操作数见表 7-10。

表 7-10　解码指令

指令名称	助记符	代码	操作数			指令功能
			S.	D.	n	
解码指令	DECO	FNC41	K、H、Y、M、S、T、C、D、V、Z	Y、M、S、T、C、D、V、Z	K、H、(1～8)	将源操作数最高置 1 的位置数存放到目标操作数中

解码指令的使用说明如图 7-39 所示。

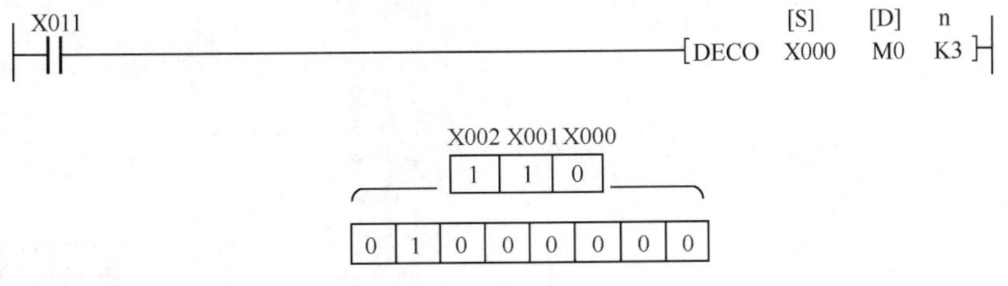

图 7-39　解码指令应用

当［D］指定的目标元件是 T、C、D 时，应使 n≤4，目标元件的每一位都受控。当［D］指定的目标元件是 Y、M、S 时，应使 n≤8。当 n=0 时，不做处理。

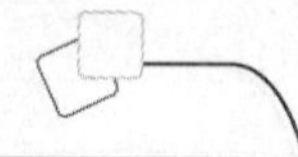

能否使用编码指令和解码指令完成任务二的彩灯循环控制？

实训　输送带驱动控制练习

1. 明确控制要求

控制要求：点动 PB1，供给指令接通，将部件放到上段输送带上，同时上段输送带的左侧传感器被接通，开始正转，将部件输送到中段输送带上；中段输送带的左侧传感器被接通，开始正转，将部件输送到下段输送带上；下段输送带的左侧传感器被接通，开始正转，将部件输送到下面的箱子中。

2. 分析现场条件

图 7-40 所示为仿真软件 D6 界面，反映了现场条件和 PLC 接线。

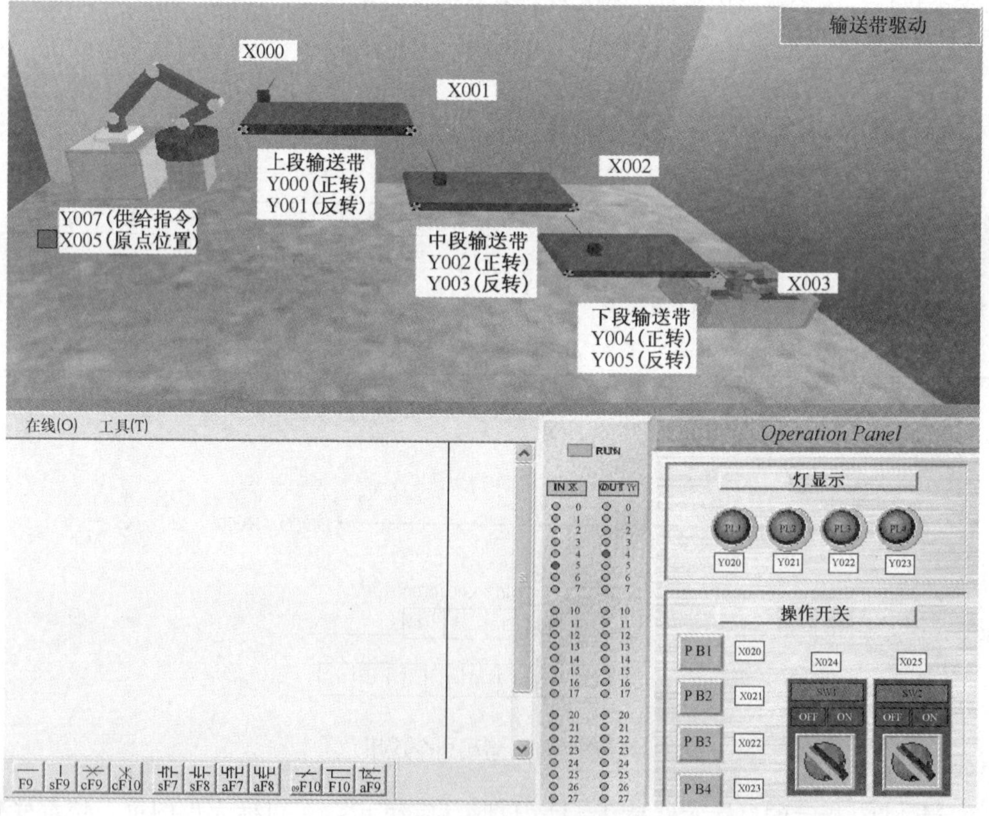

图 7-40　D6 仿真界面

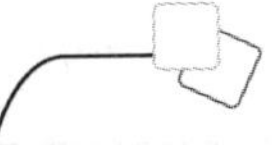

3. 编写输送带驱动控制梯形图和调试程序

在仿真软件 D6 界面下输入梯形图，转换并写入程序，调试运行。梯形图如图 7-41 所示。

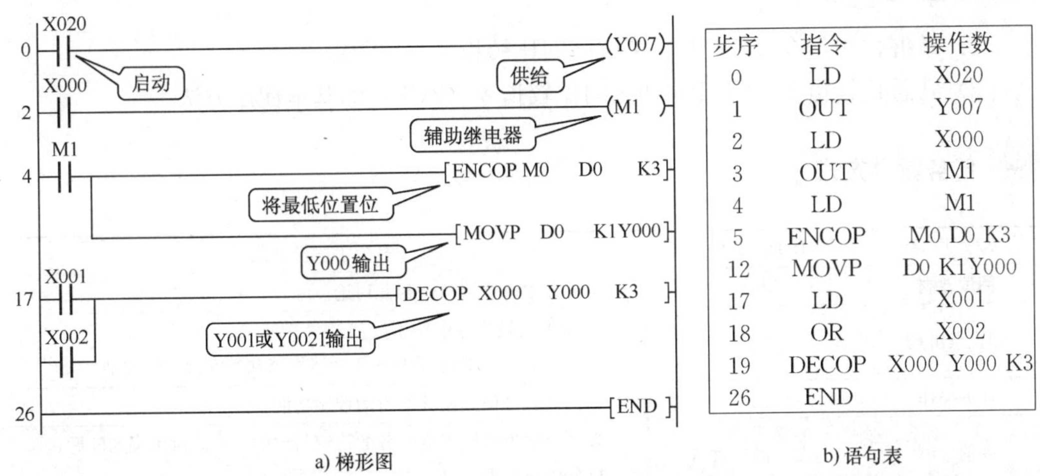

步序	指令	操作数
0	LD	X020
1	OUT	Y007
2	LD	X000
3	OUT	M1
4	LD	M1
5	ENCOP	M0 D0 K3
12	MOVP	D0 K1Y000
17	LD	X001
18	OR	X002
19	DECOP	X000 Y000 K3
26	END	

b) 语句表

图 7-41　输送带驱动控制梯形图及语句表

4. 程序要点分析

点动 PB1，供给指令接通，将部件放到输送带上；同时上段输送带左侧的传感器接通，继而接通辅助继电器 M1，利用编码指令接通上段输送带正转，将部件输送到中段输送带上；中段输送带左侧传感器被接通后利用解码指令接通中段输送带正转，将部件输送到下段输送带上。下段输送带输送原理同中段输送带。

本程序使用了编码指令和解码指令，编程时除了注意其使用功能外还要注意其操作元件的范围。

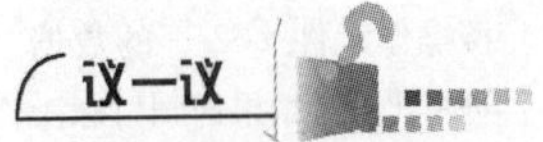

如果要求各输送带还能实现反转的功能，应如何修改程序？

任务检测与分析

检测项目	评分标准	分值	学生自评	教师评分
程序编制	编程正确	30		
程序输入	输入程序熟练、迅速	10		
程序编辑	会编辑、修改梯形图程序	20		
文件操作	掌握程序的转换、存盘、写入操作	10		
调试运行	能使设备按照要求运行	30		
合计		100		

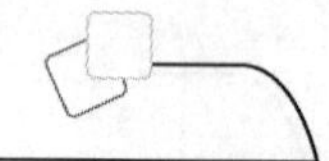

任务十二　自动门控制训练

1）掌握比较指令（CMP），了解区间比较指令（ZCP）。

2）熟悉比较指令（CMP）和区间比较指令（ZCP）的基本使用方法。

任务教学方式

教学步骤	时间安排	教学手段及方式
阅读教材	课余	学生自学、查资料、相互讨论
知识点讲授	学时 2	1. 学习比较指令的使用 2. 通过任务分析来了解使用功能指令和基本指令的区别
任务操作	学时 2	用仿真软件仿真循环运行的控制功能
评估检测	与课堂同时进行	教师与学生共同完成任务的检测与评估，并能对出现的问题进行分析与处理

知识　认识比较指令

比较指令的助记符、指令代码及操作数见表 7-11。

表 7-11　比较指令

指令名称	助记符	代码	操作数			指令功能
			S1.	S2.	D.	
比较指令	CMP	FNC10	K、H、KnX、KnY、KnM、KnS、T、C、D、V、Z		Y、M、S	将源操作元件［S1.］和源操作元件［S2.］的数据进行比较，结果送到目标操作元件［D.］中

比较指令 CMP 的使用举例如图 7-42 所示，源操作元件［S1］是十进制常数 10，［S2］是计数器 C2 的当前值寄存器中的数据，目标操作元件的首元件是 M10。该条指令执行时，M10、M11 和 M12 根据比较结果动作，当 K10 大于 C2 的当前值时，M10 接通；K10 等于 C2 的当前值时，M11 接通；K10 小于 C2 的当前值时，M12 接通。

当执行条件 X010 断开时，CMP 指令不执行，M10、M11、M12 的状态保持不变。

如何使用基本指令编写程序完成该任务？

```
X010                                          [S1]  [S2]  [D]
─┤├──────────────────────────────────[CMP   K10   C2    M10 ]
  │ M10
  ├─┤├──────────────────────────────────────────(Y010)   K10>C2   M10=ON
  │ M11
  ├─┤├──────────────────────────────────────────(Y011)   K10=C2   M11=ON
  │ M12
  └─┤├──────────────────────────────────────────(Y012)   K10<C2   M12=ON
```

图 7-42 比较指令应用

实训 自动门控制练习

1. 明确控制要求

控制要求：点动一下 PB1，自动门上升；再点动一下 PB1，自动门下降。

2. 分析现场条件

图 7-43 所示为仿真软件 C1 界面，反映了现场条件和 PLC 接线。

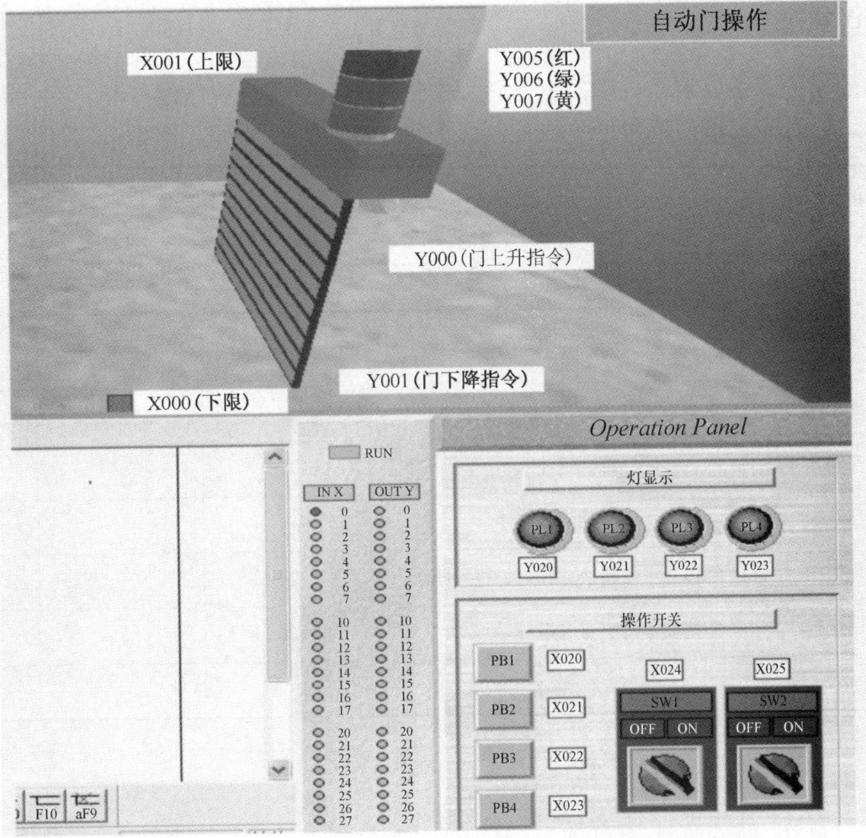

图 7-43 C1 仿真界面

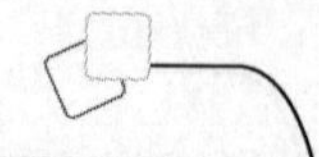

3. 编写自动门控制梯形图和调试程序

自动门控制梯形图如图 7-44 所示。

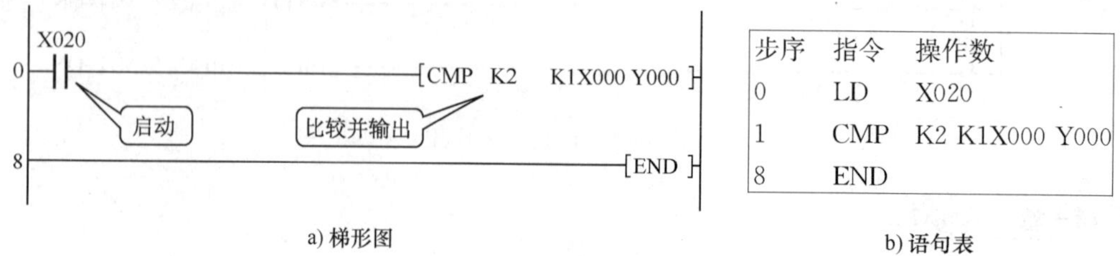

步序	指令	操作数
0	LD	X020
1	CMP	K2 K1X000 Y000
8	END	

b) 语句表

图 7-44 自动门控制梯形图及语句表

4. 程序要点分析

当自动门下限 X000 接通时，自动门上升；当自动门上限 X001 接通时，自动门下降。利用位组合元件 K1X000，主要是将 X001X000 的逻辑值和十进制常数 2 进行比较，继而控制 Y000、Y001。

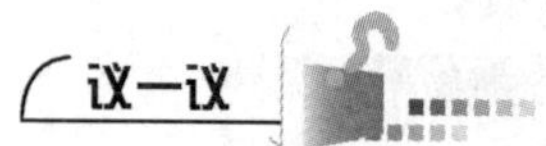

如果该任务还要求在自动门上升过程中红灯亮，下降过程中绿灯亮，在上限或下限位置时，黄灯亮，请修改程序完成控制任务。

任务检测与分析

检测项目	评分标准	分值	学生自评	教师评分
程序编制	编程正确	30		
程序输入	输入程序熟练、迅速	10		
程序编辑	会编辑、修改梯形图程序	20		
文件操作	掌握程序的转换、存盘、写入操作	10		
调试运行	能使设备按照要求运行	30		
合计		100		

学习区间比较指令 ZCP 指令

区间比较指令的助记符、指令代码、操作数见表 7-12。

表 7-12　区间比较指令

指令名称	助记符	代码	操作数				指令功能
			S1.	S2.	S3.	D.	
区间比较指令	ZCP	FNC11	K、H、KnX、KnY、KnM、KnS 、T、C、D、V、Z			Y、M、S	将一个源操作元件［S3.］的数值与另两个源操作元件［S1.］和［S2.］的数值进行比较，结果送到目标操作元件［D.］中

区间比较指令 ZCP 的使用举例如图 7-45 所示。

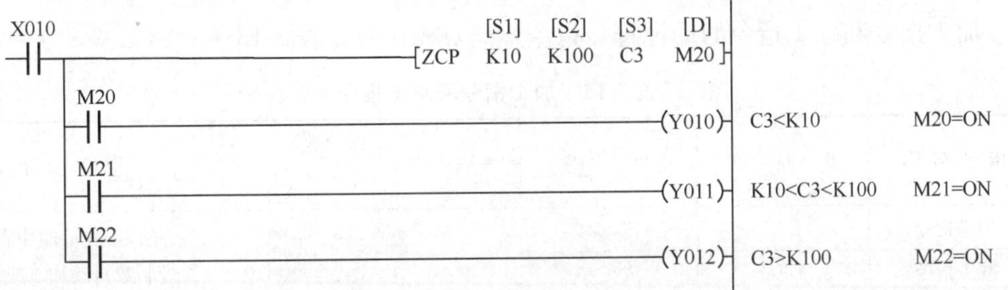

图 7-45　区间比较指令应用

源操作元件［S1］的数据不能大于［S2］的数据。例如，［S1］＝K100，［S2］＝K10，则 ZCP 指令执行时，就按［S2］＝K100 来执行。

执行图 7-45 中的 ZCP 指令时，当 C3 的当前值小于 K10 时，M20 接通；当 K10 小于 C3 的当前值小于 K100 时，M21 接通；当 C3 的当前值大于 K100 时，M22 接通。

当执行条件 X010 断开时，ZCP 指令不执行，M20、M21、M22 的状态保持不变。

任务十三　家用电灯控制训练

任务目标

1）掌握加 1 指令（INC）、减 1 指令（DEC），了解加法指令（ADD）、减法指令（SUB）。

2）熟悉加 1 指令（INC）、减 1 指令（DEC）、加法指令（ADD）和减法指令（SUB）的基本使用方法。

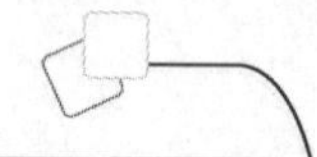

任务教学方式

教学步骤	时间安排	教学手段及方式
阅读教材	课余	学生自学、查资料、相互讨论
知识点讲授	学时 2	1. 认识运算指令的分类 2. 掌握运算指令的编程方法 3. 熟悉运算指令的使用场合
任务操作	学时 2	用仿真软件仿真循环运行的控制功能
评估检测	与课堂同时进行	教师与学生共同完成任务的检测与评估，并能对出现的问题进行分析与处理

知识　学习加 1 指令和减 1 指令

加 1 指令和减 1 指令的助记符、指令代码及操作数见表 7-13。

表 7-13　加 1 指令和减 1 指令

指令名称	助记符	代码	操作数	指令功能
			D.	
加 1 指令	INC	FNC24	KnY、KnM、KnS 、T、C、D、V、Z	将操作元件中的二进制数自动加 1 或减 1
减 1 指令	DEC	FNC25		

加 1、减 1 指令的使用举例如图 7-46 所示，当执行条件 X010 为 ON 时，［D.］指定的元件 D10 中的二进制数自动加 1；本例是一条连续执行的指令，每个扫描周期都加 1。当执行条件 X011 由 OFF 变为 ON 时，［D.］指定的元件 D11 中的二进制数自动减 1。

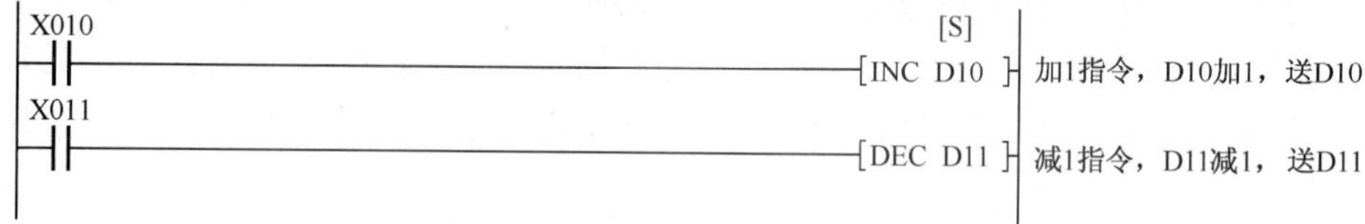

图 7-46　加 1、减 1 指令的应用

实训　家用电灯控制练习

1. 明确控制要求

控制要求：点动一下 PB1，只有红灯亮；点动两下 PB1，只有黄灯亮；点动三下

PB1，红灯和黄灯同时亮；点动四下 PB1，只有绿灯亮；点动五下 PB1，绿灯和红灯同时亮；点动六下 PB1，绿灯和黄灯同时亮；点动七下 PB1，绿灯、黄灯和红灯同时亮；点动八下 PB1，全部熄灭。

2. 分析现场条件

图 7-47 所示为仿真软件 D3 界面，反映了现场条件和 PLC 接线。

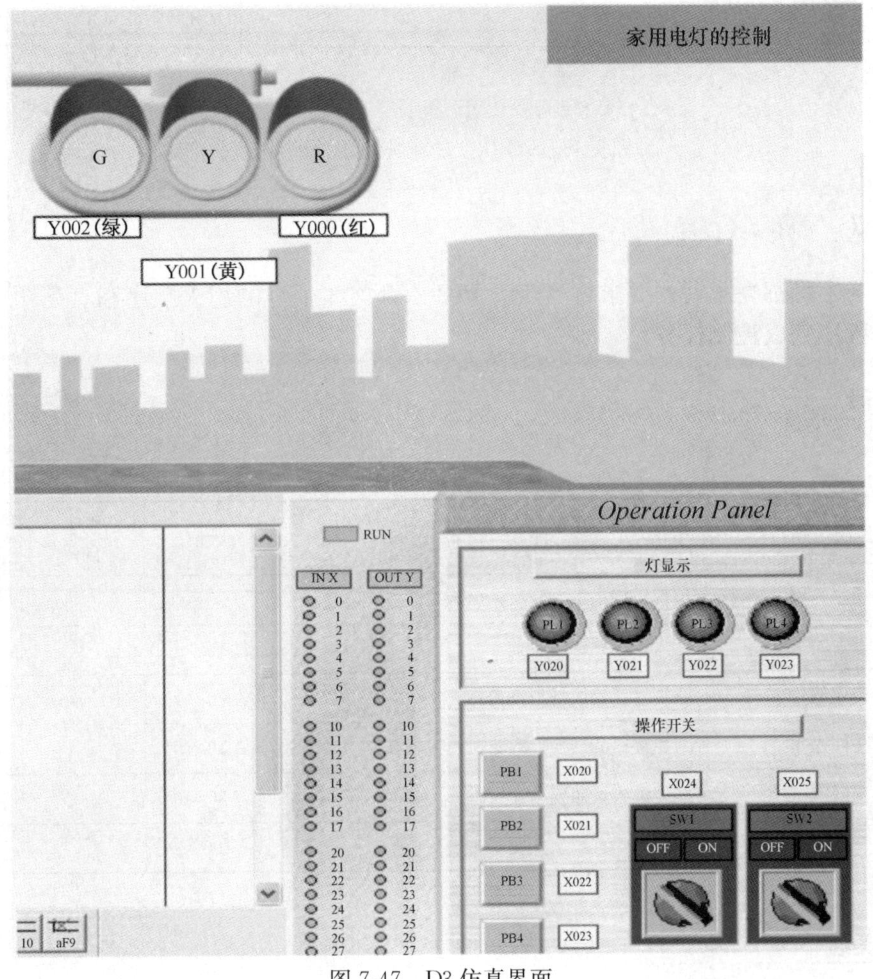

图 7-47 D3 仿真界面

3. 编写家用电灯控制梯形图和调试程序

家用电灯控制梯形图如图 7-48 所示。

4. 程序要点分析

按钮 PB1 每接通一次，位组合元件的值就自动加 1。

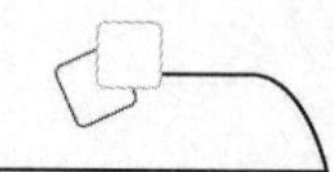

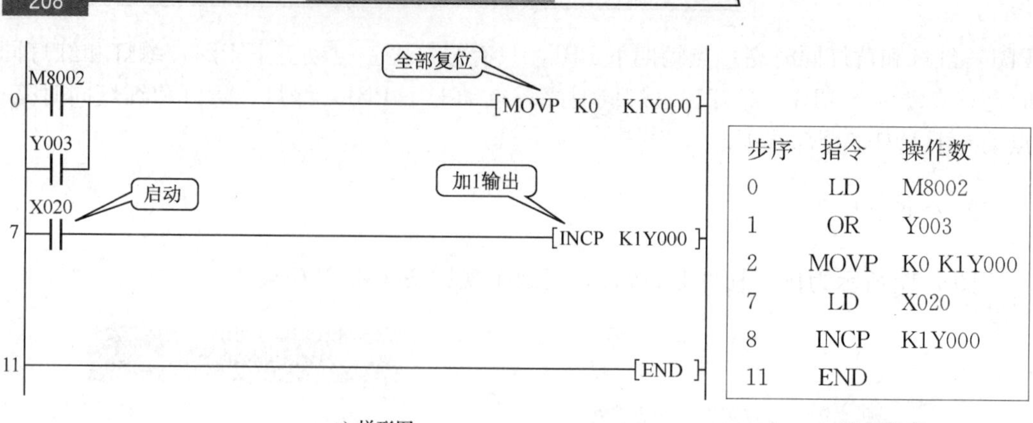

步序	指令	操作数
0	LD	M8002
1	OR	Y003
2	MOVP	K0 K1Y000
7	LD	X020
8	INCP	K1Y000
11	END	

a) 梯形图　　b) 语句表

图 7-48　家用电灯控制梯形图及语句表

当 3 个灯都亮了后，要求每当点动 PB1 一下，3 个灯的熄灭顺序和点亮顺序相反，请修改程序完成控制任务。

任务检测与分析

检测项目	评分标准	分值	学生自评	教师评分
程序编制	编程正确	30		
程序输入	输入程序熟练、迅速	10		
程序编辑	会编辑、修改梯形图程序	20		
文件操作	掌握程序的转换、存盘、写入操作	10		
调试运行	能使设备按照要求运行	30		
合计		100		

加法指令和减法指令

加法指令和减法指令的助记符、指令代码及操作数见表 7-14。

表 7-14　加法指令和减法指令

指令名称	助记符	代码	操作数			指令功能
			S1.	S2.	D.	
加法	ADD	FNC20 (16/32)	K、H、T、C、D、V、Z、KnX、KnY、KnM、KnS T、C、D、V、Z、KnY、KnM、KnS		T、C、D、V、Z、KnY、KnM、KnS	将指令的源元件中的二进制数相加，结果送到指定的目标元件中
减法	SUB	FNC21 (16/32)	K、H、T、C、D、V、Z、KnX、KnY、KnM、KnS T、C、D、V、Z、KnY、KnM、KnS		T、C、D、V、Z、KnY、KnM、KnS	将指令的源元件中的二进制数相减，结果送到指定的目标元件中

加减法指令的说明如图 7-49 所示。当执行条件 X010 为 ON 时，执行二进制加法运算，D1+D2→D10。当执行条件 X011 为 ON 时，脉冲执行二进制减法运算，D5－1→D5。

```
 X010
─┤├──────────────────────[ADD  D1   D2   D10 ]
```

(a) 加法指令

```
 X011
─┤├──────────────────────[SUBP D5   K1   D5  ]
```

(b) 减法指令

图 7-49　加减法指令

加减法指令有 3 个常用标志，M8020 为零标志，M8021 为借位标志，M8022 为进位标志。如果运算结果为 0，则零标志 M8020 置 1；如果运算结果小于－32767（16 位）或－2147483647（32 位），则借位标志 M8021 置 1；如果运算结果大于 32767（16 位）或 2147483647（32 位），则进位标志 M8022 置 1。

源元件和目标元件可以用相同的元件号。若采用连续执行指令，结果在每个周期内发生改变；采用脉冲执行指令，仅在执行条件（每次从 OFF→ON 变化）时，执行一次运算处理。

想一想

加 1 指令、减 1 指令和加法指令、减法指令有什么区别？

任务十四　显示实时时钟

任务目标

1）认识时钟读写指令的功能、格式和应用方法。
2）利用时钟读取指令编程，显示实时时钟。

任务教学方式

教学步骤	时间安排	教学手段及方式
阅读教材	课余	学生自学、查阅资料，相互讨论
知识点讲授	学时 1	1. 熟悉时钟读写指令的功能、格式和应用方法 2. 熟悉本次任务的控制要求
任务操作	学时 1	根据任务要求，利用仿真软件编制梯形图、模拟运行
评估检测	与课堂同时进行	教师与学生共同完成任务的检测与评估，并能对出现的问题进行分析与处理

知识　认识时钟读写指令

时钟读写指令属于时钟运算指令。时钟运算指令为脉冲执行型指令，可用前沿触点触发执行。

时钟运算包含对 PLC 内置实时时钟进行时间校准和时间比较等。

时钟读写指令助记符和操作数见表 7-15。

表 7-15　时钟运算指令助记符和操作数

指令名称	助记符	代码	操作数	
			S.（源操作元件）	D.（目标操作元件）
时钟写入指令	TWR	FNC167	外部时钟数据	D8013～D8019（详见表 7-16）
时钟读取指令	TRD	FNC166	内置时钟数据	连续 7 个数据寄存器 D

1. 时钟写入指令——TWR

指令功能：将新设定的时钟数据“年、月、日、时、分、秒、星期”，写入实时时钟存储器 D8013～D8019 中。具体分配详见表 7-16。

表 7-16　实时时钟存储器

目标元件	项　目
D8019	星期 0～6
D8018	年 0～99
D8017	月 1～12
D8016	日 1～31
D8015	时 0～23
D8014	分 0～59
D8013	秒 0～59

需要注意，本教材使用的计算机 PLC 仿真软件，计算机的系统时钟就是模拟 PLC

模块的内部实时时钟，不再详细叙述。

2. 时钟数据读取——TRD

1）指令功能：将 PLC 内置的实时时钟数据写入目标元件中。

2）梯形图格式如图 7-50 所示。

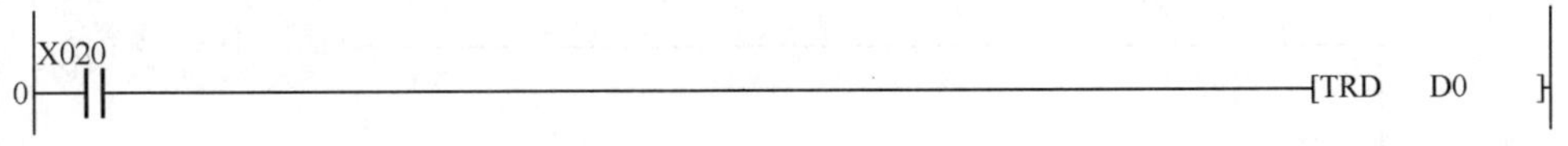

图 7-50　时钟读取指令格式

图 7-50 程序的含义：将 PLC 内置时钟“年、月、日、时、分、秒、星期”数据，依次写入 D0～D6 连续 7 个字元件数据寄存器中。

实训　显示实时时钟练习

1. 明确控制要求

控制要求：在仿真软件 F1 界面，利用 TDR 指令和 MOV 指令编程，在梯形图上由 D10～D16 显示实时时钟。

2. 编写控制梯形图

根据任务要求编写控制梯形图，并试运行、调试程序。梯形图如图 7-51 所示。（语句表从略）

图 7-51 梯形图程序，简要分析如下。

0～4 步序：由秒脉冲继电器 M8013 的上升沿触点不断触发 TRD 指令，将 PLC 内置时钟“年、月、日、时、分、秒、星期”数据连续依次读入到 D0～D6 7 个字元件数据寄存器。

5～41 步序：由秒脉冲继电器 M8013 的上升沿触点不断触发 MOV 指令，将上述 7 个时钟数据分别、连续传送到 D10～D16。

在仿真软件 F1 界面下输入以上梯形图，转换、写入程序试运行。梯形图显示如图 7-52所示。

图 7-52 中右侧一列数字，表示“2013 年 8 月 3 日 23 时 44 分 49 秒星期六”。

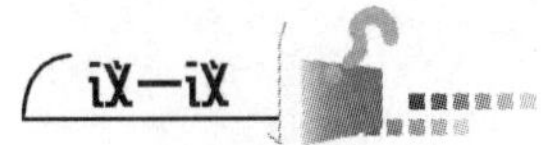

本任务如果只要求显示“时分秒”，请问程序应如何修改？

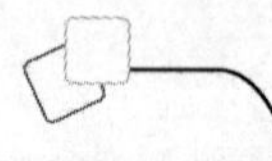

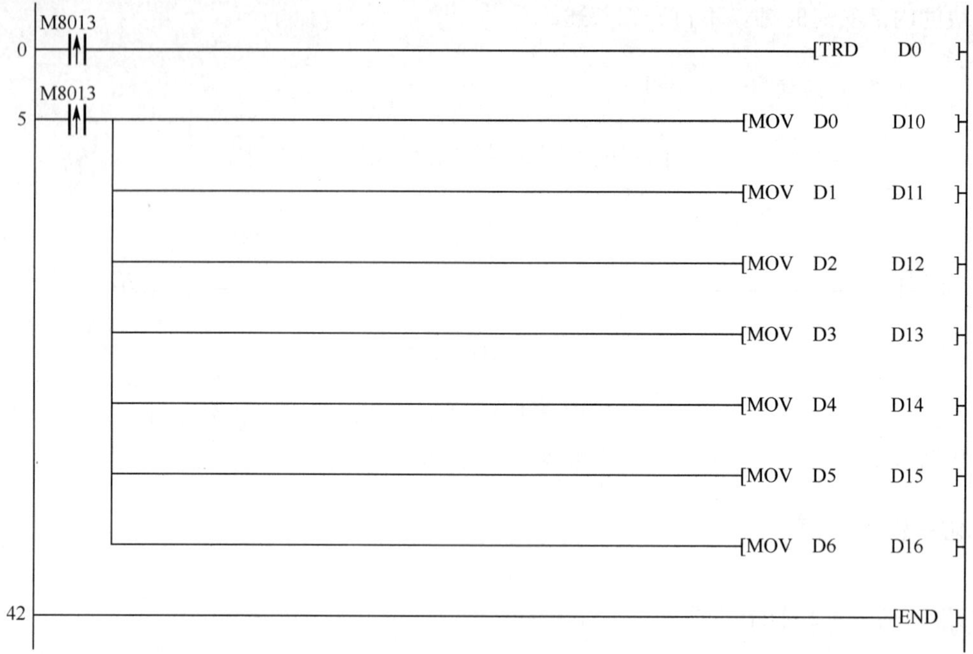

图 7-51 显示实时时钟梯形图

M8013
0 [TRD D0]
13
M8013
5 [MOV D0 D10]
13 13
[MOV D1 D11]
8 8
[MOV D2 D12]
3 3
[MOV D3 D13]
23 23
[MOV D4 D14]
44 44
[MOV D5 D15]
49 49
[MOV D6 D16]
6 6
42 [END]

图 7-52 实时时钟

任务检测与分析

检测项目	评分标准	分值	学生自评	教师评分
程序编制	编程正确	30		
程序输入	输入程序熟练、迅速	10		
程序编辑	会编辑、修改梯形图	20		
文件操作	掌握程序的转换、存盘和写入操作	10		
调试运行	能正确显示实时时钟	30		
合计		100		

任务十五 时钟控制电动门

1）认识时钟比较指令的功能、格式和应用方法。

2）利用时钟读取指令和时钟比较指令编制时钟控制电动门程序。

任务教学方式

教学步骤	时间安排	教学手段及方式
阅读教材	课余	学生自学、查阅资料，相互讨论
知识点讲授	学时1	1. 熟悉时钟比较指令的功能、格式和应用方法 2. 熟悉本次任务的控制要求
任务操作	学时1	根据任务要求，利用仿真软件编制梯形图、模拟运行
评估检测	与课堂同时进行	教师与学生共同完成任务的检测与评估，并能对出现的问题进行分析与处理

知识 认识时钟比较指令

时钟比较指令也属于时钟运算指令。时钟比较指令助记符和操作数见表7-17。

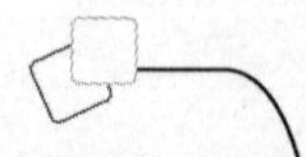

表 7-17　时钟比较指令助记符和操作数

指令名称	助记符	代码	源操作数				目标操作元件
			S1.	S2.	S3.	S.	
时钟比较指令	TCMP	FNC160	K、H、KnX、KnY、KnS、T、C、D、V、Z			T、C、D	Y、M、S 连续 3 个位元件

1）指令功能：设定的基准时间，与内部时钟比较，将比较结果放到连续 3 个目标位元件中。

如果内部时钟小于基准时间，最低位目标元件为 ON。

如果内部时钟等于基准时间，第二位目标元件为 ON。

如果内部时钟大于基准时间，最高位目标元件为 ON。

2）时钟比较指令应用示例如图 7-53 所示。

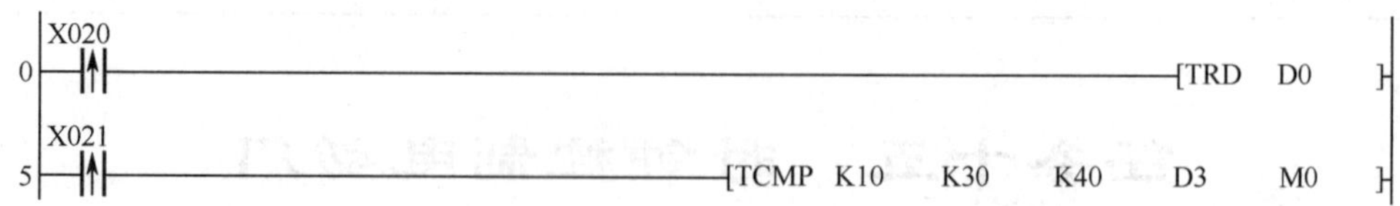

图 7-53　时钟比较指令应用示例

图 7-51 所示程序的含义如下：

首先，读取 PLC 内部时钟，存放到以 D0 为最低位的连续 7 个数据存储器。

然后将基准时间 10:30:40 与以 D3（时）为最低位的 3 个时钟数据存储器比较，将比较结果放到以 M0 为最低位的连续 3 个位元件。

如果内部时钟小于 10:30:40，则 M0 为 ON；

如果内部时钟等于 10:30:40，则 M1 为 ON；

如果内部时钟大于 10:30:40，则 M2 为 ON。

实训　时钟控制电动门

1. 明确控制要求

在仿真软件 F1 界面，为保证夜间安全，要求每天 7:30～18:30 才可以手动开启电动门（为便于调试，可视计算机系统时钟相应改变时间段）。

2. 分析现场条件

图 7-54 所示为仿真软件 F1 界面，反映了现场条件和 PLC 接线。

3. 编写控制梯形图

根据任务要求，利用时钟读取 TRD 和时钟比较 TCMP 指令编写控制梯形图，并试运行，调试程序。梯形图如图 7-55 所示。

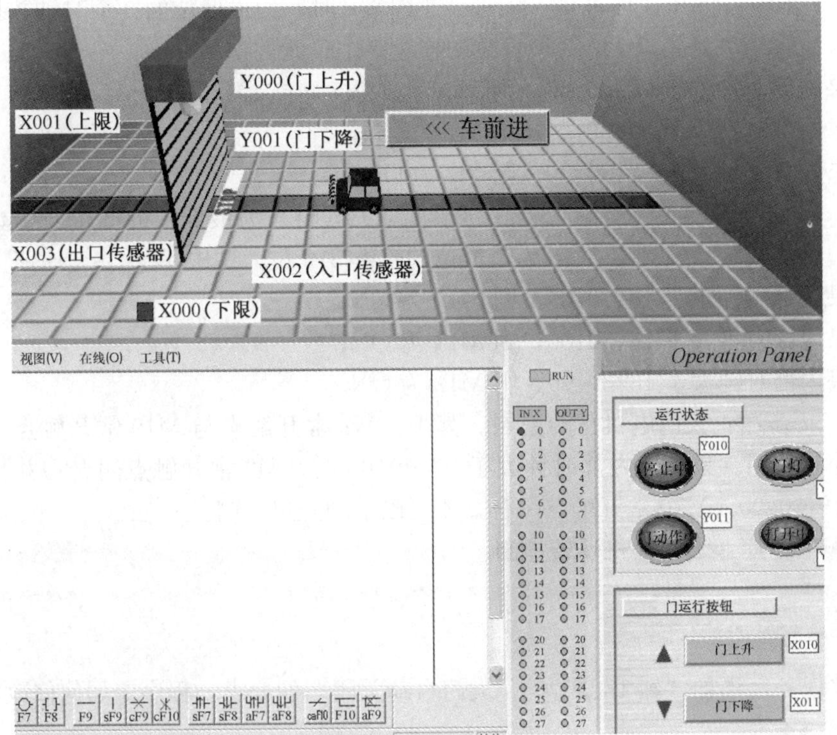

图 7-54　F1 界面

```
     M8013
0    ─┤↑├──────────────────────────────────────────────[TRD   D0  ]
     M8013
5    ─┤↑├─────────────────────[TCMP  K7    K30   K0    D3    M0  ]
     M8013
18   ─┤↑├─────────────────────[TCMP  K18   K30   K0    D3    M10 ]
     X010      M2     M10    Y001   X001
31   ─┤ ├──┬──┤ ├────┤ ├────┤/├────┤/├──────────────────────(Y000)
     Y000  │
     ─┤ ├──┘
     X011     Y000   X000
38   ─┤ ├──┬──┤/├────┤/├────────────────────────────────────(Y001)
     Y001  │
     ─┤ ├──┘
43   ──────────────────────────────────────────────────────[END   ]
```

图 7-55　时钟控制电动门梯形图

图 7-55 梯形图程序，简要分析如下。

0～4 步序：不断读取 PLC 内部时钟，存放到以 D0 为最低位的连续 7 个数据存储

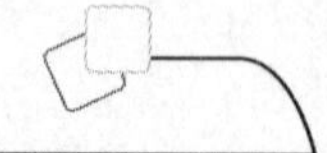

器中。

5～17 步序：将开启时间 07:30:00 与以 D3（时）为最低位的 3 个时钟数据存储器比较，将比较结果放到以 M0 为最低位的连续 3 个位元件中。

如果内部时钟小于 07:30:00，则 M0 为 ON；

如果内部时钟等于 07:30:00，则 M1 为 ON；

如果内部时钟大于 07:30:00，则 M2 为 ON。

18～30 步序：将关闭时间 18:30:00 与以 D3（时）为最低位的 3 个时钟数据存储器比较，将比较结果放到以 M10 为最低位的连续 3 个位元件中。

如果内部时钟小于 18:30:00，则 M10 为 ON；

如果内部时钟等于 18:30:00，则 M11 为 ON；

如果内部时钟大于 18:30:00，则 M12 为 ON。

31～37 步序：大门电机正转控制。其中，M2 常开触点与 M10 常开触点串联，起到时钟控制作用。只有当内部时钟大于 07:30:00 时，M2 常开触点闭合；并且内部时钟小于 18:30:00，M10 常开触点闭合，才可以手动开启大门。

38～42 步序：大门电机反转控制。

本次任务，添加“到 18:30:00，大门自动关闭”的要求，程序应如何修改？

任务检测与分析

检测项目	评分标准	分值	学生自评	教师评分
程序编制	编程正确	30		
程序输入	输入程序熟练、迅速	10		
程序编辑	会编辑、修改梯形图程序	20		
文件操作	掌握程序的转换、存盘和写入操作	10		
调试运行	电动门能够受时钟控制开启	30		
合计		100		

任务十六　时钟控制交通信号灯

1）进一步熟悉时钟读取和时钟比较指令。

2）利用时钟读取指令和时钟比较指令编制时钟控制交通信号灯程序。

任务教学方式

教学步骤	时间安排	教学手段及方式
阅读教材	课余	学生自学、查阅资料，相互讨论
知识点讲授	学时 1	1. 熟悉时钟读取和时钟比较指令的应用方法 2. 熟悉本次任务的控制要求
任务操作	学时 1	根据任务要求，利用仿真软件编制梯形图、模拟运行
评估检测	与课堂同时进行	教师与学生共同完成任务的检测与评估，并能对出现的问题进行分析与处理

知识　熟悉时钟读取和时钟比较指令的应用方法

详见任务十四和任务十五。

实训　时钟控制交通信号灯

1. 明确控制要求

在仿真软件 C3 界面，要求每天 6：00～23：00 时间段，交通信号灯工作于正常模式：绿灯亮 15s，转为黄灯闪烁 5s，再转为红灯亮 20s。其他时间段，交通信号灯工作于夜间模式：黄灯闪亮。（为便于调试，可视计算机系统时钟相应改变时间段，可缩短各灯亮灯时间）

2. 分析现场条件

图 7-56 所示为仿真软件 C3 界面，反映了现场条件和 PLC 接线。

图 7-56　C3 界面

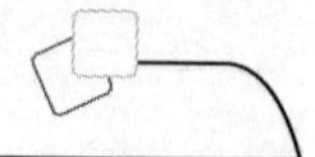

3. 编写控制梯形图

根据任务要求，利用时钟读取指令（TRD）和时钟比较指令（TCMP）编写控制梯形图，并试运行，调试程序。梯形图如图 7-57 所示。

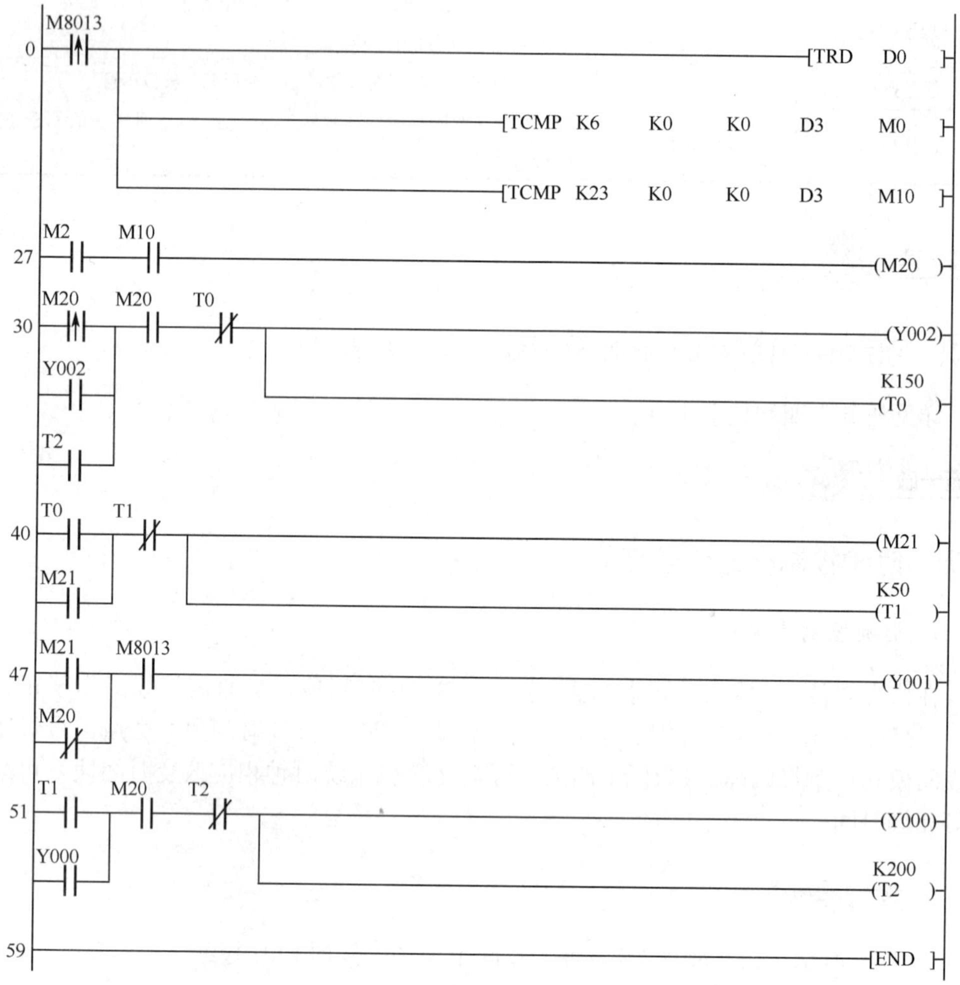

```
0   M8013(↑) ── [TRD D0]
             ├─ [TCMP K6 K0 K0 D3 M0]
             └─ [TCMP K23 K0 K0 D3 M10]
27  M2  M10 ── (M20)
30  M20(↑) / Y002 / T2   M20   T0(NC) ── (Y002)
                                      └─ K150 (T0)
40  T0 / M21   T1(NC) ── (M21)
                      └─ K50 (T1)
47  M21 / M20(NC)   M8013 ── (Y001)
51  T1 / Y000   M20   T2(NC) ── (Y000)
                             └─ K200 (T2)
59  ── [END]
```

图 7-57 时钟控制交通信号灯梯形图

图 7-57 所示梯形图程序，简要分析如下。

0～26 步序：时钟读取和时钟比较。详见“任务十五 时钟控制电动门”。

27～29 步序：时间段判断。M2 常开触点与 M10 常开触点串联，起到时间段判断作用。只有当内部时钟大于 06：00：00，M2 常开触点闭合；并且内部时钟小于 23：00：00，M10 常开触点闭合，M20 才吸合。

30～39 步序：绿灯延时控制。只有在设定时间段内，M20 常开触点闭合，绿灯才可启动；T2 常开触点起到循环工作的作用。

40～46 步序：辅助继电器 M21 延时控制。

47～50 步序：黄灯闪烁控制。其中 M8013 为秒脉冲继电器常开触点，以 1s 为周期连续闭合、分断，使黄灯闪烁；M20 常闭触点在设定时间段以外闭合，使黄灯闪烁。

51～58 步序：红灯延时控制。只有在设定时间段内，M20 常开触点闭合，红灯才可启动。

议一议

1）本任务中如果添加“交通信号灯还可以手动控制开启”的要求，程序应如何修改？

2）仿真软件 D6 界面有三段输送带，试编程控制其运行。要求：每天 8:00:00 启动运转，8:00:10 中段输送带启动运转，8:00:20 下段输送带启动运转；18:00:00 上段输送带停止，18:00:10 中段段输送带停止，18:00:20 下段输送带停止。

评一评

任务检测与分析

项目检测	评分标准	分　值	学生自评	教师评分
程序编制	编程正确	30		
程序输入	输入程序熟练、迅速	10		
程序编辑	会编辑、修改梯形图程序	20		
文件操作	掌握程序的转换、存盘和写入操作	10		
调试运行	交通信号灯能够受时钟控制自动开启	30		
合计		100		

任务十七　单键控制状态变化

任务目标

1）认识交替指令的功能、格式和应用方法。

2）利用交替指令，实现单键控制。

任务教学方式

教学步骤	时间安排	教学手段及方式
阅读教材	课余	学生自学、查阅资料，相互讨论
知识点讲授	学时 1	1. 熟悉交替指令的功能、格式和应用方法 2. 熟悉本次任务的控制要求
任务操作	学时 1	根据任务要求，利用仿真软件编制梯形图、模拟运行
评估检测	与课堂同时进行	教师与学生共同完成任务的检测与评估，并能对出现的问题进行分析与处理

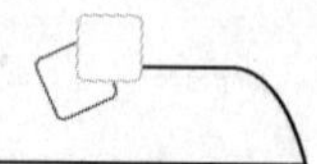

知识　认识交替指令

交替指令助记符和操作数见表 7-18。

表 7-18　交替指令助记符和操作数

指令名称	助记符	代码	目标操作数
交替指令	ALT	FNC66	Y、M、S

1）指令功能：每当控制条件由 OFF 转为 ON 时，目标操作元件的状态发生一次改变。

2）交替指令属于脉冲执行型指令，应用示例如图 7-58 所示。

图 7-58　交替指令应用格式

实训　单键控制状态变化

1. 明确控制要求

在仿真软件 E1 界面，要求每点动红色按钮一次，黄灯状态改变一次。

2. 分析现场条件

图 7-59 所示为仿真软件 E1 界面，反映了现场条件和 PLC 接线。

3. 编写控制梯形图

根据任务要求，利用交替指令编写控制梯形图，并试运行，调试程序。梯形图如图 7-60 所示。

该程序控制过程比较简单，请大家自行分析。

通过交替指令及其他功能指令的应用可以看出，对于比较复杂的控制过程，使用功能指令编程会使程序大大简化。而且由传统继电控制无法解决的某些问题，用 PLC 的功能指令能够轻而易举地解决。

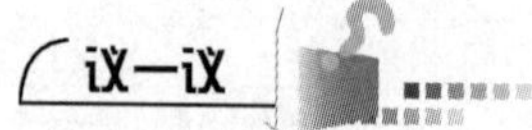

1）试用传统继电控制方式设计电路，看能否实现单键控制电路状态。

图 7-59　单键控制状态变化 E1 界面

```
    X010
0 ──┤↑├──────────────────────────────[ALT   Y001 ]

5 ───────────────────────────────────────────[END ]
```

图 7-60　单键控制状态变化梯形图

2）用 PLC 实现单键控制电路状态，还有利用计数器、步进指令、传送指令、置位指令等十余种编程方法，请试试能做到几种方法。

任务检测与分析

项目检测	评分标准	分　值	学生自评	教师评分
程序编制	编程正确	30		
程序输入	输入程序熟练、迅速	10		
程序编辑	会编辑、修改梯形图程序	20		
文件操作	掌握程序的转换、存盘和写入操作	10		
调试运行	能够实现单键控制状态变化	30		
合计		100		

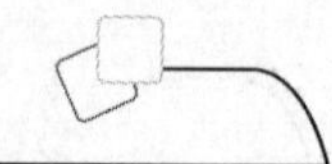

项目小结

1）PLC 的功能指令是一系列完成不同功能子程序的指令，主要由功能指令助记符和操作元件两大部分组成。

2）PLC 的功能指令主要包括以下几大类：程序流向控制类指令（FNC00～FNC09）、传送与比较类指令（FNC10～FNC19）、算术和逻辑运算类指令（FNC20～FNC29）、循环与移位类指令（FNC30～FNC39）、数据处理指令（FNC40～FNC49）和其他功能指令（FNC50～FNC98）。

3）子程序可以嵌套调用，最多可 5 级嵌套。

4）使用比较指令 CMP/ZCP 时应注意：

① [S1.]、[S2.] 可取任意数据格式，目标操作数 [D.] 可取 Y、M 和 S。

② 使用 ZCP 时，[S2.] 的数值不能小于 [S1.]。

③ 所有的源数据都被看成二进制值处理。

5）使用循环指令时应注意：

① FOR 和 NEXT 必须成对使用。

② FX2N 系列 PLC 可循环嵌套 5 层。

③ 在循环中可利用 CJ 指令在循环没结束时跳出循环体。

④ FOR 应放在 NEXT 之前，NEXT 应在 FEND 和 END 之前，否则会出错。

思考与练习

1. 什么是 FX 系列 PLC 的连续执行型功能指令和脉冲执行型功能指令？二者有何不同之处？

2. 什么是字元件和位元件？字元件和位元件分别如何表示 16 位数据和 32 位数据？

3. 说明下列所列位元件分别是哪几个元件的组合，表示多少位数据。

K1X0　K2Y10　K3M20　K4S30　K6M50

4. 说明变址寄存器 V 和 Z 的作用。当 V=5 时，说明下列符号的含义。

K10V　D5V　Y10V　K4X5V

5. 使用功能指令编程完成以下控制：对 X000 输入的脉冲信号进行计数，当累计到 50 个脉冲信号后，使输出 Y000 接通，再计数 50 次后，使输出 Y000 复位。

6. 使用功能指令编程完成以下控制：在 X000 接通时，经 3s 延时后，第一个指示灯亮；下一个 3s 后，第二个指示灯亮；第二个 3s 后，指示灯全部熄灭，然后再循环以上动作。

7. 在仿真软件 D3 界面下完成以下控制：

① SW1 为 ON 时，系统工作；SW1 为 OFF 时，系统停止工作。

② 白天按以下要求工作：红灯亮，亮 10s 后熄灭，黄灯以 1s 的间隔开始闪烁，闪烁 5s 后熄灭，绿灯亮，亮 10s 后熄灭。

③ 晚上红灯和绿灯与白天工作一样，黄灯始终以 1s 的间隔闪烁。

8. 在仿真软件 E5 界面下完成以下控制。

自动控制：点动 PB1，机器人把纸箱搬上输送带，输送带正转；纸箱到达供料斗下（箱子在输送带上）停止，装 5 个橘子，输送带再次正转，将纸箱运到托盘。自动重复装箱输送。点动 PB2，停止工作。

点动控制：点动 PB1，机器人把纸箱搬上输送带，手动控制输送带，SW1 为 ON，输送带正转；纸箱到达供料斗下，SW1 为 OFF，输送带停止，装 5 个橘子，输送带再次正转，将纸箱运到托盘。

项目八

PLC 控制系统的设计

对于 PLC 控制系统的设计，不同的设计人员有着不同的设计方法。无论使用何种方法，都要遵循一定的原则。首先，要最大限度地满足控制要求；其次，要保证系统运行安全可靠；第三，要使控制系统尽量简单，使用和维修方便，同时还要考虑适应发展的需要。

对于 PLC 控制系统中硬件的选择，在满足控制要求及保证可靠、维修方便的前提下，力争最佳的性能价格比。

- 掌握控制系统设计的基本原则及步骤。
- 熟悉 PLC 与输入/输出设备的连接。

- 掌握常用控制系统 PLC 的设计。
- 掌握 PLC 控制系统常用外围设备的连接和调试。

任务一　PLC控制系统设计的基本原则及步骤

任务目标

1）掌握PLC控制系统设计的基本原则。

2）掌握PLC控制系统设计的步骤。

任务教学的方式

教学步骤	时间安排	教学手段及方式
阅读教材	课余	学生自学、查资料、相互讨论
知识点讲授	学时2	1. 总结PLC控制系统设计的基本原则 2. 讲解PLC控制系统设计的步骤
任务操作	学时2	现场观察PLC的硬件系统，PLC软件操作方法
评估检测	与课堂同时进行	教师与学生共同完成任务的检测与评估，并能对出现的问题进行分析与处理

读一读

知识1　PLC控制系统设计的基本原则

在设计PLC控制系统时，应遵循以下基本原则：

1）最大限度地满足控制要求。充分发挥PLC功能，最大限度地满足被控对象的控制要求是设计中最重要的一条原则。设计人员要深入现场进行调查研究，收集资料。同时要注意和现场工程管理和技术人员及操作人员紧密配合，共同解决重点问题和疑难问题。

2）保证系统的安全可靠。保证PLC控制系统能够长期安全、可靠、稳定的运行是设计控制系统的重要原则。

3）力求简单、经济、使用与维修方便。在满足控制要求的前提下，一方面要注意不断地扩大工程的效益，另一方面也要注意不断地降低工程的成本。不宜盲目追求自动化和高指标。

4）适应发展的需要。适当考虑今后控制系统发展和完善的需要。

知识2　PLC控制系统设计的步骤

1）分析被控对象并提出控制要求。详细分析被控对象的工艺过程及工作特点，了

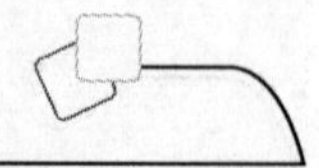

解被控对象机、电、液之间的配合，提出被控对象对PLC控制系统的控制要求，确定控制方案，拟定设计任务书。

2）确定输入/输出设备。根据系统的控制要求，确定系统所需的全部输入设备（如按钮、位置开关、转换开关及各种传感器等）和输出设备（如接触器、电磁阀、信号指示灯及其他执行器等），从而确定与PLC有关的输入/输出设备，以确定PLC的I/O点数。

3）选择PLC。PLC的选择包括对PLC的机型、容量、I/O模块及电源等的选择。

4）分配I/O点并设计PLC外围硬件线路。分配I/O点：画出PLC的I/O点与输入/输出设备的连接图或对应关系表。设计PLC外围硬件线路：根据系统控制要求，按照I/O分配表设计PLC硬件接线图，在设计硬件接线图时，注意输入/输出元件的电压、电流等级等参数，以保证设备的正常运行。

5）程序设计。程序设计包括：①控制程序；②初始化程序；③检测、故障诊断和显示等程序；④保护和连锁程序。

6）硬件实施。

① 设计控制柜和操作台等部分的电器元件布置图及电气安装接线图。

② 设计系统各部分之间的电气原理图。

③ 根据施工图纸进行现场接线，并详细检查。

④ 由于程序设计与硬件实施可同时进行，因此PLC控制系统的设计周期可大大缩短。

7）联机调试。联机调试是将通过模拟调试的程序进一步在线统调。联机调试过程应循序渐进，从PLC只连接输入设备开始，再连接输出设备、实际负载等逐步进行调试。如不符合要求，则对硬件和程序作调整。通常只需修改部分程序即可。

全部调试完毕后，即可交付试运行。经过一段时间运行，如果工作正常、程序不需要修改，应将程序固化到EPROM中，以防程序丢失。

8）整理和编写技术文件。技术文件包括设计说明书、硬件原理图、安装接线图、电气元件明细表、PLC程序以及使用说明书等。

想一想

1）如何确定PLC控制系统的I/O点数？

2）PLC程序联机调试时，应采取怎样的调试步骤比较合理？

任务二 PLC硬件选择及与输入/输出设备的连接

任务目标

1）了解PLC硬件的选择标准。

2）熟悉PLC与输入和输出设备的连接方法。

任务教学方式

教学步骤	时间安排	教学手段及方式
阅读教材	课余	学生自学、查资料、相互讨论
知识点讲授	学时 4	1. 介绍 PLC 硬件的选择标准 2. 掌握 PLC 与输入和输出设备的连接方法
任务操作	学时 4	设计实用 PLC 控制系统
评估检测	与课堂同时进行	教师与学生共同完成任务的检测与评估，并能对出现的问题进行分析与处理

知识 1　PLC 的选择

随着 PLC 技术的发展，PLC 产品的种类越来越多。不同型号的 PLC，其结构形式、性能、容量、指令系统、编程方式、价格等也各有不同，适用的场合各有侧重。因此，合理选用 PLC，对提高 PLC 控制系统的技术经济指标有重要意义。

PLC 的选择主要应从 PLC 的机型、容量、I/O 模块、电源模块、特殊功能模块、通信联网能力等方面加以综合考虑。

1. PLC 机型的选择

机型选择的基本原则是在满足功能要求及保证可靠、维护方便的前提下，力争最佳的性能价格比。要从结构形式、安装方式、功能要求及系统可靠性等方面考虑。

2. PLC 容量的选择

容量选择的基本原则是在满足控制要求的前提下力争使用的 I/O 点最少。一般需要加上 10%～15%的裕量。此外，还要考虑存储容量，存储容量大小不仅与 PLC 系统的功能有关，还与功能实现的方法、程序编写水平有关。一个有经验的程序员和一个初学者在完成同一复杂功能时，其程序量可能相差 25%之多。在 I/O 点数确定的基础上，可按下式估算存储容量后，再加 20%～30%的裕量。存储容量选择的同时，注意对存储器的类型的选择。

存储容量（字节）＝开关量 I/O 点数×10 ＋ 模拟量 I/O 通道数×100

3. 开关量输入模块的选择

输入信号的类型及电压等级有直流输入、交流输入和交流/直流输入 3 种类型。选择时，主要考虑现场输入信号和周围环境因素等。其中，直流输入模块的延迟时间较短，还可以直接与接近开关、光电开关等电子输入设备连接；交流输入模块可靠性好，适合于有油雾、粉尘的恶劣环境；开关量输入模块的电压等级有：直流 5V、12V、

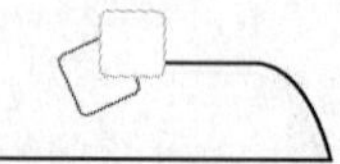

24V、48V、60V 等，交流 110V、220V 等。选择时要根据现场输入设备与输入模块之间的距离来考虑。一般 5V、12V、24V 用于传输距离较近场合，例如，5V 输入模块最远不得超过 10m。距离较远的应选用输入电压等级较高的。选择开关量输入模块时还要同时考虑输入接线方式、同时接通的输入点数量、输入门槛电平等参数。选用高密度的输入模块（如 32 点、48 点等）时，还应考虑该模块同时接通的点数一般不要超过输入点数的 60%。

4. 开关量输出模块的选择

（1）输出方式

开关量输出模块有继电器输出、晶闸管输出和晶体管输出 3 种方式。其中，继电器输出价格便宜，可以驱动交、直流负载，适用的电压范围较宽、导通压降小，承受瞬时过电压和过电流的能力较强，但其动作速度较慢（驱动感性负载时，触点动作频率不超过 1Hz）、寿命较短、可靠性较差，只能适用于不频繁通断的场合。对于频繁通断的负载，应该选用晶闸管输出或晶体管输出，它们属于无触点元件。但晶闸管输出只能用于交流负载，而晶体管输出只能用于直流负载。

（2）输出接线方式

开关量输出模块主要有分组式和分隔式两种接线方式。

（3）驱动能力

应根据实际输出设备的电流大小来选择输出模块的输出电流。如果实际输出设备的电流较大，输出模块无法直接驱动，可增加中间放大环节。

（4）同时接通的输出点数量

同时接通输出设备的累计电流值必须小于公共端所允许通过的电流值，一般来讲，同时接通的点数不要超出同一公共端输出点数的 60%。

（5）输出最大电流

输出的最大电流与负载类型、环境温度等因素有关。晶闸管的最大输出电流随环境温度升高会降低，在实际使用中也应注意。

5. 模拟量 I/O 模块的选择

模拟量输入（A/D）模块是将现场由传感器检测产生的连续的模拟量信号转换成 PLC 内部可接受的数字量。

模拟量输出（D/A）模块是将 PLC 内部的数字量转换为模拟量信号输出。

典型模拟量 I/O 模块的电压与电流范围为－10～＋10V、0～＋10V、4～20mA 等，可根据实际需要选用，同时还应考虑其分辨率和转换精度等因素。一些 PLC 制造厂家还提供特殊模拟量输入模块，可用来直接接收低电平信号，如 RTD、热电偶等信号。

6. 电源模块及其他外设的选择

（1）电源模块的选择

电源模块的选择仅对于模块式结构的 PLC 而言，对于整体式 PLC 不存在电源模块的选择。电源模块的选择主要考虑电源输出额定电流和电源输入电压。

（2）编程器的选择

目前，常用的编程器有手持式、图形式和微型计算机。其中手持式简易编程器体积小，价格低，适用于小型设备的现场编程。图形式编程器性价比不高，使用较少。计算机编程是最直观、功能最强大的一种编程方式。

（3）写入器的选择

为了防止由于干扰或锂电池电压不足等原因破坏 RAM 中的用户程序，可选用 EPROM 写入器，通过它将用户程序固化在 EPROM 中。有些 PLC 或其编程器本身就具有 EPROM 写入的功能。

知识 2　PLC 与输入输出设备的连接

1. PLC 与常用输入设备的连接

PLC 与主令电器类设备的连接如图 8-1 所示，PLC 与拨码开关的连接如图 8-2 所示，PLC 与旋转编码器的连接如图 8-3 所示，PLC 与传感器类设备的连接如图 8-4 所示。

图 8-4 中电阻的选择可参照下面的公式

$$R < \frac{R_C \times U_{OFF}}{I \times R_C - U_{OFF}} (k\Omega)$$

式中，I 为传感器的漏电流（mA）；U_{OFF} 为 PLC 输入电压低电平的上限值（V）；R_C 为 PLC 的输入阻抗（kΩ）。

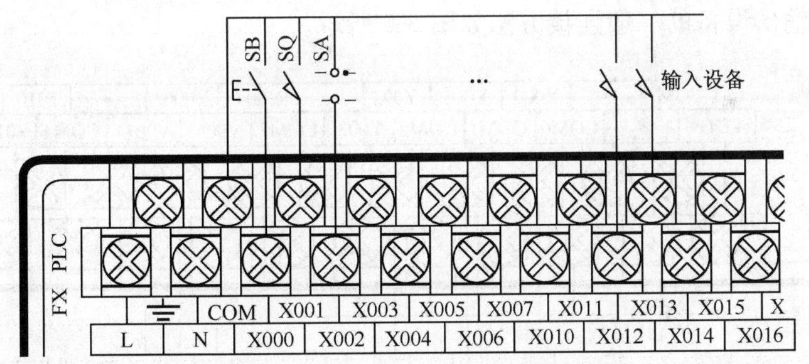

图 8-1　PLC 与主令电器类设备的连接

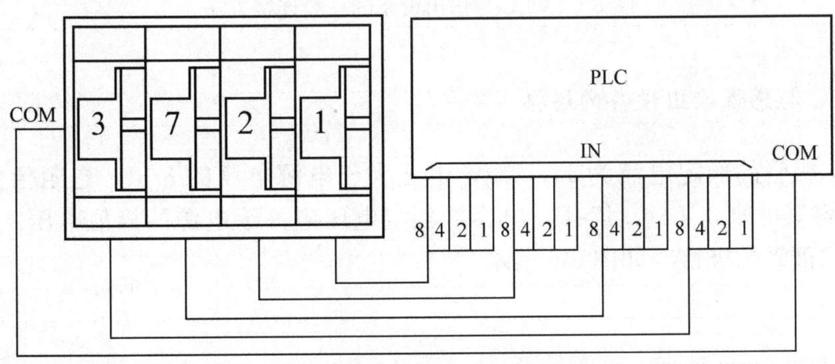

图 8-2　PLC 与拨码开关的连接

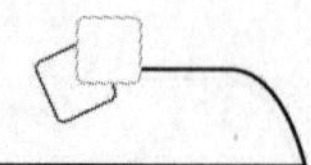

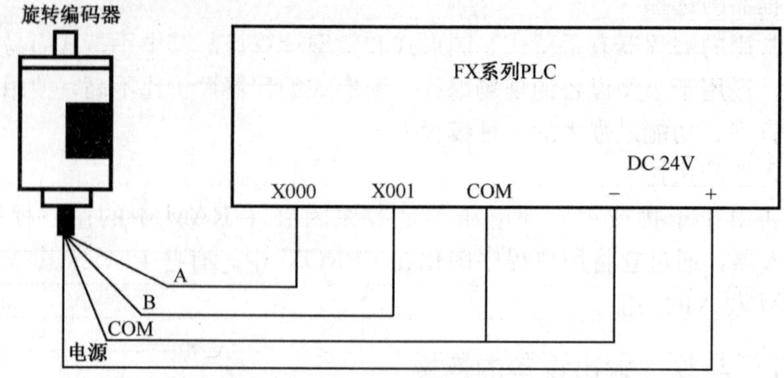

图 8-3　PLC 与旋转编码器的连接

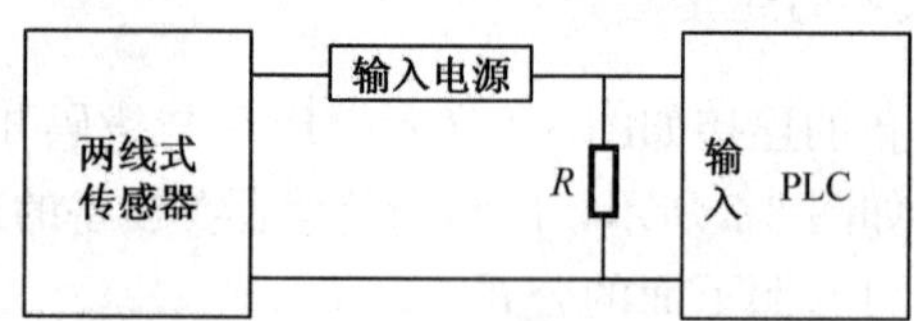

图 8-4　PLC 与传感器类设备的连接

2. PLC 与常用输出设备的连接

PLC 与输出设备的一般连接方法如图 8-5 所示。

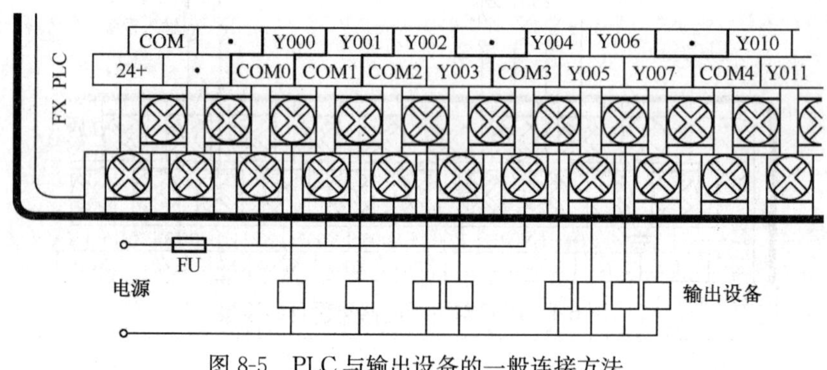

图 8-5　PLC 与输出设备的一般连接方法

3. PLC 与感性输出设备的连接

续流二极管的额定电流为 1A，额定电压大于电源电压的 3 倍，电阻值可取 50～120Ω，电容值可取 0.1～0.47μF，电容的额定电压应大于电源的峰值电压。接线时要注意续流二极管的极性，如图 8-6 所示。

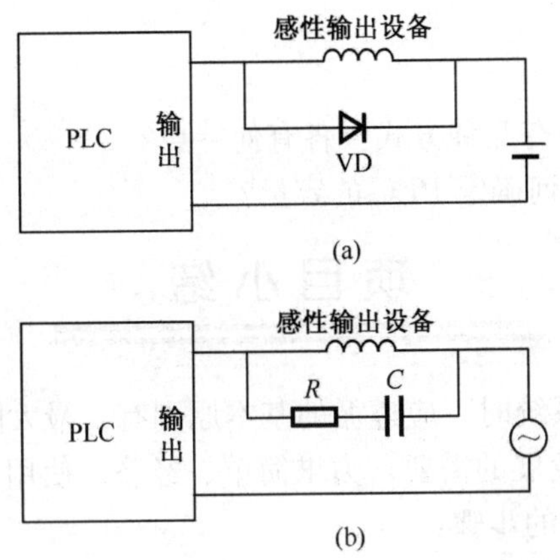

图 8-6　PLC 与感性输出设备的连接

4. PLC 与数码管的连接

PLC 与数码管的连接如图 8-7 所示。

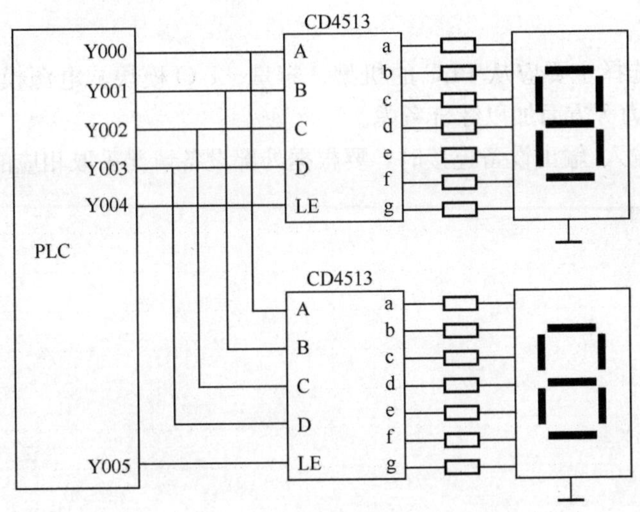

图 8-7　PLC 与 7 段 LED 数码管的连接

PLC 与输出设备连接的其他注意事项：

1）除了 PLC 输入和输出共用同一电源外，输入公共端与输出公共端一般不能接在一起。

2）PLC 的晶体管和晶闸管型输出都有较大的漏电流，尤其是晶闸管输出，将可能出现输出设备的误动作。所以要在负载两端并联一个旁路电阻，旁路电阻 R 的阻值估算可由下式确定：

$$R < U_{on}/I$$

式中，U_{on}是负载的开启电压（V）；I 是输出漏电流（mA）。

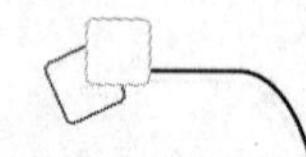

想一想

1）PLC 的开关量输出有几种方式？各有何特点？

2）在工程设计中，如何确定 PLC 的容量？

项目小结

1）在设计 PLC 控制系统时，应遵循的基本原则有：最大限度地满足控制要求、保证系统的安全可靠、适应发展的需要，力求简单、经济、使用与维修方便。

2）PLC 控制系统设计的步骤：

① 分析被控对象并提出控制要求。

② 确定输入/输出设备。

③ 选择 PLC。

④ 分配 I/O 点并设计 PLC 外围硬件电路。

⑤ 程序设计。

⑥ 硬件实施。

⑦ 连机调试。

3）PLC 的选择主要应从 PLC 的机型、容量、I/O 模块、电源模块、特殊功能模块、通信联网能力等方面加以综合考虑。

4）PLC 与输入/输出设备连接时，要根据外部设备情况采取相应的防干扰措施。

附录A　FX系列PLC型号的说明

FX系列PLC型号的含义如下：

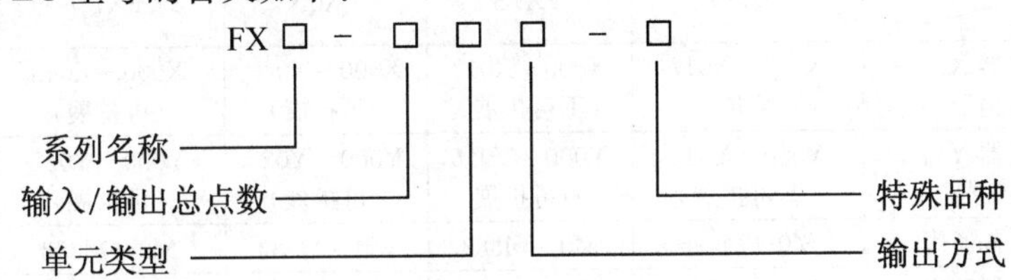

其中，系列名称：如0、2、0S、1S、0N、1N、2N、2NC等。

单元类型：M——基本单元；

E——输入/输出混合扩展单元；

EX——扩展输入模块；

EY——扩展输出模块。

输出方式：R——继电器输出；

S——晶闸管输出；

T——晶体管输出。

特殊品种：D——DC电源，DC输出；

A1——AC电源，AC（AC100～120V）输入或AC输出模块；

H——大电流输出扩展模块；

V——立式端子排的扩展模块；

C——接插口输入输出方式；

F——输入滤波时间常数为1ms的扩展模块。

如果特殊品种一项无符号，为AC电源、DC输入、横式端子排、标准输出。例如，FX2N-32MT-D表示FX2N系列，32个I/O点基本单位，晶体管输出，使用直流电源，24V直流输出型。

附录B　三菱FX系列PLC的软继电器和存储器及地址空间

编程元件种类		FX0S	FX1S	FX0N	FX1N	FX2N（FX2NC）
输入继电器X（按8进制编号）		X000～X017（不可扩展）	X000～X017（不可扩展）	X000～X043（可扩展）	X000～X043（可扩展）	X000～X077（可扩展）
输出继电器Y（按8进制编号）		Y000～Y015（不可扩展）	Y000～Y015（不可扩展）	Y000～Y027（可扩展）	Y000～Y027（可扩展）	Y000～Y077（可扩展）
辅助继电器M	普通用	M0～M495	M0～M383	M0～M383	M0～M383	M0～M499
	保持用	M496～M511	M384～M511	M384～M511	M384～M1535	M500～M3071
	特殊用	M8000～M8255（具体见使用手册）				
状态寄存器S	初始状态用	S0～S9	S0～S9	S0～S9	S0～S9	S0～S9
	返回原点用	—	—	—	—	S10～S19
	普通用	S10～S63	S10～S127	S10～S127	S10～S999	S20～S499
	保持用	—	S0～S127	S0～S127	S0～S999	S500～S899
	信号报警用	—	—	—	—	S900～S999
定时器T	100ms	T0～T49	T0～T62	T0～T62	T0～T199	T0～T199
	10ms	T24～T49	T32～T62	T32～T62	T200～T245	T200～T245
	1ms	—	—	T63	—	—
	1ms累积	—	T63	—	T246～T249	T246～T249
	100ms累积	—	—	—	T250～T255	T250～T255
计数器C	16位增计数（普通）	C0～C13	C0～C15	C0～C15	C0～C15	C0～C99
	16位增计数（保持）	C14、C15	C16～C31	C16～C31	C16～C199	C100～C199
	32位可逆计数（普通）	—	—	—	C200～C219	C200～C219
	32位可逆计数（保持）	—	—	—	C220～C234	C220～C234
	高速计数器	C235～C255（具体见使用手册）				
数据寄存器D	16位普通用	D0～D29	D0～D127	D0～D127	D0～D127	D0～D199
	16位保持用	D30、D31	D128～D255	D128～D255	D128～D7999	D200～D7999
	16位特殊用	D8000～D8069	D8000～D8255	D8000～D8255	D8000～D8255	D8000～D8195
	16位变址用	V Z	V0～V7 Z0～Z7	V Z	V0～V7 Z0～Z7	V0～V7 Z0～Z7
指针N、P、I	嵌套用	N0～N7	N0～N7	N0～N7	N0～N7	N0～N7
	跳转用	P0～P63	P0～P63	P0～P63	P0～P127	P0～P127
	输入中断用	I00＊～I30＊	I00＊～I50＊	I00＊～I30＊	I00＊～I50＊	I00＊～I50＊
	定时器中断	—	—	—	—	I6＊＊～I8＊＊
	计数器中断	—	—	—	—	I010～I060
常数K、H	16位	K：－32768～32767			H：0000～FFFF	
	32位	K：－2147483648～2147483647			H：00000000～FFFFFFFF	

附录C　三菱FX系列PLC指令系统

1. FX系列PLC基本指令

1）线圈驱动指令（OUT）。
2）触点加载指令（LD/LDI/LDP/LDF）。
3）触点串联指令（AND/ANI/ANDP/ANDF）。
4）触点并联指令（OR/ORI/ORP/ORF）。
5）触点块操作指令（ORB / ANB）。
6）置位与复位指令（SET/RST）。
7）微分指令（PLS/PLF）。
8）主控指令（MC/MCR）。
9）堆栈指令（MPS/MRD/MPP）。
10）逻辑反、空操作与结束指令（INV/NOP/END）。

2. FX系列PLC功能指令

1）程序流向控制类指令（FNC00～FNC09）。
2）传送与比较类指令（FNC10～FNC19）。
3）四则运算和逻辑运算类指令（FNC20～FNC29）。
4）循环与移位类指令（FNC30～FNC39）。
5）数据处理指令（FNC40～FNC49）。
6）高速处理指令（FNC50～FNC59）。

FX2N系列功能指令说明见表C1。

表C1　三菱FX2N系列功能指令一览表

分类	指令编号FNC	指令助记符	指令格式、操作数（可用元件）	指令名称和功能说明	D命令	P命令
程序流程指令	00	CJ	S（*）（指针P0～P127）	条件跳转：程序跳转到［S（*）］P指针指定标号处，当P指针指定P63位END步序时，不需指定		○
	01	CALL	S（*）（指针P0～P127）	调用子程序：程序调用［S（*）］P指针的子程序，嵌套5层以内		○
	02	SRET		子程序返回：从子程序返回主程序		
	03	IRET		中断返回主程序		
	04	EI		开中断		
	05	DI		关中段		
	06	FEND		主程序结束		

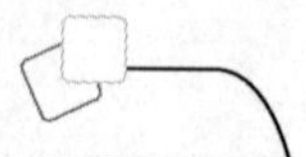

续表

分类	指令编号FNC	指令助记符	指令格式、操作数（可用元件）	指令名称和功能说明	D命令	P命令
程序流程指令	07	WDT		监视定时器：顺控程序中执行监视定时器刷新指令	○	
	08	FOR	S（*）（W4）	循环区开始：重复执行开始，嵌套5层以内		
	09	NEXT		循环区结束：重复执行结束		
传送与比较指令	010	CMP	S1（*）（W4）　S2（*）（W4）　D（*）（B′）	比较：[S1（*）] 同 [S2（*）] 比较，根据结果，[D（*）] 动作	○	○
	011	ZCP	S1（*）（W4）　S2（*）（W4）　S（*）（W4）　D（*）（B′）	区间比较：[S（*）] 同 [S1（*）] ～ [S2（*）] 比较，根据结果，[D（*）] 动作	○	○
	012	MOV	S（*）（W4）　D（*）（W2）	传送：[S（*）] → [D（*）]	○	○
	013	SMOV	S（*）（W4）　m1（*）（W5）　m2（*）（W5）　D（*）（W2）　n（*）（W5）	移位传送：将[S（*）]第m1位开始m2个数移位到[D（*）]的第n个位置		○
	014	CML	S（*）（W4）　D（*）（W2）	取反：[S（*）]取反→[D（*）]	○	○
	015	BMOV	S（*）（W3′）　D（*）（W2′）　n（*）（W5）	块传送：[S（*）]开头n点→[D（*）]开头n≤512		○
	016	FMOV	S（*）（W4）　D（*）（W2′）　n（*）（W5）	多点传送：[S（*）]→[D（*）]开头n≤512	○	○
	017	XCH	D1（*）（W2）　D2（*）（W2）	数据交换：[D1（*）]→[D2（*）]	○	○
	018	BCD	S（*）（W3）　D（*）（W2）	求BCD码：[S（*）]二进制数转换成BCD码→[D（*）]	○	○
	019	BIN	S（*）（W3）　D（*）（W2）	求二进制码：[S（*）]BCD码转换成二进制数→[D（*）]	○	○
四则运算与逻辑运算指令	020	ADD	S1（*）（W4）　S2（*）（W4）　D（*）（W2）	二进制加法：[S1（*）]+[S2（*）]→[D（*）]	○	○
	021	SUB	S1（*）（W4）　S2（*）（W4）　D（*）（W2）	二进制减法：[S1（*）]−[S2（*）]→[D（*）]	○	○
	022	MUL	S1（*）（W4）　S2（*）（W4）　D（*）（W2′）	二进制乘法：[S1（*）]*[S2（*）]→[D（*）]	○	○
	023	DIV	S1（*）（W4）　S2（*）（W4）　D（*）（W2′）	二进制除法：[S1（*）]/[S2（*）]→[D（*）]	○	○
	024	INC	D（*）（W2）	二进制加1：[S（*）]+1→[D（*）]	○	○
	025	DEC	D（*）（W2）	二进制减1：[S（*）]−1→[D（*）]	○	○

续表

分类	指令编号FNC	指令助记符	指令格式、操作数(可用元件)	指令名称和功能说明	D命令	P命令
四则运算与逻辑运算指令	026	WAND	S1(∗)(W4) S2(∗)(W4) D(∗)(W2)	逻辑字与:[S(∗)]∧[S2(∗)]→[D(∗)]	○	○
	027	WOR		逻辑字或:[S(∗)]∨[S2(∗)]→[D(∗)]	○	○
	028	WXOR		逻辑异或:[S(∗)]⊕[S2(∗)]→[D(∗)]	○	○
	029	NEG	D(∗)(W2)	求补码:[D(∗)]按位取反+1→[D(∗)]	○	○
循环与移位指令	030	ROR	D(∗)(W2) n(∗)(W5)	循环右移:执行条件成立,[D(∗)]循环右移n位	○	○
	031	ROL		循环左移:执行条件成立,[D(∗)]循环左移n位	○	○
	032	RCR		带进位右移:[D(∗)]带进位循环右移n位	○	○
	033	RCL		带进位左移:[D(∗)]带进位循环左移n位	○	○
	034	SFTR	S(∗)(B) D(∗)(B′) n1(∗)(W5) n2(∗)(W5)	位右移:n2位[S(∗)]右移→n1位的[D(∗)]		○
	035	SFTL		位左移:n2位[S(∗)]左移→n1位的[D(∗)]		○
	036	WSFR	S(∗)(W3′) D(∗)(W2′) n1(∗)(W5) n2(∗)(W5)	字右移:n2字[S(∗)]右移→[D(∗)]开始的n1字		○
	037	WSFL	S(∗)(W3′) D(∗)(W2′) n1(∗)(W5) n2(∗)(W5)	字左移:n2字[S(∗)]左移→[D(∗)]开始的n1字		○
	038	SFWR	S(∗)(W4) D(∗)(W2′) n2(∗)(W5)	FIFO写:先进先出控制的数据写入,2≤n≤512		○
	039	SFRD	S(∗)(W2′) D(∗)(W2) n2(∗)(W4′)	FIFO读:先进先出控制的数据读出,2≤n≤512		○
数据处理指令	040	ZRST	D1(∗)(W1′、B′) D2(∗)(W1′、B′)	区间复位:[D1(∗)]~[D2(∗)]复位,[D1(∗)]<[D2(∗)]		○
	041	DECO	S(∗)(B、W1、W5) D(∗)(W1、B′) n(∗)(W5)	解码:[S(∗)]的n位二进制数解码为十进制数α,使[D(∗)]的α位为1		○
	042	ENCO	S(∗)(B、W1) D(∗)(W1) n(∗)(W5)	编码:[S(∗)]的2^n位中的为1的最高位代表的位数编码为二进制书后→[D(∗)]		○
	043	SUM	S(∗)(W4) D(∗)(W2)	求置ON位的总和:[S(∗)]中为1的数目存入[D(∗)]	○	○
	044	BON	S(∗)(W4) D(∗)(B′) n(∗)(W5)	ON位判断:[S(∗)]中第n位为1时,[D(∗)]为ON	○	○
	045	MEAN	S(∗)(W3′) D(∗)(W2) n(∗)(W5)	平均值:[S(∗)]种n点的平均值→[D(∗)]	○	○
	046	ANS	S(∗)(T) (K) D(∗)(S)	标志置位:若执行条件为ON,[S(∗)]中定时器定时m ms后,标志位[D(∗)]置位		
	047	ANR		标志复位:被置位的定时器复位。		○
	048	SOR	S(∗)(D、W5) D(∗)(D)	二进制平方根:[S(∗)]平方根→[D(∗)]	○	○
	049	FLT	S(∗)(D) D(∗)(D)	二进制整数与浮点数转换:[S(∗)]内二进制整数→[D(∗)]二进制浮点数	○	○

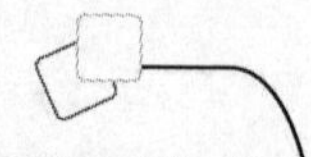

续表

分类	指令编号FNC	指令助记符	指令格式、操作数(可用元件)		指令名称和功能说明	D命令	P命令
触点比较指令	224	LD=	S1(*)(W4)	S2(*)(W4)	触点行比较指令:连接母线触点,当[S1(*)]=[S2(*)]接通	○	
	225	LD>			触点行比较指令:连接母线触点,当[S1(*)]>[S2(*)]接通	○	
	226	LD<			触点行比较指令:连接母线触点,当[S1(*)]<[S2(*)]接通	○	
	228	LD<>			触点行比较指令:连接母线触点,当[S1(*)]<>[S2(*)]接通	○	
	229	LD≤			触点行比较指令:连接母线触点,当[S1(*)]≤[S2(*)]接通	○	
	230	LD≥			触点行比较指令:连接母线触点,当[S1(*)]≥[S2(*)]接通	○	
	232	AND=	S1(*)(W4)	S2(*)(W4)	触点行比较指令:串联行触点,当[S1(*)]=[S2(*)]接通	○	
	233	AND>			触点行比较指令:串联行触点,当[S1(*)]>[S2(*)]接通	○	
	234	AND<			触点行比较指令:串联行触点,当[S1(*)<[S2(*)]接通	○	
	236	AND<>			触点行比较指令:串联行触点,当[S1(*)]<>[S2(*)]接通	○	
	237	AND≤			触点行比较指令:串联行触点,当[S1(*)]≤[S2(*)]接通	○	
	238	AND≥			触点行比较指令:串联行触点,当[S1(*)]≥[S2(*)]接通	○	
	240	OR=			触点行比较指令:串联行触点,当[S1(*)]=[S2(*)]接通	○	
	241	OR>			触点行比较指令:串联行触点,当[S1(*)]>[S2(*)]接通	○	
	242	OR<			触点行比较指令:串联行触点,当[S1(*)]<[S2(*)]接通	○	
	244	OR<>			触点行比较指令:串联行触点,当[S1(*)]<>[S2(*)]接通	○	
	245	OR≤			触点行比较指令:串联行触点,当[S1(*)]≤[S2(*)]接通	○	
	246	OR≥			触点行比较指令:串联行触点,当[S1(*)]≥[S2(*)]接通	○	

注:标重D命令栏中有"○"表示该指令可以是32位指令,P命令栏中有"○"表示可以是脉冲执行型指令。

参考文献

范永胜，王珉．2004．电气控制与 PLC[M]．北京：电力工业出版社．

贺哲荣．2006．流行 PLC 使用程序及设计（三菱 FX2 系列）[M]．西安：西安电子科技大学出版社．

劳动和社会保障部教材办公室．2007．可编程序控制器及其应用[M]．北京：劳动社会保障出版社．

李国厚．2005．PLC 原理与应用[M]．北京：清华大学出版社．

孙政顺，曹京生．2006．PLC 技术[M]．北京：高等教育出版社．

赵明，许翏．2007．工厂电气控制设备[M]．北京：机械工业出版社．